Python
游戏开发
快速入门到精通

明日科技 编著

化学工业出版社

·北京·

内容简介

《Python游戏开发快速入门到精通》是一本基础与实践相结合的图书。为了保证读者可以学以致用，循序渐进地进行3个层次的实践：基础知识实践、进阶应用实践和综合应用实践，即基础篇、案例篇、项目篇，全面介绍了使用pygame模块进行Python游戏开发的必备知识，以帮助读者快速掌握Python+pygame开发的技能，拓宽职场的道路。本书通过各种示例将学习与应用相结合，打造轻松学习、零压力学习，通过案例对所学知识进行综合应用，通过开发实际项目将pygame游戏开发的各项技能应用到实际项目中。本书提供丰富的资源，包括实例、案例和项目的源码及相关讲解视频、学习计划表、指令速查表等，全方位为读者提供服务。

本书不仅适合作为Python游戏开发入门者的自学用书，而且适合作为高等院校相关专业的教学参考书，还适合供初入职场的开发人员查阅、参考。

图书在版编目（CIP）数据

Python游戏开发快速入门到精通 / 明日科技编著. —北京：化学工业出版社，2023.8（2024.7重印）

ISBN 978-7-122-43506-4

Ⅰ.①P… Ⅱ.①明… Ⅲ.①游戏程序-程序设计 Ⅳ.①TP317.6

中国国家版本馆CIP数据核字（2023）第087648号

责任编辑：雷桐辉　周　红　曾　越　　　文字编辑：林　丹　师明远
责任校对：张茜越　　　　　　　　　　　　装帧设计：王晓宇

出版发行：化学工业出版社
　　　　　（北京市东城区青年湖南街13号　邮政编码100011）
印　　刷：北京云浩印刷有限责任公司
装　　订：三河市振勇印装有限公司
787mm×1092mm　1/16　印张19¼　字数482千字
2024年7月北京第1版第2次印刷

购书咨询：010-64518888　　　　　　　　售后服务：010-64518899
网　　址：http://www.cip.com.cn
凡购买本书，如有缺损质量问题，本社销售中心负责调换。

定　　价：99.00元　　　　　　　　　　　　　　版权所有　违者必究

前言

随着人工智能、机器学习与数据分析的持续升温，Python 越来越受到程序开发人员的青睐。目前，Python 可以说是最热门的编程语言之一，它的应用范围非常广泛，除了人工智能、机器学习、数据分析等领域，它在 Web 开发、游戏开发等领域的应用也非常受欢迎。特别是在游戏行业大受欢迎的今天，无论是对编程感兴趣的爱好者、即将毕业的大学生，还是正在从事游戏开发的人员，都对游戏行业的前景非常看好，但 Python 游戏开发类图书却十分稀缺，让很多有志于从事 Python 游戏开发的用户望而却步，因此，我们特意编写了本书。

本书从初学者的角度出发，为想要学习 Python 游戏开发的编程爱好者、初级和中级游戏开发人员和高等院校师生精心策划，所讲内容从技术应用的角度出发，结合实际应用进行讲解。本书侧重 Python 游戏开发的编程基础与实践，为保证读者学以致用，在实践方面循序渐进地进行 3 个层次的篇章介绍：基础篇、案例篇和项目篇。

本书内容

全书共分为 17 章，主要通过"基础篇（9 章）+ 案例篇（6 章）+ 项目篇（2 章）" 3 大维度一体化的方式讲解，具体的学习结构如下图所示：

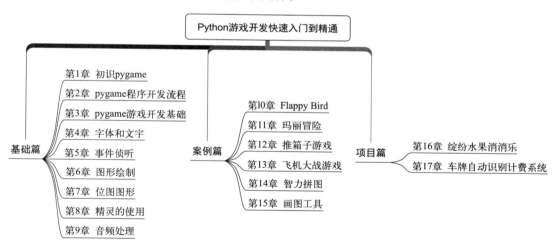

本书特色

1. 突出重点、学以致用

书中每个知识点都结合了简单易懂的实例代码以及非常详细的注释信息，读者能够快速理解所学知识，提升学习效率，缩短学习路径。

2. 提升思维、综合运用

本书会以知识点综合运用的方式，带领读者制作各种趣味性较强的游戏案例，让读者不断提升编写 Python 游戏程序的思维，还可以快速提升对知识点的综合运用能力，让读者能够回顾以往所学的知识点，并结合新的知识点进行综合应用。

  3. 综合技术、实际项目

  本书在项目篇中提供了两个贴近实际应用的项目，力求通过实际应用使读者更容易地掌握 pygame。两个项目都是根据实际开发经验总结而来，包含了在实际开发中所遇到的各种问题。项目结构清晰、扩展性强，读者可根据个人需求进行扩展开发。

  4. 精彩栏目、贴心提示

  本书根据实际学习的需要，设置了"注意""说明""技巧"等许多贴心的小栏目，辅助读者轻松理解所学知识，规避编程陷阱。

致读者

  本书由明日科技的 Python 开发团队策划并组织编写，主要编写人员有王小科、李磊、高春艳、张鑫、刘书娟、赵宁、周佳星、王国辉、赛奎春、葛忠月、宋万勇、杨丽、刘媛媛、依莹莹等。在编写本书的过程中，我们本着科学、严谨的态度，力求精益求精，但疏漏之处在所难免，敬请广大读者批评斧正。

  感谢您阅读本书，希望本书能成为您编程路上的领航者。

  祝您读书快乐！

编著者

如何使用本书

本书资源下载及在线交流服务

方法1：使用微信立体学习系统获取配套资源。用手机微信扫描下方二维码，根据提示关注"易读书坊"公众号，选择您需要的资源和服务，点击获取。微信立体学习系统提供的资源和服务包括：

视频讲解：快速掌握编程技巧
源码下载：全书代码一键下载
实战练习：检测巩固学习效果
学习打卡：学习计划及进度表
拓展资源：术语解释指令速查

扫码享受全方位沉浸式学Python游戏开发

方法2：推荐加入QQ群：337212027（若此群已满，请根据提示加入相应的群），可在线交流学习，作者会不定时在线答疑解惑。

方法3：使用学习码获取配套资源。

（1）激活学习码，下载本书配套的资源。

第一步：打开图书后勒口，查看并确认本书学习码，用手机扫描二维码（如图1所示），进入如图2所示的登录页面。单击图2页面中的"立即注册"成为明日学院会员。

第二步：登录后，进入如图3所示的激活页面，在"激活图书VIP会员"后输入后勒口的学习码，单击"立即激活"，成为本书的"图书VIP会员"，专享明日学院为您提供的有关本书的服务。

第三步：学习码激活成功后，还可以查看您的激活记录，如果您需要下载本书的资源，请单击如图4所示的云盘资源地址，输入密码后即可完成下载。

图1 手机扫描二维码

图2 扫码后弹出的登录页面

图3 输入图书激活码

图4 学习码激活成功页面

（2）打开下载到的资源包，找到源码资源。本书共计17章，源码文件夹主要包括：实例源码（47个＜包括实战练习＞）、案例源码（6个）、项目源码（2个），具体文件夹结构如下图所示。

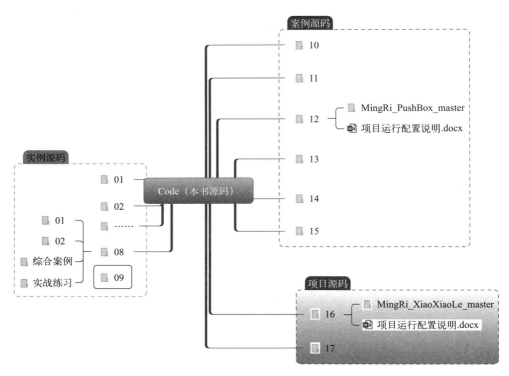

（3）使用开发环境（如 PyCharm）打开章节所对应 Python 项目文件，运行即可。

本书约定

推荐操作系统及 Python 语言版本		
Windows 10		Python 3.x
本书介绍的开发环境		
PyCharm	pygame 模块	其他主要模块
商业集成开发环境	游戏开发模块	pandas、matplotlib、baidu-aip、Opencv-python、csv、time

读者服务

为方便解决读者在学习本书过程中遇到的疑难问题及获取更多图书配套资源，我们在明日学院网站为您提供了社区服务和配套学习服务支持。此外，我们还提供了读者服务邮箱及售后服务电话等，如图书有质量问题，可以及时联系我们，我们将竭诚为您服务。

读者服务邮箱：mingrisoft@mingrisoft.com

售后服务电话：4006751066

目录

第1篇 基础篇 ... 001

第1章 初识 pygame ... 002
1.1 了解 Python ... 002
- 1.1.1 Python 概述 ... 002
- 1.1.2 Python 能做什么 ... 003

1.2 pygame 简介 ... 003
- 1.2.1 pygame 的由来 ... 003
- 1.2.2 pygame 能做什么 ... 003
- 1.2.3 pygame 常用子模块介绍 ... 004

1.3 安装 Python ... 005
- 1.3.1 Python 开发环境概述 ... 005
- 1.3.2 下载 Python ... 005
- 1.3.3 安装 Python ... 007
- 1.3.4 测试 Python 是否安装成功 ... 009
- 1.3.5 Python 安装失败的解决方法 ... 010

1.4 安装 pygame ... 012
- 1.4.1 使用 pip install 命令安装 ... 013
- 1.4.2 使用 Wheel 文件离线安装 ... 014
- 1.4.3 测试 pygame 是否安装成功 ... 017

1.5 PyCharm 开发工具的下载与安装 ... 019
- 1.5.1 下载 PyCharm ... 019
- 1.5.2 安装 PyCharm ... 020
- 1.5.3 启动并配置 PyCharm ... 022

1.6 第一个 pygame 程序 ... 026
1.7 实战练习 ... 026

第2章 pygame 程序开发流程 ... 028
2.1 pygame 程序开发流程 ... 028
- 2.1.1 导入 pygame 模块 ... 028
- 2.1.2 初始化 pygame ... 029
- 2.1.3 创建 pygame 窗口 ... 030

		2.1.4 窗口图像渲染——Surface 对象	033
		2.1.5 设置游戏窗口状态	035
	2.2	pygame 最小开发框架	036
	2.3	综合案例——绘制拼图游戏界面	038
	2.4	实战练习	039

第3章 pygame 游戏开发基础 ········ 040

3.1	像素和 pygame.Color 对象	040
3.2	pygame 中的透明度	043
	3.2.1 像素透明度	043
	3.2.2 颜色值透明度	044
	3.2.3 图像透明度	046
3.3	窗口坐标系与 pygame.Rect 对象	046
	3.3.1 窗口坐标系	046
	3.3.2 pygame.Rect 对象	046
3.4	控制帧速率	047
	3.4.1 非精确控制——clock().tick()	048
	3.4.2 精确控制——clock().tick_busy_loop()	048
3.5	向量在 pygame 中的使用	048
	3.5.1 向量的介绍	048
	3.5.2 向量的使用	049
3.6	三角函数介绍及其使用	050
3.7	pygame.PixelArray 对象	052
	3.7.1 PixelArray 对象概述	052
	3.7.2 PixelArray 对象常见操作	053
	3.7.3 图像透明化处理	054
3.8	pygame 的错误处理	055
3.9	综合案例——绘制动态太极图	056
3.10	实战练习	058

第4章 字体和文字 ········ 059

4.1	加载和初始化字体模块	059
	4.1.1 初始化与还原字体模块	060
	4.1.2 获取可用字体	060
	4.1.3 获取 pygame 模块提供的默认字体文件	061
4.2	Font 字体类对象	061
	4.2.1 创建 Font 类对象	062
	4.2.2 渲染文本	062
	4.2.3 设置及获取文本渲染模式	065

   4.2.4 获取文本渲染参数……067
  4.3 综合案例——绘制"Python 之禅"……068
  4.4 实战练习……072

第 5 章 事件侦听……073
  5.1 理解事件……073
  5.2 事件检索……074
  5.3 处理键盘事件……077
  5.4 处理鼠标事件……079
  5.5 设备轮询……080
   5.5.1 轮询键盘……081
   5.5.2 轮询鼠标……082
  5.6 事件过滤……083
  5.7 自定义事件……084
  5.8 综合案例——挡板接球游戏……084
  5.9 实战练习……087

第 6 章 图形绘制……088
  6.1 pygame.draw 模块概述……088
  6.2 使用 pygame.draw 模块绘制基本图形……088
   6.2.1 绘制线段……088
   6.2.2 绘制矩形……090
   6.2.3 绘制多边形……091
   6.2.4 绘制圆……093
   6.2.5 绘制椭圆……096
   6.2.6 绘制弧线……097
  6.3 综合案例——会动的乌龟……099
  6.4 实战练习……101

第 7 章 位图图形……102
  7.1 位图基础……102
  7.2 Surface 对象……102
   7.2.1 创建 Surface 对象……103
   7.2.2 拷贝 Surface 对象……103
   7.2.3 修改 Surface 对象……104
   7.2.4 剪裁 Surface 区域……105
   7.2.5 移动 Surface 对象……105
   7.2.6 子表面 Subsurface……107
   7.2.7 获取 Surface 父对象……108

	7.2.8 像素访问与设置	109
	7.2.9 尺寸大小与矩形区域管理	110
7.3	Rect 矩形对象	111
	7.3.1 创建 Rect 对象	112
	7.3.2 拷贝 Rect 对象	114
	7.3.3 移动 Rect 对象	114
	7.3.4 缩放 Rect 对象	115
	7.3.5 Rect 对象交集运算	115
	7.3.6 判断一个点是否在矩形内	116
	7.3.7 两个矩形间的重叠检测	116
7.4	综合案例——跳跃的小球	120
7.5	实战练习	125

第 8 章 精灵的使用 … 126

8.1	精灵基础	126
	8.1.1 精灵简介	126
	8.1.2 精灵的创建	126
8.2	用精灵实现动画	128
	8.2.1 定制精灵序列图	128
	8.2.2 加载精灵序列图	129
	8.2.3 绘制及更新帧图	130
8.3	精灵组	134
8.4	精灵冲突检测	134
	8.4.1 两个精灵之间的矩形冲突检测	135
	8.4.2 两个精灵之间的圆冲突检测	135
	8.4.3 两个精灵之间的像素遮罩冲突检测	136
	8.4.4 精灵和精灵组之间的矩形冲突检测	137
	8.4.5 精灵组之间的矩形冲突检测	138
8.5	综合案例——小超人吃苹果	138
8.6	实战练习	141

第 9 章 音频处理 … 142

9.1	设备的初始化	142
9.2	声音的控制	143
	9.2.1 加载声音文件	143
	9.2.2 控制声音流	143
9.3	管理声音	150
	9.3.1 Sound 对象	150
	9.3.2 Channel 对象	153

9.4　综合案例——音乐播放器 …………………………………………157
9.5　实战练习 ………………………………………………………………160

第 2 篇　案例篇

第 10 章　Flappy Bird（pygame+ 键盘事件监听实现） …………………164

10.1　案例效果预览 …………………………………………………………164
10.2　案例准备 ………………………………………………………………164
10.3　业务流程 ………………………………………………………………165
10.4　实现过程 ………………………………………………………………165
　　10.4.1　文件夹组织结构 ……………………………………………165
　　10.4.2　搭建主框架 …………………………………………………165
　　10.4.3　创建小鸟类 …………………………………………………166
　　10.4.4　创建管道类 …………………………………………………168
　　10.4.5　计算得分 ……………………………………………………170
　　10.4.6　碰撞检测 ……………………………………………………172

第 11 章　玛丽冒险（pygame + itertools + random 实现） ………………174

11.1　案例效果预览 …………………………………………………………174
11.2　案例准备 ………………………………………………………………175
11.3　业务流程 ………………………………………………………………176
11.4　实现过程 ………………………………………………………………176
　　11.4.1　文件夹组织结构 ……………………………………………176
　　11.4.2　游戏窗体的实现 ……………………………………………176
　　11.4.3　地图的加载 …………………………………………………177
　　11.4.4　玛丽的跳跃功能 ……………………………………………179
　　11.4.5　随机出现的障碍 ……………………………………………181
　　11.4.6　背景音乐的播放与停止 ……………………………………183
　　11.4.7　碰撞和积分的实现 …………………………………………184

第 12 章　推箱子游戏（pygame + copy+ 按键事件监听 + 栈操作实现） ……187

12.1　需求分析 ………………………………………………………………187
12.2　案例准备 ………………………………………………………………188
12.3　业务流程 ………………………………………………………………188
12.4　实现过程 ………………………………………………………………189
　　12.4.1　文件夹组织结构 ……………………………………………189
　　12.4.2　搭建主框架 …………………………………………………189
　　12.4.3　绘制游戏地图 ………………………………………………191
　　12.4.4　用键盘控制角色移动 ………………………………………196

	12.4.5	判断游戏是否通关	200
	12.4.6	记录步数	201
	12.4.7	撤销角色已移动功能	202
	12.4.8	重玩此关的实现	203
	12.4.9	游戏进入下一关	204

第13章 飞机大战游戏（pygame + sys + random + codecs 实现） 206

13.1 案例效果预览 206
13.2 案例准备 206
13.3 业务流程 207
13.4 实现过程 208
- 13.4.1 文件夹组织结构 208
- 13.4.2 主窗体的实现 208
- 13.4.3 创建游戏精灵 209
- 13.4.4 游戏核心逻辑 211
- 13.4.5 游戏排行榜 214

第14章 智力拼图（pygame + random+csv 文件读写技术实现） 216

14.1 案例效果预览 216
14.2 案例准备 218
14.3 业务流程 218
14.4 实现过程 218
- 14.4.1 文件夹组织结构 218
- 14.4.2 搭建主框架 219
- 14.4.3 绘制游戏主窗体 221
- 14.4.4 移动游戏空白方格拼图块 226
- 14.4.5 统计空白方格拼图块移动步数 229
- 14.4.6 判断拼图是否成功 230
- 14.4.7 使用 csv 文件存取游戏数据 233
- 14.4.8 绘制游戏结束窗体 233

第15章 画图工具（pygame + draw 绘图对象实现） 238

15.1 案例预览效果 238
15.2 案例准备 238
15.3 业务流程 239
15.4 实现过程 240
- 15.4.1 文件夹组织结构 240
- 15.4.2 菜单类设计 240
- 15.4.3 画笔类设计 242
- 15.4.4 窗口绘制类设计 243
- 15.4.5 画图工具主类设计 245

第3篇 项目篇

第16章 缤纷水果消消乐（pygame + random + time + csv 实现）……248

16.1 需求分析……248
16.2 系统设计……248
16.2.1 系统功能结构……248
16.2.2 系统业务流程……248
16.2.3 系统预览……249
16.3 系统开发必备……251
16.3.1 开发工具准备……251
16.3.2 文件夹组织结构……252
16.4 消消乐游戏的实现……252
16.4.1 搭建游戏主框架……252
16.4.2 创建精灵类……254
16.4.3 游戏首屏页面的实现……256
16.4.4 游戏主页面的实现……258
16.4.5 可消除水果的检测与标记清除……261
16.4.6 水果的掉落……266
16.4.7 点击相邻水果时的交换……268
16.4.8 游戏积分排行榜页面的实现……271
16.4.9 "死图"的判断……273
16.4.10 游戏倒计时的实现……276

第17章 车牌自动识别计费系统（pygame+pandas+matplotlib+baidu-aip+Opencv-Python 实现）……280

17.1 需求分析……280
17.2 系统设计……280
17.2.1 系统功能结构……280
17.2.2 系统业务流程……281
17.2.3 系统预览……282
17.3 系统开发必备……283
17.3.1 开发工具准备……283
17.3.2 文件夹组织结构……283
17.4 车牌自动识别计费系统的实现……283
17.4.1 实现系统窗体……283
17.4.2 显示摄像头画面……285
17.4.3 创建保存数据文件……286
17.4.4 识别车牌……287
17.4.5 车辆信息的保存与读取……290
17.4.6 收入统计的实现……292

第 1 篇
基础篇

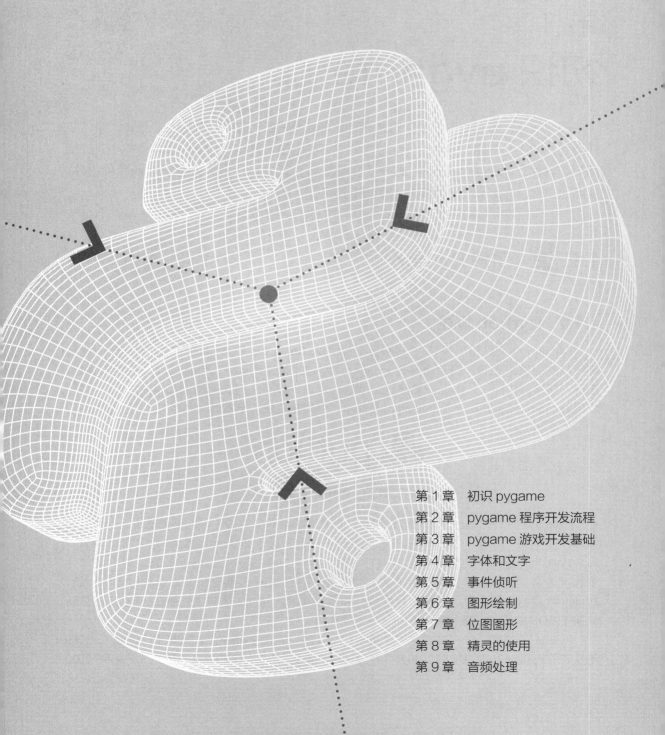

第 1 章　初识 pygame
第 2 章　pygame 程序开发流程
第 3 章　pygame 游戏开发基础
第 4 章　字体和文字
第 5 章　事件侦听
第 6 章　图形绘制
第 7 章　位图图形
第 8 章　精灵的使用
第 9 章　音频处理

扫码免费获取
本书资源

第 1 章
初识 pygame

Python 深受广大开发者青睐的一个重要原因是它的应用领域非常广泛，其中就包括游戏开发，而使用 Python 进行游戏开发的首选模块就是 pygame。本章将首先介绍如何在计算机上部署 pygame 的开发环境，然后通过 pygame 制作一个简单的程序，从而让读者对 pygame 开发有一个初步的认识。

1.1 了解 Python

1.1.1 Python 概述

Python，本义是指"蟒蛇"。1989 年，荷兰人 Guido van Rossum 发明了一种面向对象的解释型高级编程语言，将其命名为 Python，标志如图 1.1 所示。Python 的设计哲学为优雅、明确、简单，实际上，Python 始终贯彻着这一理念，以至于现在网络上流传着"人生苦短，我用 Python"的说法。可见 Python 有着简单、开发速度快、节省时间和容易学习等特点。

图 1.1 Python 的标志

Python 是一种扩充性强大的编程语言，它具有丰富和强大的库，能够把使用其他语言制作的各种模块（尤其是 C/C++）很轻松地连接在一起，所以 Python 常被称为"胶水"语言。

1991 年，Python 的第一个公开发行版问世。从 2004 年开始，Python 的使用率呈线性增长，逐渐受到编程者的欢迎和喜爱。最近几年，伴随着大数据和人工智能的大势所趋，Python 语言越来越火爆，也越来越受到开发者的青睐，图 1.2 是截止到 2022 年 9 月的最新一期 TIBOE 编程语言排行榜，Python 稳定排在第 1 位。

Python 自发布以来，主要有三个版本：1994 年发布的 Python 1.x 版本（已过时）、2000 年发布的 Python 2.x 版本（到 2020 年 3 月份已经更新到 2.7.17）和 2008 年发布的 3.x 版本（2022

年 9 月份已经更新到 3.10.7）。

图 1.2　2022 年 9 月 TIBOE 编程语言排行榜

1.1.2　Python 能做什么

Python 作为一种功能强大的编程语言，因其简单易学而受到很多开发者的青睐。那么 Python 的应用领域有哪些呢？概括起来主要有以下几个应用领域：Web 开发、大数据分析处理、人工智能、自动化运维开发、云计算、爬虫、游戏开发。

1.2　pygame 简介

1.2.1　pygame 的由来

上面提到 Python 可以用于游戏开发，而使用 Python 进行游戏开发最常用的就是 pygame 模块。pygame 是 2000 年由 Pete Shinners 开发的一个完全免费、开源的 Python 游戏模块，它是专门为开发和设计 2D 电子游戏而生的软件包，支持 Windows、Linux、Mac OS 等操作系统，具有良好的跨平台性。pygame 的目标是为了让游戏开发者不再受底层语言的束缚，而是更多地关注游戏的功能与逻辑，从而使游戏开发变得更加容易与简单。pygame 的图标如图 1.3 所示。

图 1.3　pygame 的图标

pygame 模块的特点如下：高可移植性；开源、免费；支持多个操作系统，比如主流的 Windows、Linux、Mac OS 等；专门用于多媒体应用（如电子游戏）的开发，其中包含对图像、声音、视频、事件、碰撞等的支持。

 pygame 是一个在 SDL（Simple DirectMedia Layer）基础上编写的游戏库，SDL 是一套用 C 语言实现的跨平台多媒体开发库，被广泛地应用于游戏、模拟器、播放器等的开发。

1.2.2　pygame 能做什么

前面介绍了 pygame 模块的主要作用是开发游戏，而游戏中必然会涉及图形、音频、视频等的处理，因此，pygame 模块在图形绘制及处理、音频视频处理、碰撞检测等方面，都有自己独特的优势。

下面举例说明使用 pygame 模块能够开发的应用或游戏，例如：经典 PC 版 MP3 播放器，如图 1.4 所示；广受欢迎的益智类游戏——拼图，如图 1.5 所示；训练逻辑思考能力的游戏——推箱子，如图 1.6 所示；当今全球正流行的单机消除类游戏——水果消消乐，如图 1.7 所示。

图 1.4　MP3 播放器

图 1.5　拼图游戏

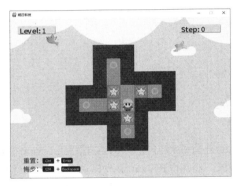

图 1.6　推箱子游戏

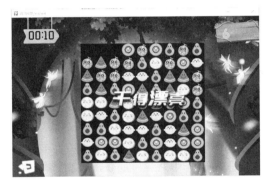

图 1.7　水果消消乐游戏

1.2.3　pygame 常用子模块介绍

pygame 模块采用自顶向下的方法，将一些在程序开发中能够完成特定功能的代码封装成了一个个单独的子模块，这些子模块相对独立、功能单一、结构清晰、使用简单，这种模块化的设计，使得 pygame 游戏程序的设计、调试和维护变得更加简单、容易。pygame 模块中的常用子模块及其说明如表 1.1 所示。

表 1.1　pygame 常用子模块及说明

子模块	说明
pygame.cdrom	访问光驱
pygame.cursors	加载光标图像，包括标准指针
pygame.display	控制显示窗口或屏幕
pygame.draw	绘制简单的数学形状
pygame.event	管理事件
pygame.font	创建和渲染 TrueType 字体
pygame.image	加载和存储图片
pygame.key	读取键盘按键

续表

子模块	说明
pygame.mouse	鼠标
pygame.surface	管理图像
pygame.rect	管理矩形区域
pygame.sprite	管理移动图像（精灵序列图）
pygame.time	管理时间和帧信息
pygame.math	管理向量
pygame.transform	缩放、旋转和翻转图像
pygame. mixer_music	管理音乐
pygame.joystick	管理操纵杆设备（游戏手柄等）
pygame.overlay	访问高级视频叠加
pygame.mixer	管理声音

1.3 安装 Python

要使用 pygame 模块开发游戏，必须首先安装 Python，因此，本节将讲解如何下载并且安装 Python，并对安装 Python 时可能遇到的问题进行介绍。

1.3.1 Python 开发环境概述

Python 可以在多个操作系统上进行使用，编写好的程序也可以在不同系统上运行。进行 Python 开发常用的操作系统及说明如表 1.2 所示。

表 1.2 进行 Python 开发常用的操作系统及说明

操作系统	说明
Windows	推荐使用 Windows 10 及以上版本。Windows 7 系统不支持安装 Python 3.9 及以上版本
Mac OS	从 Mac OS X 10.3（Panther）开始已经包含 Python
Linux	推荐 Ubuntu 版本

1.3.2 下载 Python

要进行 Python 程序开发，首先需要安装 Python。由于 Python 是解释型编程语言，因此需要一个解释器，这样才能运行编写的代码。这里说的安装 Python 实际上就是安装 Python 解释器。下面以 Windows 操作系统为例介绍下载及安装 Python 的方法。

在 Python 的官方网站中，可以很方便地下载 Python 的开发环境，具体下载步骤如下：

① 打开浏览器（如 Google Chrome 浏览器），进入 Python 官方网站，如图 1.8 所示。

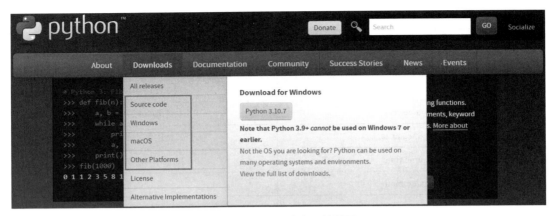

图1.8 Python 官方网站首页

Python 官网是一个国外的网站，加载速度比较慢，打开时耐心等待即可。

② 将鼠标移动到 Downloads 菜单上，将显示和下载有关的菜单项，从图 1.8 所示的菜单可以看出，Python 可以在 Windows、Mac OS 和 Linux 等多种平台上使用。这里单击 Windows 菜单项，进入详细的下载列表，如图 1.9 所示。

图 1.9 适合 Windows 系统的 Python 下载列表

在如图 1.9 所示的列表中，带有 "32-bit" 字样的压缩包，表示该开发工具可以在 Windows 32 位系统上使用；而带有 "64-bit" 字样的压缩包，则表示该开发工具可以在 Windows 64 位系统上使用。另外，标记为 "embeddable package" 字样的压缩包，表示嵌入式版本，可以集成到其他应用中。

③ 在 Python 下载列表页面中，列出了 Python 提供的各个版本的下载链接。读者可以根据需要下载。截止到笔者编写本书的最新稳定版本是 3.10.7，因笔者的操作系统为 Windows 64 位，所以单击 "Windows installer(64-bit)" 超链接，下载适用于 Windows 64 位操作系统的离线安装包。

技巧

由于 Python 官网是一个国外的网站，因此在下载 Python 时，下载速度会非常慢，这里推荐使用专用的下载工具进行下载（比如国内常用的迅雷软件），下载过程为：在要下载超链接上单击鼠标右键，在弹出的快捷菜单中选择"复制链接"（有的浏览器可能为"复制链接地址"），如图 1.10 所示，然后打开下载软件，新建下载任务，将复制的链接地址粘贴进去进行下载。

图1.10 复制Python的下载链接地址

④ 下载完成后,将得到一个名称为"python-3.10.7-amd64.exe"的安装文件。

1.3.3 安装Python

在Windows 64位系统上安装Python的步骤如下:

① 双击下载后得到的安装文件python-3.10.7-amd64.exe,将显示安装向导对话框,选中"Add Python 3.10 to PATH"复选框,表示将自动配置环境变量。如图1.11所示。

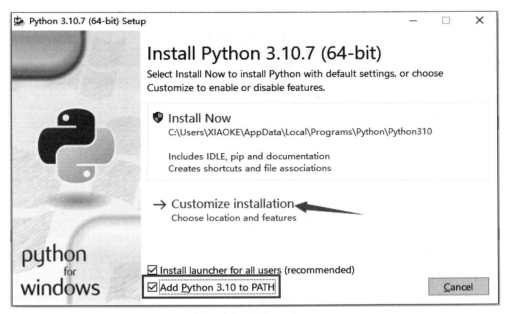

图1.11 Python安装向导

② 单击"Customize installation"按钮,进行自定义安装,在弹出的安装选项对话框中采用默认设置,如图1.12所示。

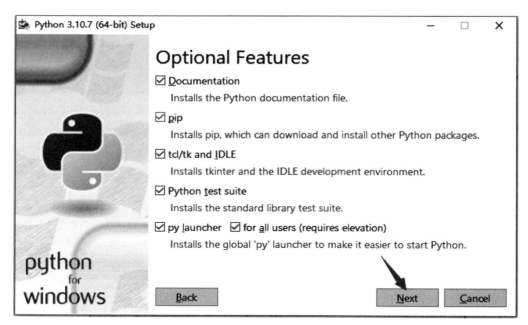

图 1.12　设置要安装选项对话框

③ 单击"Next"按钮，打开高级选项对话框，在该对话框中，除了默认设置外，还需要手动选中"Install for all users"复选框（表示使用这台计算机的所有用户都可以使用），然后单击"Browse"按钮设置 Python 的安装路径，如图 1.13 所示。

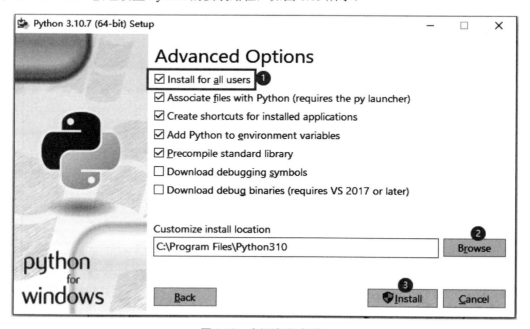

图 1.13　高级选项对话框

说明　在设置安装路径时，建议路径中不要有中文或空格，以避免使用过程中出现一些莫名的错误。

④ 单击"Install"按钮，开始安装 Python，并显示安装进度，如图 1.14 所示。

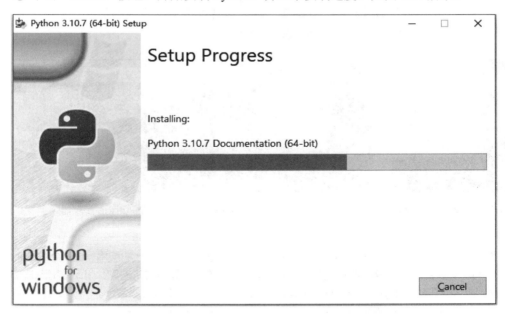

图 1.14　显示 Python 的安装进度

⑤ 安装完成后将显示如图 1.15 所示的对话框，单击"Close"按钮即可。

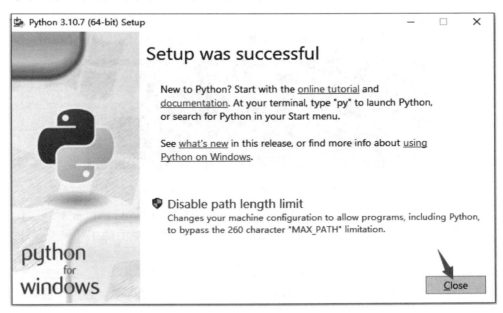

图 1.15　安装完成对话框

1.3.4　测试 Python 是否安装成功

Python 安装完成后，需要测试 Python 是否成功安装。例如，在 Windows 10 系统中检测 Python 是否成功安装，可以单击开始菜单右侧的"在这里输入你要搜索的内容"文本框，在其中输入 cmd 命令，如图 1.16 所示，按下 <Enter> 键，启动命令行窗口；在当前的命令提示符后面输入"python"，并按下 <Enter> 键，如果出现如图 1.17 所示的信息，则说明 Python 安装成功，同时系统进入交互式 Python 解释器中。

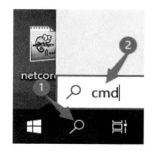

图 1.16 输入 cmd 命令

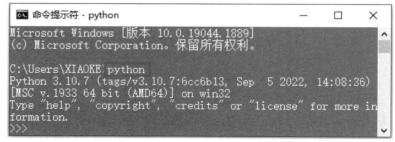

图 1.17 在命令行窗口中运行的 Python 解释器

图 1.17 中的信息是笔者电脑中安装的 Python 的相关信息：Python 的版本、该版本发行的时间、安装包的类型等。因为选择的版本不同，这些信息可能会有所差异，但命令提示符变为">>>"即说明 Python 已经安装成功，正在等待用户输入 Python 命令。

1.3.5 Python 安装失败的解决方法

如果在 cmd 命令窗口中输入"python"后，没有出现如图 1.17 所示的信息，而是显示"'python'不是内部或外部命令，也不是可运行的程序或批处理文件"，如图 1.18 所示。

图 1.18 输入 python 命令后出错

出现图 1.18 所示提示的原因是在安装 Python 时，没有选中"Add Python 3.10 to PATH"复选框，导致系统找不到 python.exe 可执行文件，这时，就需要手动在环境变量中配置 Python 环境变量，具体步骤如下：

① 在"此电脑"图标上单击鼠标右键，然后在弹出的快捷菜单中执行"属性"命令，并在弹出的"属性"对话框左侧单击"高级系统设置"，在弹出的"系统属性"对话框中，单击"环境变量"按钮，如图 1.19 所示。

② 弹出"环境变量"对话框，在该对话框下半部分的"系统变量"区域选中 Path 变量，然后单击"编辑"按钮，如图 1.20 所示。

③ 在弹出的"编辑系统变量"对话框中，通过单击"新建"按钮，添加两个环境变量，两个环境变量的值分别是"C:\Program Files\Python310\"和"C:\Program Files\Python310\Scripts\"（这是笔者的 Python 安装路径，读者可以根据自身实际情况进行修改），如图 1.21 所

第 1 章 初识 pygame

图 1.19 "系统属性"对话框

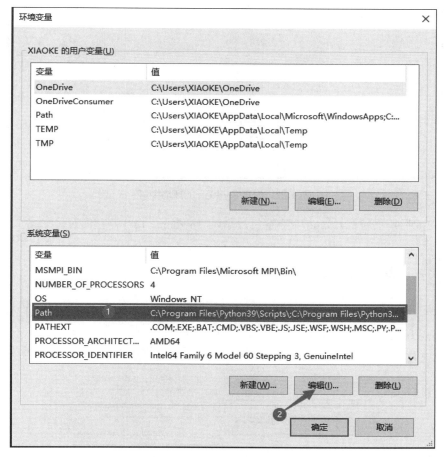

图 1.20 "环境变量"对话框

示。添加完环境变量后,选中添加的环境变量,通过单击对话框右侧的"上移"按钮,可以将其移动到最上方,单击"确定"按钮完成环境变量的设置。

图 1.21 配置 Python 的环境变量

配置完成后,重新打开 cmd 命令窗口,输入"python"命令测试即可。

1.4 安装 pygame

要使用 pygame 模块开发 Python 游戏,前提是计算机上已经安装了 Python,然后需要安装 pygame 模块,由于 pygame 是一个第三方的游戏库,因此需要手动进行安装。安装 pygame 模块有多种方式,本节将介绍两种开发人员经常使用的方式,如图 1.22 所示。

图 1.22 安装 pygame 模块的两种方式

说明 如果您的机器上还没有安装 Python，请先安装 Python。

下面分别对安装 pygame 模块常用的两种方式进行讲解。

1.4.1 使用 pip install 命令安装

在 Python 中，最常用的安装第三方模块的方式是使用 pip install 命令，其语法格式如下：

```
pip install 模块名 [-i 镜像地址]
```

上面命令中的"[-i 镜像地址]"是一个可选参数，用来指定要下载模块的镜像地址。提供此服务的服务器地址是在国外，因此在安装第三方模块时，经常会出现连接超时、安装不成功等问题；为了解决这个问题，一些大型的企业和大学搭建了自己的镜像网站，以方便国内开发人员使用。

说明 pip 是跟随 Python 环境部署默认安装的一个 Python 软件包管理工具，要想在任意工作目录下都使用 pip 工具，需要将其可执行文件（pip.exe）的存放目录添加到系统的 PATH 环境变量中。默认情况下，pip.exe 文件存放在 Python 安装目录下的 Scripts 文件夹中，用户只需要将该文件夹路径添加到系统的 PATH 环境变量中即可。

使用 pip install 命令安装 pygame 模块的具体步骤如下：

① 单击 Windows 10 系统中开始菜单右侧的搜索文本框，在其中输入 cmd 命令，在搜索结果中选中"命令提示符"，单击右键，选择"以管理员身份运行"菜单，启动命令行窗口，如图 1.23 所示。

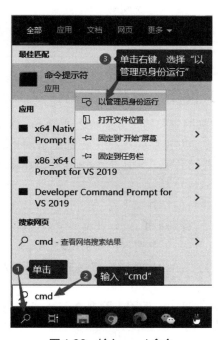

图 1.23 输入 cmd 命令

② 在命令行窗口中输入如下命令,按下 <Enter> 回车键即可。

```
pip install pygame -i https://mirrors.aliyun.com/pypi/simple/
```

"-i"后面的镜像地址可以替换为国内的任意一个镜像地址,但经过大量开发者的验证,发现阿里云和清华大学提供的镜像地址下载速度比较快,而且稳定,所以推荐使用这两个中的任意一个。

安装 pygame 模块的过程如图 1.24 所示。

图 1.24　安装 pygame 模块的过程

使用 pip 命令安装第三方模块时,有可能会出现警告信息,提醒用户需要升级 pip 工具,这时在系统的 cmd 命令窗口中输入以下命令即可。

```
pip install --upgrade pip
```

1.4.2　使用 Wheel 文件离线安装

除了使用上面的 pip 方式联网安装第三方模块之外,还可以将指定模块的安装包下载到本地进行离线安装。Python 第三方模块的离线安装包是 Wheel 格式的文件,可以从 Python 官方的第三方模块仓库 PYPI 进行下载。下面讲解如何使用 Wheel 文件离线安装 pygame 模块。

(1) 下载 pygame 离线安装包

下载 pygame 模块离线安装包的步骤如下:

① 打开浏览器,输入 PYPI 官网地址,按 <Enter> 回车键,然后在页面中间的搜索文本框中输入"pygame",按 <Enter> 回车键搜索,如图 1.25 所示。

② 搜索结果中展示了所有与 pygame 相关的模块,单击 pygame 模块的最新版本,如图 1.26 所示。

③ 进入 pygame 模块的介绍页面,如图 1.27 所示,该页面中会显示 pygame 模块的在线安装命令以及相关的介绍。

④ 单击左侧导航中的"Download files"超链接,切换到离线安装包下载列表页面,如

第 1 章　初识 pygame

图 1.25　PYPI 官网首页

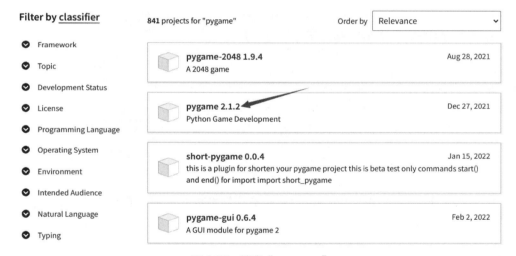

图 1.26　搜索"pygame"

图 1.27　pygame 模块介绍页面

015

图 1.28 所示，该页面中列出了当前 pygame 模块所匹配的所有 Python 版本的离线安装包，读者可以根据自身需要选择下载。

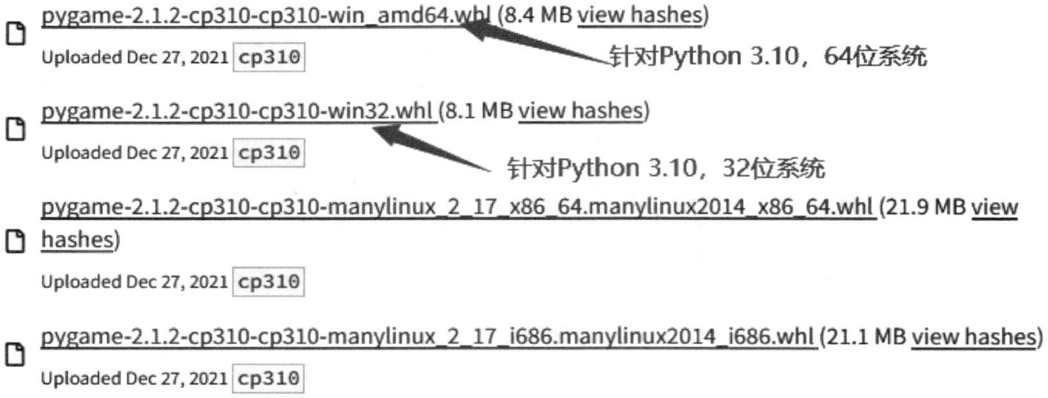

pygame-2.1.2-cp310-cp310-win_amd64.whl (8.4 MB view hashes)
Uploaded Dec 27, 2021 cp310 ← 针对Python 3.10，64位系统

pygame-2.1.2-cp310-cp310-win32.whl (8.1 MB view hashes)
Uploaded Dec 27, 2021 cp310 ← 针对Python 3.10，32位系统

pygame-2.1.2-cp310-cp310-manylinux_2_17_x86_64.manylinux2014_x86_64.whl (21.9 MB view hashes)
Uploaded Dec 27, 2021 cp310

pygame-2.1.2-cp310-cp310-manylinux_2_17_i686.manylinux2014_i686.whl (21.1 MB view hashes)
Uploaded Dec 27, 2021 cp310

图 1.28　pygame 离线安装包下载列表

> **说明**
>
> pygame 离线安装包文件名说明如下（以'-'分隔）。
> ☑ 2.1.2：表示 pygame 版本号为 2.1.2。
> ☑ cp310：表示匹配 Python 3.10.x 版本。
> ☑ win：表示 Windows 操作系统。
> ☑ win32：表示适合 32 位 Windows 操作系统。
> ☑ amd64：表示适合 64 位 Windows 操作系统。
> ☑ manylinux：表示适合 Linux 操作系统。
> ☑ macosx：表示适合 Mac 操作系统。

⑤ 这里以 Python 3.10 和 Windows 64 位系统为例进行介绍，在列表中找到 "pygame-2.1.2-cp310-cp310-win_amd64.whl"，单击即可下载。

> **技巧**
>
> 由于 PYPI 官网是一个国外的网站，因此在下载第三方模块的离线安装包时下载速度可能会很慢，这里推荐使用专用的下载工具进行下载（比如国内常用的迅雷软件），下载过程为：在要下载的超链接上单击鼠标右键，在弹出的快捷菜单中选择"复制链接地址"，然后打开下载软件，新建下载任务，将复制的链接地址粘贴进去进行下载。

（2）离线安装 pygame

pygame 模块的离线安装包下载完成后，就可以使用该离线安装包来安装 pygame 模块了，具体步骤如下：

① 在 pygame 模块离线安装包所在文件夹的地址栏中输入 "%comspec%"，按 <Enter> 回车键，如图 1.29 所示。

② 系统会自动打开 cmd 命令窗口，并进入当前所在目录，如图 1.30 所示。

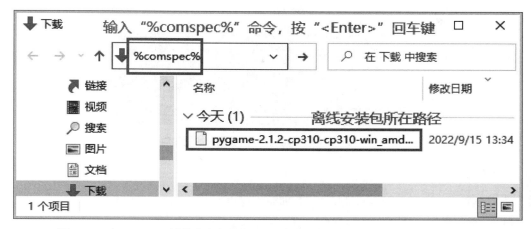

图 1.29　在 pygame 模块离线安装包所在文件夹的地址栏中输入 "%comspec%"

图 1.30　自动打开的 cmd 命令窗口

③ 在打开的 cmd 命令窗口中输入如下命令，按 <Enter> 回车键即可。

```
pip install pygame-2.1.2-cp310-cp310-win_amd64.whl
```

a. 上面命令的最后一个参数为所要安装的模块对应的 Wheel 文件名，读者可以根据自己的实际情况进行修改。另外，该命令同样适用于其他 Python 第三方模块的离线安装。
b. 上面只介绍了基于 Windows 系统的安装方式，其他平台（如 MacOS、Linux 等）的离线安装方式与 Windows 的安装原理类似，有兴趣的读者可以动手尝试安装。

1.4.3　测试 pygame 是否安装成功

在 pygame 模块安装完成之后，为了确保安装成功，需要对其进行测试，下面讲解两种常用的测试 pygame 模块是否安装成功的方法。

（1）导入 pygame

以管理员身份打开系统的 cmd 命令窗口，输入 "python" 后按下 <Enter> 键，进入 Python 交互式环境，然后在 ">>>" 后输入以下命令，按 <Enter> 键执行。

```
import pygame
```

此时如果不报错，并且提示 pygame 模块的版本和欢迎信息，则表示 pygame 模块安装成功，如图 1.31 所示。

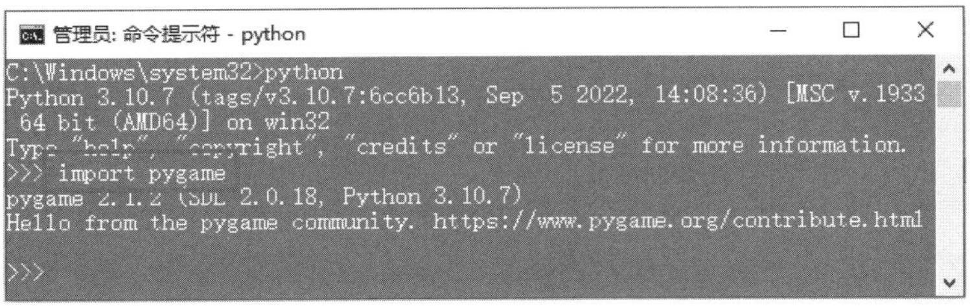

```
管理员: 命令提示符 - python

C:\Windows\system32>python
Python 3.10.7 (tags/v3.10.7:6cc6b13, Sep  5 2022, 14:08:36) [MSC v.1933
 64 bit (AMD64)] on win32
Type "help", "copyright", "credits" or "license" for more information.
>>> import pygame
pygame 2.1.2 (SDL 2.0.18, Python 3.10.7)
Hello from the pygame community. https://www.pygame.org/contribute.html
>>>
```

图 1.31　测试 pygame 模块是否安装成功

技巧

如果要单独获取 pygame 模块版本号，即图 1.31 中的"2.1.2"，可以通过输入以下命令实现。

```
pygame.ver
```

（2）启动 pygame 内置外星人游戏

测试 pygame 安装是否成功，还可以通过运行 pygame 模块中内置的外星人小游戏来实现。在系统的 cmd 命令窗口中输入以下命令，按 <Enter> 键执行。

```
python -m pygame.examples.aliens
```

此时，系统会自动运行 pygame 模块内置的一个外星人小游戏，效果如图 1.32 所示，如果游戏正常运行，则说明 pygame 模块安装成功。

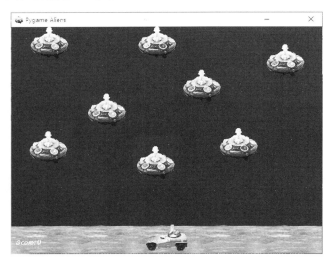

图 1.32　通过启动 pygame 模块内置游戏测试安装是否成功

注意

启动 pygame 内置游戏的命令是在系统的 cmd 命令窗口中直接输入的，而不是在 Python 交互式环境中输入，如果在 Python 交互式环境中输入，将会出现如图 1.33 所示的错误。

图 1.33 在 Python 交互式环境中启动内置游戏时的错误

1.5 PyCharm 开发工具的下载与安装

使用 Python 开发程序时，为了提升开发效率，建议选择一款 Python 开发工具作为自己主要的开发工具，现在市场上流行的 Python 开发工具主要有 IDLE、PyCharm、Visual Studio 等，其中，PyCharm 是由 JetBrains 公司开发的一款 Python 开发工具，在 Windows、Mac OS 和 Linux 操作系统中都可以使用，它具有语法高亮显示、Project（项目）管理代码跳转、智能提示、自动完成、调试、单元测试和版本控制等功能，本书选中 PyCharm 作为开发 pygame 游戏的工具，本节将对 PyCharm 开发工具的下载与安装进行详细讲解。

1.5.1 下载 PyCharm

PyCharm 的下载非常简单，可以直接到 Jetbrains 公司官网下载，在浏览器中打开 PyCharm 开发工具的官方下载页面，单击页面右侧的"Community"下的"Download"按钮，下载 PyCharm 开发工具的免费社区版，如图 1.34 所示。

图 1.34 PyCharm 官方下载页面

> **说明** PyCharm 有两个版本：一个是社区版（免费并且提供源程序）；另一个是专业版（免费试用，正式使用需要收费）。建议读者下载免费的社区版本进行使用。

下载完成后的 PyCharm 安装文件如图 1.35 所示。

pycharm-community-2022.2.1.exe

图 1.35　下载完成的 PyCharm 安装文件

> 说明：笔者在下载 PyCharm 开发工具时，最新版本是 2022.2.1 版本，该版本随时更新，读者在下载时，不用担心版本，只要下载官方提供的最新版本，即可正常使用。

1.5.2　安装 PyCharm

安装 PyCharm 的步骤如下：

① 双击 PyCharm 安装包进行安装，在欢迎界面单击"Next"按钮进入软件安装路径设置界面。

② 在软件安装路径设置界面，设置合理的安装路径。PyCharm 默认的安装路径为操作系统所在的路径，建议更改，因为如果把软件安装到操作系统所在的路径，当出现操作系统崩溃等特殊情况而必须重做系统时，PyCharm 程序路径下的程序将被破坏。另外，安装路径中建议不要使用中文和空格。如图 1.36 所示。单击"Next"按钮，进入创建快捷方式界面。

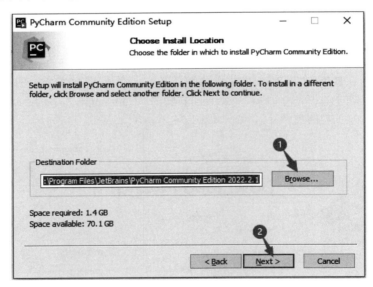

图 1.36　设置 PyCharm 安装路径

③ 在创建桌面快捷方式界面（Create Desktop Shortcut）中设置 PyCharm 程序的快捷方式，接下来设置关联文件（Create Associations），勾选".py"左侧的复选框，这样以后再打开 .py 文件（Python 脚本文件）时，会默认使用 PyCharm 打开；选中"Add "bin" folder to the PATH"复选框，如图 1.37 所示。

④ 单击"Next"按钮，进入选择开始菜单文件夹界面，该界面不用设置，采用默认即可，单击"Install"按钮（安装大概需 5min，请耐心等待），如图 1.38 所示。

⑤ 安装完成后，单击"Finish"按钮，完成 PyCharm 开发工具的安装，如图 1.39 所示。

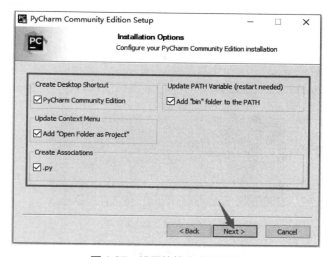

图 1.37 设置快捷方式和关联

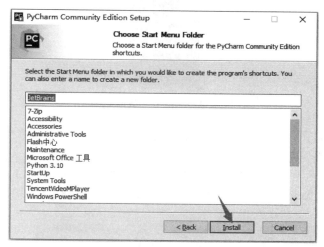

图 1.38 选择开始菜单文件夹界面

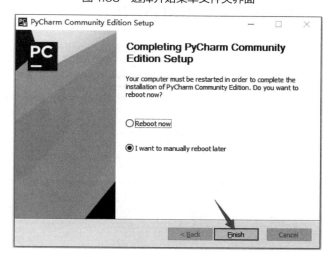

图 1.39 完成 PyCharm 的安装

1.5.3 启动并配置 PyCharm

启动并配置 PyCharm 开发工具的步骤如下：

① PyCharm 安装完成后，会在开始菜单中建立一个快捷菜单，如图 1.40 所示，单击 "PyCharm Community Edition 2022.2.1"，即可启动 PyCharm 程序。

图 1.40　PyCharm 菜单

图 1.41　PyCharm 桌面快捷方式

另外，还会在桌面创建一个 "PyCharm Community Edition 2022.2.1" 快捷方式，如图 1.41 所示，通过双击该图标，同样可以启动 PyCharm。

② 启动 PyCharm 程序后，进入阅读协议页，选中 "I confirm that I have read and accept the terms of this User Agreement" 复选框，单击 "Continue" 按钮，如图 1.42 所示。

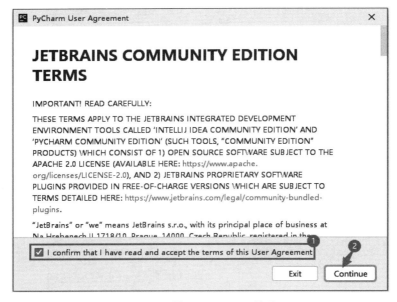

图 1.42　接受 PyCharm 协议

③ 进入数据共享设置页面，该页面中单击"Don't Send"按钮，如图 1.43 所示。

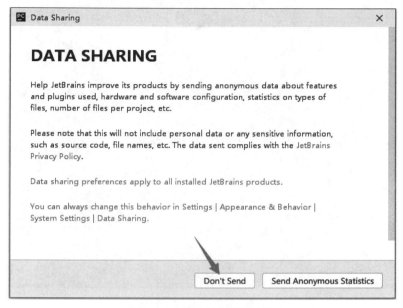

图 1.43　数据共享设置页面

④ 这时即可打开 PyCharm 的欢迎页面，如图 1.44 所示。

图 1.44　PyCharm 欢迎界面

⑤ PyCharm 默认为暗色主题，为了使读者更加清晰地看清楚代码，这里将 PyCharm 主题更改为浅色，单击欢迎界面左侧的"Customize"，然后在右侧的"Color theme"下方的下拉框中选择前两项中的任意一项即可，如图 1.45 所示。

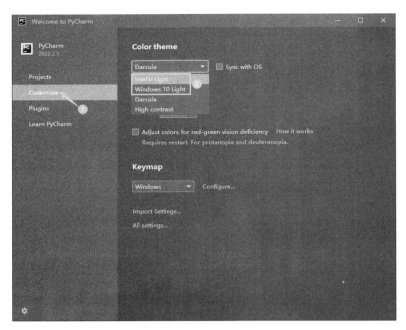

图 1.45 设置 PyCharm 的主题

⑥ 设置完主题后，单击左侧"Projects"，返回 PyCharm 欢迎页，单击"New Project"按钮，创建一个 Python 项目，如图 1.46 所示。

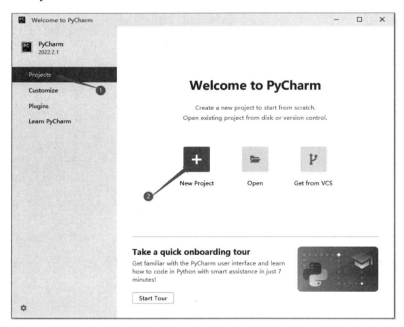

图 1.46 单击"New Project"按钮

⑦ 第一次创建 Python 项目时，需要设置项目的存放位置以及虚拟环境路径，这里需要注意的是，设置的虚拟环境的"Base interpreter"解释器应该是 python.exe 文件的地址（**注意：系统会自动获取，如果没有自动获取，手动单击后面的文件夹按钮进行选择**），设置过程如图 1.47 所示。

第 1 章 初识 pygame

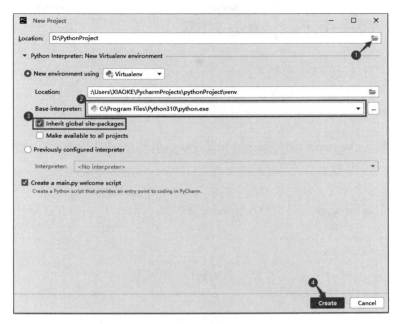

图 1.47 设置项目存放位置及虚拟环境路径

说明　创建工程文件前，必须保证已经安装了 Python，否则创建 PyCharm 项目时会出现 "Interpreter field is empty." 提示，并且 "Create" 按钮不可用；另外，创建工程文件时，建议路径中不要有中文。

⑧ 设置完成后，单击图 1.47 中的 "Create" 按钮，即可进入 PyCharm 开发工具的主窗口，效果如图 1.48 所示，默认会显示一个每日一帖对话框，选中 "Don't show tips" 复选框，并单击 "Close" 按钮，这样再次打开 PyCharm 时，就不会再显示每日一帖对话框。

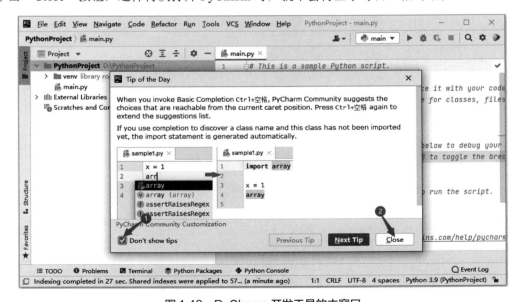

图 1.48 PyCharm 开发工具的主窗口

1.6 第一个 pygame 程序

作为程序开发人员，学习新知识的第一步就是学会简单输出，对所学习的新知识有一个感性的认识。学习 pygame 也不例外，本实例将创建一个 pygame 游戏窗口，在窗口中实现显示文本"Hello pygame World"。

实例 1.1 使用 pygame 模块显示"Hello pygame World"（实例位置：资源包 \Code\01\01）

打开 PyCharm 开发工具，实现创建游戏窗口并显示文本的步骤如下：
① 在 PyCharm 开发工具中新建一个名称为 hello_pygame.py 的文件。
② 在 hello_pygame.py 文件中导入 pygame 模块和 pygame 中的所有常量，代码如下：

```
01 import pygame
02 from pygame.locals import *
```

③ 使用 init() 方法对 pygame 模块进行初始化，代码如下：

```
03 pygame.init()                                                  # 初始化
```

④ 创建一个 pygame 窗口，大小可自定义，这里设置为 500×200，单位为像素（px），代码如下：

```
04 screen = pygame.display.set_mode((500, 200), 0, 32)            # 创建游戏窗口
```

⑤ 使用 pygame.font 子模块创建一个字体对象，并使用其 render() 方法在窗口中渲染具体的文本"Hello pygame World"，代码如下：

```
05 font = pygame.font.SysFont(None, 60,)                          # 创建字体对象
06 mingri = font.render("Hello pygame World", True, (255, 255, 255))  # 创建文本图像
```

⑥ 创建一个程序运行的无限循环，使其不断地重绘页面，目的是保持游戏窗口持续显示，该循环中主要执行清屏、绘制和刷新的操作。代码如下：

```
07 import sys
08 # 程序运行主体循环
09 while True:
10     screen.fill((25, 102, 173))           # 清屏
11     screen.blit(mingri, (50, 80))         # 绘制
12     for event in pygame.event.get():      # 事件索取
13         if event.type == QUIT:            # 判断为程序退出事件
14             pygame.quit()                 # 退出游戏，还原设备
15             sys.exit()                    # 程序退出
16     pygame.display.update()               # 刷新
```

运行程序，效果如图 1.49 所示。

1.7 实战练习

世界知名互联网公司都有比较独特的企业文化，如在阿里巴巴，有一个不成文但被严格执行的规定：无论胖瘦、高矮，新进人员都必须在三个月内学会靠墙倒立，而且必须坚持

图 1.49　在 pygame 窗口中显示 "Hello pygame World"

30s 以上，否则，只能卷铺盖走人。而 Facebook 花了特别多的时间教新人练大胆，培养新人具有野心：如果你没有野心，你就没有办法改变世界。在 Facebook 的办公室中，也挂着这样一条充满野心和奋斗的标语："Go Big Or Go Home！"（要么出众，要么出局！），旁边还配上了哥斯拉的照片，这让这条标语显得格外酷炫。下面就使用 pygame 模块设计一个窗口，并在窗口中显示这条标语，如图 1.50 所示。

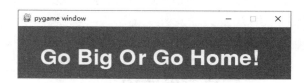

图 1.50　在 pygame 窗口中显示 "Go Big Or Go Home!"

第 2 章
pygame 程序开发流程

本章将根据第 1 章中的第一个 pygame 程序总结出开发一个 pygame 程序的基本流程，并分别对它们进行讲解。

2.1 pygame 程序开发流程

使用 pygame 开发程序的基本流程，如图 2.1 所示。

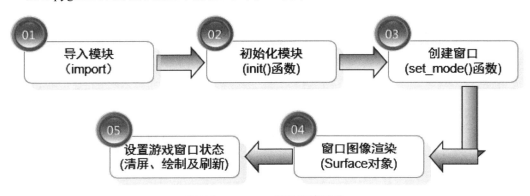

图 2.1 pygame 程序开发流程

2.1.1 导入 pygame 模块

第一个 pygame 程序的前 2 行代码是使用 pygame 编写程序时基本都需要用到的。

```
01 import pygame
02 from pygame.locals import *
```

其中，第 1 行代码用来导入 pygame 包，它是 pygame 模块中可供使用的最顶层的包，当在程序中导入 pygame 包后，便可以使用其包含的大部分子模块，比如 pygame.color、pygame.surface、pygame.rect 等。

第 2 行代码使用 Python 中的"from xx.xx import *"格式导入了 pygame.locals 子模块中的所有元素，pygame.locals 子模块中存储了 pygame 中绝大部分的顶级变量与常量，比如 pygame.QUIT（程序退出事件）、pygame.KEYDOWN（键盘按下事件）、pygame.MOUSEBUTTONDOWN（鼠标按下事件）、pygame.K_h（H 键）、pygame.K_ESCAPE（Esc 键）、pygame.K_LCTRL（Ctrl 键）等。

> **技巧**
>
> ① 通常在使用 import 格式导入一个包之后，如果想要调用此包中的一个函数，必须使用点操作符"."来引用，而通过使用"from xx.xx import *"格式，则直接可以把此包中所有一级变量导入到当前程序中，这样就可以在程序中直接使用它们（就像是调用 Python 内建函数一样）。
> ② 在 PyCharm 开发工具中查看源码的方法：按住 < Ctrl > 键，同时鼠标左键点击标识符名称。例：若点击的是函数名，则光标自动跳转到该函数的源代码处；若点击的是包名，则光标自动跳转到该包下的 __init__.py 文件中，但要保证代码所在的文件位置存在于模块搜索路径（sys.path）中，该技巧非常重要且实用，简称为"览源"，之后则不再复述。请读者自行尝试操作。

2.1.2 初始化 pygame

导入 pygame 包后，就需要对其进行初始化了，代码如下：

```
01 # 初始化
02 pygame.init()
```

之所以要初始化 pygame，是因为这样可以在底层初始化所有导入的 pygame 子模块，并且可以为即将要使用的硬件设备做准备工作，如果不初始化，则可能会出现程序崩溃等一些不可设想的后果。

init() 初始化函数返回的是一个二元元组，其中，第 1 个数字表示成功导入的子模块数，第 2 个数字表示导入失败的个数。可以使用下面的代码查看 init() 函数的返回值。

```
01 res = pygame.init()
02 print("成功初始化模块个数：", res[0], " 失败个数：", res[1])
```

实例 2.1 演示 pygame.init() 的使用（实例位置：资源包 \Code\02\01）

在 PyCharm 中新建一个名为 init_demo.py 的文件。创建一个空白的 pygame 窗口，测试在不添加执行 pygame.init() 语句的情况下，程序运行输出结果如何，具体代码如下：

```
01 import pygame
02 from pygame.locals import *
03
04 # res = pygame.init()
05 # print("成功初始化模块个数：", res[0], " 失败个数", res[1])
06 screen = pygame.display.set_mode((640, 396))
07 font = pygame.font.SysFont(None, 60)
08 type_li = [QUIT, KEYDOWN, MOUSEBUTTONDOWN]
```

```
09
10 while 1:
11     for event in pygame.event.get(type_li):
12         if event:
13             pygame.quit()
14             exit()
```

运行以上代码会出现如图 2.2 所示的异常提示。

```
demo ×
  File "D:\PythonProject\demo.py", line 7, in <module>
    font = pygame.font.SysFont(None, 60)
  File "C:\Program Files\Python310\lib\site-packages\pygame\sysfont.py", line 474, in SysFont
    return constructor(fontname, size, set_bold, set_italic)
  File "C:\Program Files\Python310\lib\site-packages\pygame\sysfont.py", line 391, in font_constructor
    font = Font(fontpath, size)
pygame.error: font not initialized
```

图 2.2　pygame 程序异常提示

上面的异常为"pygame.error: font not initialized",表示 pygame.font 子模块未初始化。此时,再尝试恢复注释掉的第 4、5 行代码,重新运行程序,即可出现一个空白的 pygame 窗口。

说明　程序中第 6、7、11 行代码的具体含义会在后续章节进行讲解,此处只是演示最简单的代码。退出此程序时,只需敲击任意按键或点击鼠标即可。

2.1.3　创建 pygame 窗口

导入并初始化 pygame 包后,接下来就需要创建 pygame 窗口了,创建 pygame 窗口需要使用 pygame 包下的 display 模块中的 set_mode() 函数,代码如下:

```
screen = pygame.display.set_mode((500, 200), 0, 32)    # 创建游戏窗口
```

set_mode() 函数用来创建一个图形化用户界面(graphical user interface,GUI),其语法格式如下:

```
set_mode(resolution=(0,0),flags=0,depth=0)
```

参数说明如下:

☑ resolution:表示屏幕分辨率,需传入值为两个整数的一个元组,表示所要创建的窗口尺寸(宽 × 高),单位为像素。如果将宽度和高度都设置为 0,则会具有与显示器屏幕分辨率相同的宽度和高度。

☑ flags:功能标志位,表示创建的主窗口样式,比如创建全屏窗口、无边框窗口等,flags 参数值如表 2.1 所示。

表 2.1　flags 参数值及说明

参数值	说明
0	用户设置的窗口大小
pygame.FULLSCREEN	全屏显示的窗口

续表

参数值	说明
pygame.RESIZABLE	可调整大小的窗口
pygame.NOFRAME	没有边框和控制按钮的窗口
pygame.DOUBLEBUF	双缓冲模式窗口，推荐和 HWSURFACE 和 OPENGL 一起使用
pygame.HWSURFACE	硬件加速窗口，仅在 FULLSCREEN 下可以使用
pygame.OPENGL	一个 OpenGL 可渲染的窗口

☑ depth：控制色深，如果省略该参数，将默认使用系统的最佳和最快颜色深度，因此推荐省略该参数。

☑ 返回值：一个 pygame.Surface 对象（简称为"Surface 对象"）。

该函数将创建，传入的三个参数是对显示类型的请求，实际创建的显示类型将自动是系统支持的最佳匹配。

技巧

在实际开发过程中，flags 参数最常用的值为 pygame.HWSURFACE 和 pygame.DOUBLEBUF，另外，也可以使用按位或运算符组合为复合模式类型，示例代码如下。

```
SIZE = WIDTH, HEIGHT = 640, 396
pygame.display.set_mode(SIZE, HWSURFACE|FULLSCREEN, 32)
```

实例 2.2　演示 pygame 窗口模式的切换（实例位置：资源包 \Code\02\02）

编写一个小程序，实现 pygame 窗口模式的切换。具体代码如下：

```
01 import sys
02 import pygame
03 from pygame.locals import *
04 title = "明日科技"
05 icon_img = "ball.jpg"
06 pygame.init()                                              # pygame 全局初始化
07 screen = pygame.display.set_mode((640, 396), 0, 32)        # 初始化窗口
08 pygame.display.set_caption(title)                          # 窗口标题设置
09 icon_sur = pygame.image.load(icon_img)
10 pygame.display.set_icon(icon_sur)                          # 窗口图标设置
11 Fullscreen = False                                         # 控制屏幕状态
12 while True:
13     for event in pygame.event.get():                       # 事件索取
14         if event.type == QUIT:                             # 程序退出按钮
15             sys.exit()
16         if event.type == KEYDOWN:                          # 键盘事件
17             if event.key == K_f:                           # 敲击〈F〉键
18                 Fullscreen = not Fullscreen
19                 if Fullscreen:
20                     screen = pygame.display.set_mode((640, 396), \
21                                                       FULLSCREEN, 32)
22                 else:
```

```
23                screen = pygame.display.set_mode((640, 396), 0, 32)
24    pygame.display.flip()                                              # 更新屏幕显示
```

上面代码中，第 8 行代码为设置 pygame 窗口标题，第 9 行代码加载了一张图片，以便在第 10 行中将其设置为 pygame 窗口的图标；另外，pygame 窗口默认为窗口模式显示，上面代码中添加了监听键盘事件代码，只要敲击键盘＜ F ＞键，pygame 窗口显示模式就会在窗口模式和全屏模式之间进行切换。

程序运行效果如图 2.3 所示。

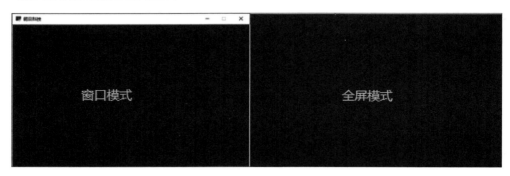

图 2.3　pygame 窗口模式的切换

注意

上面代码中，图形的 URL 用的是相对路径，因此需要将窗口图标图片和 screen_type.py 文件放置于同一文件夹中。

技巧

① 在 set_mode() 函数参数中如果需要传入特定的颜色格式，pygame.display 子模块中提供了一个名为 mode_ok() 的函数，用于确定所请求的显示模式是否可用，其参数的使用与 set_mode() 方法相同，如果无法确定所请求的模式是否可用，将返回 0，否则将返回与所要求显示模式最佳匹配的像素深度。

② 除了最佳的像素深度，pygame.display 子模块还提供了一个名为 list_modes() 的函数，用于返回在指定颜色深度下所支持的所有窗口分辨率的一个列表，其参数为一个像素深度和一个窗口显示模式。如果给定的参数是在不可支持的像素深度或者不可用的显示模式下，返回值为 −1，表示任何请求的分辨率都应该有效（对于窗口模式就是这种情况）。pygame.display 子模块的常用函数及说明如表 2.2 所示。

表 2.2　pygame.display 子模块常用函数及说明

函数	说明
pygame.display.set_mode()	初始化显示窗口
pygame.display.flip()	将完整待显示的 Surface 对象更新到屏幕上
pygame.display.update()	更新部分屏幕区域显示
pygame.display.get_surface()	获取当前显示的窗口 Surface 对象

续表

函数	说明
pygame.display.set_icon()	设置窗口图标
pygame.display.set_caption()	设置窗口标题
pygame.display.list_modes()	获取可用全屏模式分辨率的列表
pygame.dispaly.mode_ok()	返回显示模式的最佳颜色深度
pygame.display.iconify()	最小化显示 Surface 对象

2.1.4 窗口图像渲染——Surface 对象

pygame 窗口使用 Surface 对象来显示内容，Surface 对象相当于一个画布，它是 pygame 中用于表示图像的对象，可以渲染文本，也可以加载图片。pygame 中的 Surface 对象就类似于我们在画画时的画纸，Surface 对象之间的相互绘制就类似于将画好的画纸进行叠加放置，放置于最上面的画纸会覆盖下面所有的画纸，如图 2.4 所示。

图 2.4　图像覆盖

在 pygame 当中，Surface 对象默认是纯黑色填充且不透明的，要想设置为别的颜色，则可以对其进行填充绘制，例如，在第一个 pygame 程序中使用 Surface 对象的 fill() 函数实现清屏功能。

```
screen.fill((25, 102, 173))                # 清屏
```

另外，在第一个 pygame 程序中将文本绘制到 pygame 窗口上时，使用了 Surface 对象的 blit() 函数，代码如下：

```
screen.blit(mingri, (160, 150))            # 绘制
```

blit() 函数用来将一个图像（Surface 对象）绘制到另一个图像上方，其语法格式如下：

```
pygame.Surface.blit(source, dest, area=None, special_flags = 0) -> Rect
```

参数说明如下：
- source：必需参数，指定所要绘制的 Surface 对象。
- dest：必需参数，指定所要绘制的位置，(X, Y)。
- area：可选参数，限定所要绘制的 Surface 对象的绘制范围，一个四元元组。
- special_flags：可选参数，指定混合的模式。
- 返回值：一个四元元组，表示在目标 Surface 对象上实际的绘制矩形区域。

除了上面的函数，Surface 对象中还包含了其他的图像渲染相关函数，如表 2.3 所示。

表 2.3　pygame.Surface 对象常用函数及说明

函数	说明
pygame.Surface.convert()	修改图像（Surface 对象）的像素格式
pygame.Surface.convert_alpha()	修改图像（Surface 对象）的像素格式，包含 alpha 通道
pygame.Surface.copy()	创建一个 Surface 对象的拷贝
pygame.Surface.scroll()	移动 Surface 对象
pygame.Surface.set_colorkey()	设置 colorkeys
pygame.Surface.get_colorkey()	获取 colorkeys
pygame.Surface.set_alpha()	设置整个图像的透明度
pygame.Surface.get_alpha()	获取整个图像的透明度
pygame.Surface.lock()	锁定 Surface 对象的内存使其可以进行像素访问
pygame.Surface.unlock()	解锁 Surface 对象的内存使其无法进行像素访问
pygame.Surface.mustlock()	检测该 Surface 对象是否需要被锁定
pygame.Surface.get_locked()	检测该 Surface 对象当前是否为锁定状态
pygame.Surface.get_locks()	返回该 Surface 对象的锁定
pygame.Surface.get_at()	获取一个像素的颜色值
pygame.Surface.set_at()	设置一个像素的颜色值
pygame.Surface.get_at_mapped()	获取一个像素映射的颜色索引号
pygame.Surface.get_palette()	获取 Surface 对象 8 位索引的调色板
pygame.Surface.get_palette_at()	返回给定索引号在调色板中的颜色值
pygame.Surface.set_palette()	设置 Surface 对象 8 位索引的调色板
pygame.Surface.set_palette_at()	设置给定索引号在调色板中的颜色值
pygame.Surface.map_rgb()	将一个 RGBA 颜色转换为映射的颜色值
pygame.Surface.unmap_rgb()	将一个映射的颜色值转换为 Color 对象
pygame.Surface.set_clip()	设置该 Surface 对象的当前剪切区域
pygame.Surface.get_clip()	获取该 Surface 对象的当前剪切区域
pygame.Surface.subsurface()	根据父对象创建一个新的子 Surface 对象

续表

函数	说明
pygame.Surface.get_parent()	获取子 Surface 对象的父对象
pygame.Surface.get_abs_parent()	获取子 Surface 对象的顶层父对象
pygame.Surface.get_offset()	获取子 Surface 对象在父对象中的偏移位置
pygame.Surface.get_abs_offset()	获取子 Surface 对象在顶层父对象中的偏移位置
pygame.Surface.get_size()	获取 Surface 对象的尺寸
pygame.Surface.get_width()	获取 Surface 对象的宽度
pygame.Surface.get_height()	获取 Surface 对象的高度
pygame.Surface.get_rect()	获取 Surface 对象的矩形区域
pygame.Surface.get_bitsize()	获取 Surface 对象像素格式的位深度
pygame.Surface.get_bytesize()	获取 Surface 对象每个像素使用的字节数
pygame.Surface.get_flags()	获取 Surface 对象的附加标志
pygame.Surface.get_pitch()	获取 Surface 对象每行占用的字节数
pygame.Surface.get_masks()	获取用于颜色与映射索引号之间转换的掩码
pygame.Surface.set_masks()	设置用于颜色与映射索引号之间转换的掩码
pygame.Surface.get_shifts()	获取当位移动时在颜色与映射索引号之间转换的掩码
pygame.Surface.set_shifts()	设置当位移动时在颜色与映射索引号之间转换的掩码
pygame.Surface.get_losses()	获取最低有效位在颜色与映射索引号之间转换的掩码
pygame.Surface.get_bounding_rect()	获取最小包含所有数据的 Rect 对象
pygame.Surface.get_view()	获取 Surface 对象的像素缓冲区视图
pygame.Surface.get_buffer()	获取 Surface 对象的像素缓冲区对象

另外，在 Surface 对象中还包含一个 ._pixels_address 变量，用来表示像素缓冲区地址。

注意

> Surface 对象支持像素访问，但像素访问在硬件上实现的速度是很慢的，因此不推荐大家这么做。

2.1.5 设置游戏窗口状态

使用 pygame 制作小游戏一般都以一个窗口呈现，该过程类似于一个画板，在画板上放置已画好的画纸，而在这些画纸上渲染的可以是一张图片、一段文本、一个图形等，当存在有多张画纸时，会出现层叠效应；而当需要 pygame 窗口一直呈现在界面中时，就需要对每一张画纸进行重叠部分的不间断的擦除与绘制，在 Python 中，这需要借助一个 while 循环实现，只要条件为真，它就持续运行，直到条件为假或者直接终止程序，使其退出运行。

例如，在第一个 pygame 程序中使用 while 循环实现文字的显示与程序退出功能，代码如下：

```
01  # 程序运行主体循环
02  while True:
03      screen.fill((0, 163, 150))                          # 1. 清屏
04      screen.blit(mingri, (50, 80),(0, 0, 700, 150))      # 2. 绘制
05      for event in pygame.event.get():                    # 事件索取
06          if event.type == QUIT:                          # 判断为程序退出事件
07              pygame.quit()                               # 退出游戏，还原设备
08              sys.exit()                                  # 程序退出
09      pygame.display.update()                             # 3. 刷新显示
```

从上面的代码可以看出，pygame 中窗口的显示分为 3 个步骤，分别为：清屏、绘制、刷新显示。

pygame 是一个专门用来设计游戏的模块，在设计游戏时，需要知道游戏状态只是一种形象的叫法，它其实是程序中使用到的所有变量的一组值。在很多游戏中，游戏状态包括了玩家的死亡与存活状态，以及游戏的开始、暂停、结束状态等。游戏根据不同的游戏状态执行不同的操作，从而绘制不同的画面，进而执行不同的事件监听代码，如此循环往复，使得 pygame 窗体能够一直呈现在屏幕上，其基本处理逻辑如图 2.5 所示。

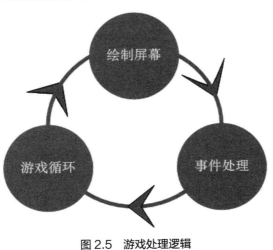

图 2.5　游戏处理逻辑

2.2　pygame 最小开发框架

使用 pygame 开发，有一个所谓的最小开发框架（或称为模板），可以帮助我们在进行 pygame 开发时能够快速看到程序运行效果图，从而极大地提升开发效率。

pygame 最小开发框架代码如下：

```
01  import sys
02
03  # 导入 pygame 及常量库
04  import pygame
05  from pygame.locals import *
06
07  # 游戏中的一些常量定义
```

第 2 章 pygame 程序开发流程

```
08 SIZE = WIDTH, HEIGHT = 640, 396
09 FPS = 60
10 TITLE = "Hello__ 明日 "
11
12 # 颜色常量定义
13 BG_COLOR = 25, 102, 173
14
15 # 初始化
16 pygame.init()
17 pygame.mixer.init()
18
19 # 创建游戏窗口
20 screen = pygame.display.set_mode(SIZE)
21 # 设置窗口标题
22 pygame.display.set_caption(TITLE)
23 # 创建时间管理对象
24 clock = pygame.time.Clock()
25 # 创建字体对象
26 font = pygame.font.SysFont(None, 60, )
27
28 running = True
29 # 程序运行主体循环
30 while running:
31     # 1. 清屏（窗口纯背景色画纸绘制）
32     screen.fill(BG_COLOR)   # 先准备一块画布
33     # 2. 绘制
34
35     for event in pygame.event.get():   # 事件索取
36         if event.type == QUIT:   # 判断点击窗口右上角 "×"
37             pygame.quit()   # 退出游戏，还原设备
38             sys.exit()   # 程序退出
39
40     # 3. 刷新
41     pygame.display.update()
42     # 设置帧数
43     clock.tick(FPS)
44
45 # 循环结束后，退出游戏
46 pygame.quit()
```

以上 46 行代码为开发一个 pygame 游戏时通用的一套框架代码，但为使其更加简约轻量级，笔者在此基础上进行了升级，此升级后的代码也是本书之后的所有 pygame 实例中实际应用到的，升级后的代码如下：

```
01 import sys
02
03 # 导入 pygame 及常量库
04 import pygame
05 from pygame.locals import *
06
07 SIZE = WIDTH, HEIGHT = 640, 396
08 FPS = 60
09
10 pygame.init()
11 screen = pygame.display.set_mode(SIZE)
12 pygame.display.set_caption("pygame__ 明日 ")
13 clock = pygame.time.Clock()
14 # 创建字体对象
15 font = pygame.font.SysFont(None, 60, )
```

```
16
17  running = True
18  # 主体循环
19  while running:
20      # 1. 清屏
21      screen.fill((25, 102, 173))
22      # 2. 绘制
23
24      for event in pygame.event.get():    # 事件索取
25          if event.type == QUIT:
26              pygame.quit()
27              sys.exit()
28      # 3. 刷新显示
29      pygame.display.update()
30      clock.tick(FPS)
```

在开发 pygame 游戏时，只需将该模板代码复制，然后在其主体循环中的绘制和事件监听处调用游戏具体的绘制和事件监听代码接口即可。

最小开发框架中的具体处理流程如图 2.6 所示。

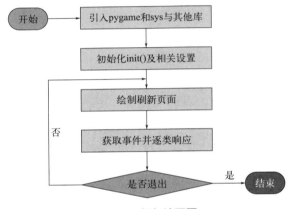

图 2.6　框架流程图

2.3　综合案例——绘制拼图游戏界面

编写一个 pygame 游戏窗口，在其中绘制一个简单的拼图游戏界面，主要显示游戏标题、登录及退出按钮。实现效果如图 2.7 所示。

图 2.7　绘制拼图游戏界面

开发步骤如下：

创建一个控制台应用程序，其中定义一个变量，用来记录用户每次输入的密码，然后使用"+="赋值运算符记录每次的输入。代码如下：

```
01  import pygame
02  from pygame.locals import *
03  pygame.init()# 初始化
04  screen = pygame.display.set_mode((200, 300), 0, 32)          # 创建游戏窗口
05  font1 = pygame.font.SysFont(' 华文楷体 ', 40,)                # 创建字体对象
06  font2 = pygame.font.SysFont(' 华文楷体 ', 18,)                # 创建字体对象
07  mingri1 = font1.render(" 拼图游戏 ", True, (255, 255, 255))   # 创建文本图像
08  mingri2 = font2.render(" 登录         退出 ", True, (255, 255, 255))  # 创建文本图像
09  screen.fill((25, 102, 173))                                   # 清屏
10  screen.blit(mingri1, (20, 50))                                # 绘制游戏标题
11  screen.blit(mingri2, (50, 180))                               # 绘制登录、退出
12  import sys
13  # 程序运行主体循环
14  while True:
15      for event in pygame.event.get():                          # 事件索取
16          if event.type == QUIT:                                # 判断为程序退出事件
17              pygame.quit()                                     # 退出游戏，还原设备
18              sys.exit()                                        # 程序退出
19      pygame.display.update()                                   # 刷新显示
```

2.4 实战练习

10 月 24 日，是中国程序员共同的节日——程序员节。1024 是一个很特殊的数字，在计算机操作系统里，1024BYTE（字节）=1KB，1024KB=1MB，1024MB=1GB 等。程序员就像是一个个 1024，以最低调、踏实、核心的功能模块搭建起这个科技世界。现要求在 pygame 窗口中换行输出程序员节含义，输出内容如图 2.8 所示。

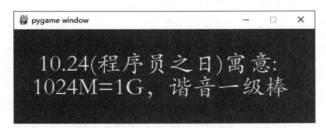

图 2.8　换行输出程序员节的核心含义

第 3 章
pygame 游戏开发基础

扫码免费获取
本书资源

学习任何一门语言都不能一蹴而就，必须遵循一个客观的原则——从基础学起。有了牢固的基础，再进阶学习有一定难度的技术就会很轻松。本章将从初学者的角度考虑，对 pygame 游戏开发的一些基础知识进行详细讲解。

3.1 像素和 pygame.Color 对象

在 pygame 窗口中绘图时使用的颜色单位默认是像素。所谓像素，就是 pygame 窗口屏幕上的一个点。实际上，任何一张图片都是由叫作像素（pixel）的点组合而成，如果将浏览的图片放大若干倍，就可以清晰看到这些点（小方格）。如图 3.1 所示，将一张小鸟的图片放大 100 倍之后，就可以清晰地看到构成这张小鸟图片的所有小方格（像素点），所有的这些小方格通过笛卡儿坐标系都有明确的坐标位置以及被分配的色彩数值，从而决定了该小鸟图片所呈现出来的最终样子。

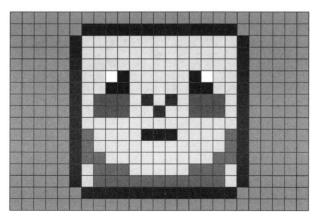

图 3.1 小鸟图放大 100 倍

pygame 中表示颜色用的是色光三原色表示法，即通过一个元组或列表来指定颜色的 RGB 值，每个值都在 0~255，由于每种原色都使用一个 8 位（bit）的值来表示，因此 3 种颜色相当于一共由 24 位构成，这就是常说的"24 位颜色表示法"。

pygame 使用的是 RGBA 系统，其中，R 表示红色值（Red），G 表示绿色值（Green），B 表示蓝色值（Blue），A 表示透明度（Alpha），该值为可选值，在 pygame 中默认为 255，一般不需要特别指定。例如：纯红色（255，0，0）、纯绿色（0，255，0）、纯蓝色（0，0，255）、纯白色（255，255，255）。表示颜色的 RGB 系统如图 3.2 所示。

图 3.2 RGB 系统

在程序开发中，如果不想使用 RGB 标记颜色，pygame 自身还非常友好地为开发者提供了一种通过常量定义颜色名称的方法，开发时可以直接使用这些常量命名颜色，这些定义好的颜色常量一共有 657 个，可以在 pygame.color 模块中查看具体名称。使用颜色命名常量时，需要在程序中导入 pygame.color 模块中的包含所有颜色的字典常量 THECOLORS，代码如下：

```
from pygame.color import THECOLORS
print("红色：", THECOLORS["red"])
print("绿色：", THECOLORS["green"])
print("蓝色：", THECOLORS["blue"])
print("白色：", THECOLORS["white"])
```

运行结果如下：

```
红色： (255, 0, 0, 255)
绿色： (0, 255, 0, 255)
蓝色： (0, 0, 255, 255)
白色： (255, 255, 255, 255)
```

另外，除了使用字典常量 THECOLORS 表示颜色之外，在 pygame.color 模块中，还提供了一个 pygame.color.Color 对象（简称为"Color 对象"）来表示或创建一种颜色，语法格式如下：

```
pygame.color.Color(name)          # 命名字符串
pygame.color.Color(r, g, b, a)    # RGBA 颜色值
pygame.color.Color(rgbvalue)      # 十六进制颜色码
```

在以上 3 种创建 Color 对象的方法中，第 3 种的参数值为"#rrggbbaa"或"0xrrggbbaa"形式，其中 aa 是可选的。示例代码如下：

```
01  import pygame             # 导包，包括 pygame.color.Color
02  red_01 = pygame.Color("red")
03  red_02 = pygame.Color(255, 0, 0, 255)
04  red_03 = pygame.Color(255, 0, 0)
05  red_04 = pygame.Color("#FF0000FF")
06  red_05 = pygame.Color("0xFF0000FF")
```

```
07 red_06 = pygame.Color("0xFF0000")
08 res = red_01 == red_02 == red_03 == red_04 == red_05 == red_06
09 print(res)        # 结果为：True
```

上面的代码中，没有导入 pygame.color.Color 类就可以直接创建 Color 对象，是因为在导入 pygame 模块时，在其自动执行的 -init-.py 文件中将 pygame.color.Color 变量赋值给了 pygame.Color 变量，因此可以直接通过 pygame.Color 变量来创建 Color 对象，极大地方便开发者的使用，同时减少代码的编写量。

使用 Color 对象创建完颜色后，可以分别使用该对象的 r、g、b、a 属性获取该颜色对应的 R、G、B、A 颜色值，代码如下：

```
01 print(red_01.r)   # 红
02 print(red_01.g)   # 绿
03 print(red_01.b)   # 蓝
04 print(red_01.a)   # 透明度
```

实例 3.1　展示所有颜色（实例位置：资源包 \Code\03\01）

一个 1920×1680 的显示器，正常有着 1310720 个像素，一般的 32 位 RGB 系统，每个像素可以显示 256^3 种颜色，下面编写一个 pygame 程序，通过 3 个 for 循环来显示一个 1920×1680 显示器的所有颜色。具体代码如下：

```
01 import pygame
02
03 pygame.init()                    # pygame 初始化
04 # 创建 " 画纸 "
05 colors = pygame.Surface((1920, 1680), depth=32)
06 # 在 " 画纸 " 上渲染像素点
07 for s in range(256):
08     x = (s % 16) * 256
09     y = (s // 16) * 256
10     for g in range(256):
11         for b in range(256):
12             # 设置一个像素的颜色值
13             colors.set_at((x + g, y + b), (s, g, b))
14 # 将 " 画纸 " 保存为一张图片
15 pygame.image.save(colors, "colors.png")
```

运行程序，双击保存的 colors.png 图片，效果如图 3.3 所示。

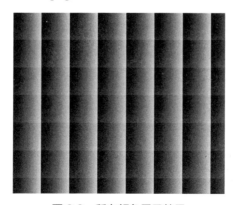

图 3.3　所有颜色展示效果

3.2 pygame 中的透明度

在 pygame 游戏窗口中,支持以下 3 种透明度类型:像素透明度(pixel alphas)、颜色值透明度(colorkeys)、图像透明度(surface alphas)。

3.2.1 像素透明度

在现实生活中,当透过一个绿色的玻璃片看其他物体时,其背后的所有颜色都会增加一个绿色的阴影,在 pygame 程序中,如果想实现类似的效果,可以通过给 Color 对象值添加第 4 个透明度参数的方式来体现,该值叫作 alpha 值,而这类透明度叫作像素透明度(pixel alphas)。通常情况下,在一个 Surface 对象上添加一个像素点时,其实是新的颜色值替代了原来的颜色值,但是,如果使用的是一个带有 alpha 值的颜色,就相当于给原来的颜色添加了一个带有颜色的色调。

默认情况下,当在 pygame 窗口上加载一张透明的图片时,它的执行效率是很慢的,为了能够更快地进行加载,pygame 提供了一个名为 convert_alpha() 的函数,专门用于为 alpha 通道做优化,以便可以更快地绘制透明图片,其使用方法如下:

```
pixel_Sur = pygame.image.load(IMG_PATH).convert_alpha()
```

说明

① convert_alpha() 方法并不能把原来非透明的图片处理为透明的,它只是加速优化了程序对图片 Surface 对象的处理速度,以便在调用 pygame 显示 Surface 的 blit() 函数时,能够快速将此图片 Surface 显示在 pygame 屏幕上。
② 从 pygame.display.set_mode() 返回的 pygame 显示 Surface 对象不能够再调用 convert_alpha() 方法。

实例 3.2 测试像素透明度(实例位置:资源包\Code\03\02)

创建一个 pygame 程序,有两张图片分别为透明的和不透明的,分别用来测试加载到 pygame 窗口上时的效果。另外,通过该程序对比使用两张图片的 Surface 对象各自调用自身 convert_alpha() 方法时有何不同效果。程序运行效果图如图 3.4 所示。

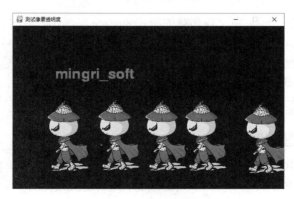

图 3.4 测试像素透明度

完整程序代码如下:

```
01 import pygame
02
03 pygame.init()
04 screen = pygame.display.set_mode((640, 396))
05 # screen = pygame.display.set_mode((640, 396)).convert_alpha()
06 pygame.display.set_caption(" 测试像素透明度 ")
07 font = pygame.font.SysFont("Airal", 50)
08 mingri_soft = font.render("mingri_soft", \
09                           True, pygame.Color("red"), )
10 size = 25
11 # 加载不透明的图片
12 # fire_img = pygame.image.load("not_alpha.png")
13 # fire_img = pygame.image.load("not_alpha.png").convert_alpha()
14
15 # 加载透明的图片
16 # fire_img = pygame.image.load("alpha.png")
17 # 添加像素透明度 ( 可验证图像本身是否是透明的 ), 优化 alpha 通道
18 fire_img = pygame.image.load("alpha.png").convert_alpha()
19
20 while True:
21
22     # 绘制文本
23     screen.blit(mingri_soft, (100, 100))
24
25     for event in pygame.event.get():
26         if event.type == pygame.QUIT:
27             pygame.quit()
28             exit()
29         # 监听鼠标单击事件, 在单击处绘制图片
30         if event.type == pygame.MOUSEBUTTONDOWN:
31             x, y = pygame.mouse.get_pos()
32             screen.blit(fire_img, (x - size, y - size))
33     pygame.display.update()
```

代码解析如下:

① 第 7 行代码通过加载系统字体文件创建并返回了一个用于构造文本 Surface 对象的 pygame.font.SysFont() 对象,并在第 8 行代码中通过渲染文本创建了一个文本 Surface。

② 第 23 行代码将文本 Surface 绘制到了 pygame 窗口上。

③ 第 12、13、16、18 行代码分别是使用不同的方式加载一张图片。

④ 第 30 行代码用来监听鼠标单击事件,每当监听到鼠标单击事件时,在第 31 行代码中获取当前的鼠标位置,然后将之前加载的图片 Surface 绘制在当前的位置。

请读者分别尝试恢复注释掉的 fire_img 变量以及第 4、5 行不同的窗口显示 Surface 对象变量,然后运行程序查看它们的对比效果。

3.2.2 颜色值透明度

如果在实例 3.2 中加载的是一张原本不透明的图片,可以看见图片有一个白色的背景色,如果要除掉该白色背景使其透明,该如何处理呢?这时需要使用另一种透明度类型——颜色值透明度(colorkeys)。

颜色值透明度是指设置图像中的某个颜色值（任意像素的颜色值）为透明，主要是为了在绘制 Surface 对象时，将图像中所有与指定颜色值相同的颜色绘制为透明。在 pygame 中，Surface 对象专门提供了一个名为 set_colorkey() 的函数来指定透明颜色值，另外，也可以通过 get_colorkey() 函数获取透明颜色值。使用 set_colorkey() 函数时，需要设置一个 Color 参数，该参数可以是一个 RGB 颜色，也可以是映射后的颜色索引号，如果传入 None，则表示取消 colorkeys 的设置。set_colorkey() 函数语法格式如下：

```
pygame.Surface.set_colorkey(Color)
```

实例 3.3　测试颜色值透明度（实例位置：资源包\Code\03\03）

创建一个 pygame 程序，其中加载一张以不同颜色绘制的九宫格图片（如图 3.5 所示），然后将该图片中的红色以透明显示。实例运行效果如图 3.6 所示。

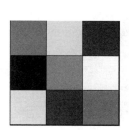
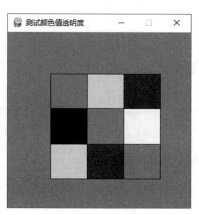

图 3.5　原始图片　　　　图 3.6　测试颜色值透明度

完整程序代码如下：

```
01 import pygame
02
03 size = width, height = 000, 300
04
05 pygame.init()
06 screen = pygame.display.set_mode(size)
07 # screen = pygame.display.set_mode((640, 396)).convert_alpha()
08 pygame.display.set_caption(" 测试颜色值透明度 ")
09 # 加载不透明的图片
10 fire_img = pygame.image.load("colorkeys.png")
11 # fire_img = pygame.image.load("colorkeys.png").convert_alpha()
12
13 # 设置颜色值透明度
14 fire_img.set_colorkey((255, 0, 0)) # 红色透明
15 # fire_img.set_colorkey((0, 255, 0)) # 绿色透明
16 # fire_img.set_colorkey((0, 0, 255)) # 蓝色透明
17
18 while True:
19     screen.fill((0, 163, 150))
20     # 绘制图像
21     screen.blit(fire_img, (width // 2 - 80, height // 2 - 80))
```

```
22
23      for event in pygame.event.get():
24          if event.type == pygame.QUIT:
25              pygame.quit()
26              exit()
27
28      pygame.display.update()
```

> **技巧**
>
> 读者可以尝试给加载的图片 Surface 对象优化 alpha 通道，即恢复注释掉的第 11 行代码，并注释掉第 10 行代码，运行程序查看运行效果之后，会发现设置的要透明显示的颜色值并没有透明显示，这是为什么呢？这是因为，在 pygame 程序中设置透明度时，像素透明度类型不能与颜色值透明度类型、图像透明度类型混合使用，一旦混合使用，则颜色值透明度类型与图像透明度类型都将失效。

3.2.3 图像透明度

图像透明度类型是指调整整个图像的透明度，取值范围是 0~255（0 表示完全透明，255 表示完全不透明，128 表示半透明）。为了设置图像透明度，Surface 对象提供了一个名为 set_alpha() 的函数，其参数是一个 int 或 float 类型的值，语法格式如下：

```
pygame.Surface.set_alpha(value)
```

实际开发中，图像透明度类型与颜色值透明度类型可以混用，例如，在实例 3.3 的设置颜色透明度下方增加如下代码。

```
fire_img.set_alpha(128)        # 设置图像透明度
```

运行程序，效果如图 3.6 所示。

3.3 窗口坐标系与 pygame.Rect 对象

3.3.1 窗口坐标系

在 pygame 游戏窗口中，使用笛卡儿坐标系来表示窗口中的点，如图 3.7 所示，游戏窗口左上角为原点（0，0）坐标，X 轴为水平方向向右，且逐渐递增；Y 轴为垂直方向竖直向下，且逐渐递增。有了窗口坐标系统，在游戏窗口中，通过 X 与 Y 的坐标可以精确确定在 pygame 窗口中每一个像素点的起始位置。

3.3.2 pygame.Rect 对象

在 pygame 游戏中，Surface 对象的大小和位置可能互不相同，为了能够更好地对其进行量化管理，pygame 提供了一种新的数据结构：pygame.rect.Rect() 对象（简称为 "Rect 对象"），用于精确描述 pygame 窗口中所有可见元素的位置，该对象又被称为矩形区域管理对象，它

图 3.7 屏幕坐标系统

由 left、top、width、height 这 4 个值创建，如图 3.8 所示。

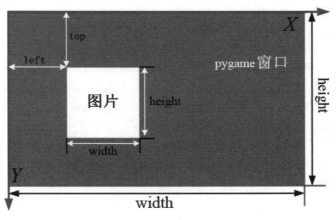

图 3.8 Rect 对象

图 3.8 中，白色矩形区域表示一个 Rect 对象的区域范围，其中，（left，top）坐标点表示此 Rect 对象所确定的 Surface 对象在 pygame 窗口中所处的起始位置，也就是左上角顶点坐标；width 表示 Rect 矩形区域的宽度；height 表示 Rect 矩形区域的高度。

 说明　关于 Rect 对象的具体使用将在第 7 章进行详细讲解，这里简单了解即可。

3.4 控制帧速率

在 pygame 中，可以通过设置帧速率实现动画效果，例如，在第一个 pygame 程序中有如下代码：

```
pygame.display.update()          # 刷新
```

上面代码的作用是用来切换图片（擦除之后重新绘制）的，那么切换的速率应该如何设置呢？下面进行讲解。

> **说明**　"帧率"的英文缩写为 FPS（frame per second），单位用赫兹（Hz）表示，意为每秒刷新绘制多少次。例如：一般的电视画面是 24FPS；另外，在玩游戏时，如果帧率达到 30FPS，基本就可以给玩家提供流畅的游戏体验了，而如果 FPS<30，游戏会显得不连贯。在 pygame 中，60FPS 是常用的刷新帧率。

3.4.1　非精确控制——clock().tick()

在 pygame 游戏代码中，如何设置游戏帧率呢？首先 pygame 给开发者提供了一个管理时间的子模块叫作 pygame.time，在该模块中又提供了一个名为 pygame.time.Clock() 的时钟对象（简称为"Clock 对象"）来帮助跟踪管理时间，通过 Clock 对象可以轻松设置 pygame 窗口的页面刷新帧率。代码如下：

```
01 clock = pygame.time.Clock()
02 FPS = 30
03 time_passed = clock.tick()
04 time_passed = clock.tick(FPS)
```

上面的代码中，第 1 行代码初始化了一个 Clock 时钟对象；第 2 行代码定义了一个变量，用来指定刷新率；第 3 行代码用于计算从 tick() 函数上次调用以来经过的毫秒数；第 4 行代码在 tick() 函数中传递了一个可选的帧率参数，并且在 pygame 绘制每一帧时加上它，则该函数将延迟游戏运行速度使其 pygame 窗口屏幕刷新速度低于每秒给定的帧率数。例如调用 clock.tick(30)，则程序将永远不会超过每秒 30 帧。

这里需要说明的是，使用这种方法控制游戏帧率时，仅仅控制的是"最大帧率"，并不能代表用户看到的就是这个数字，有些时候机器性能不足，或者动画太复杂，实际的帧率可能达不到这个值。

3.4.2　精确控制——clock().tick_busy_loop()

上面使用 clock().tick() 可以做到控制游戏窗口的"最大帧率"，但如果要对帧率进行精确的控制，就需要使用 tick_busy_loop() 函数了，该函数的使用方法与 tick() 函数类似，区别在于，该方法在控制帧率时，时间计算能够更加准确。示例代码如下：

```
01 clock = pygame.time.Clock()
02 FPS = 30
03 time_passed = clock.tick_busy_loop()
04 time_passed = clock.tick_busy_loop(FPS)
```

3.5　向量在 pygame 中的使用

3.5.1　向量的介绍

向量（也称为欧几里得向量、几何向量、矢量），指具有大小（magnitude）和方向的量，它可以形象化地表示为带箭头的线段。箭头所指方向代表向量的方向；线段长度代表向量的大小。

> **说明** 与向量对应的量叫作数量（物理学中称标量），数量（或标量）只有大小，没有方向。

向量的表示和坐标很像，(10，20) 对坐标而言，就是一个固定的点，而在向量中，它意味着 X 方向行进 10，Y 方向行进 20，所以坐标 (0，0) 加上向量 (10，20) 后，就到达了点 (10，20)。向量可以通过两个点计算出来，如图 3.9 所示。

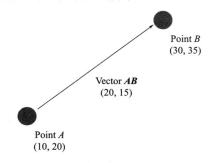

图 3.9　向量 **AB** 的表示

点 A 经过向量 **AB** 到达了点 B，则向量 **AB** 就是 (30, 35)–(10, 20) = (20, 15)，同样的原理，向量 **BA** 则就是 (−20, −15)，这里需要说明的是，向量 **AB** 和向量 **BA**，虽然长度一样，但是方向不同，也就不是同一个向量。

pygame 中提供了一个名为 pygame.math 的数学库，该库中的 pygame.math.Vector2() 对象（简称为 "Vector2 对象"）表示二维向量，关于二维向量的相关函数都封装在了此对象之中。

创建 Vector2 对象的语法格式如下：

```
Vector2() -> Vector2
Vector2(int) -> Vector2
Vector2(float) -> Vector2
Vector2(Vector2) -> Vector2
Vector2(x, y) -> Vector2
Vector2((x, y)) -> Vector2
```

使用方法如下：

```
01 import pygame
02 vector = pygame.math.Vector2
03 ele = vector()              # <Vector2(0, 0)>
04 e_1 = vector(100)           # <Vector2(100, 100)>
05 e_2 = vector(100.5)         # <Vector2(100.5, 100.5)>
06 v_1 = vector(100, 200)      # <Vector2(100, 200)>
07 v_2 = vector((200, 300))    # <Vector2(200, 300)>
```

在以上代码中，第一种方式为创建零向量，第二种和第三种方式为创建向量的简写模式。

3.5.2　向量的使用

向量在游戏开发中经常会用到，下面介绍常见的几种向量操作。

创建给定向量的单位向量：

```
01 v_1 = vector(3, 4)    # 勾股定理
02 # 单位向量
03 v_1.normalize()       # <Vector2(0.6, 0.8)>
```

计算向量大小：

```
01 # 向量欧几里得长度
02 v_1.length()          # 5.0
03 # 向量平方大小
04 v_1.magnitude_squared() # 25.0
```

向量的数学运算：

```
01 v_2 = (100, 200)
02 # 加法
03 print(v_1 + v_2) # <Vector2(103, 204)>
04 # 减法
05 print(v_2 - v_1) # <Vector2(97, 196)>
06 # 数乘
07 print(v_2 / 10)  # <Vector2(10, 20)>
08 print(v_1 * 10)  # <Vector2(30, 40)>
09 # 标量积，是一个数量（没有方向）
10 v_1.dot(v_2)     # 1100.0
```

向量的旋转与缩放：

```
01 # 向量旋转
02 v_1.rotate(-90)   # <Vector2(4, -3)>
03 # 向量缩放
04 v_1.scale_to_length(500) # 原地改变 v_1
05 print(v_1)        # <Vector2(300, 400)>
```

3.6 三角函数介绍及其使用

本节我们来学习 Python 内置模块 math 模块中的几个数学三角函数。之所以要学习三角函数，是因为它在 pygame 游戏开发中经常用到。例如：一个物体要按照一段圆弧为轨迹进行运动，随之而来的问题则是该如何获取这段圆弧之上每个点的坐标。这时就需要用到三角函数，类似这样的问题有很多。

math 模块中提供的三角函数及其作用如表 3.1 所示。

表 3.1　Python 中的三角函数及其作用

函数	说明
math.acos(x)	返回 x 的反余弦弧度值
math.asin(x)	返回 x 的反正弦弧度值
math.atan(x)	返回 x 的反正切弧度值
math.cos()	返回 x 弧度的余弦值
math.sin()	返回 x 弧度的正弦值
math.tan()	返回 x 弧度的正切值

续表

函数	说明
math.radians()	将角度转换为弧度
math.degrees()	将弧度转换为角度
math.atan2()	返回给定的 X 及 Y 坐标值的反正切值

下面介绍 Python 中三角函数的使用。

在 pygame 窗口坐标系中，圆的常用度数和圆上的点的示例图如图 3.10 所示。

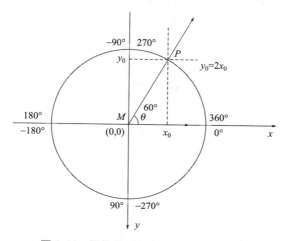

图 3.10　圆的常用度数和圆上的点示例图

由图 3.10 可知，圆心正方向向右为 0°方向，而沿顺时针方向可以增加度数。在图 3.10 中，射线 MP 与 x 轴正方向的夹角为 60°。若已知圆半径为 r，则可以通过三角函数求得圆上 P 点的 x、y 坐标，具体如下：

求 P 点的 x 坐标：

```
ra = math.radians(60)    # 角度转换为弧度
x0 = r * math.cos(ra)    # 余弦函数求P点的 x 坐标
```

求 P 点的 y 坐标：

```
ra = math.radians(60)    # 角度转换为弧度
y0 = r * math.sin(ra)    # 正弦函数求P点的 y 坐标
```

角度与弧度之间转化的代码演示如下：

```
01  import math
02
03  # 输出常量值 π
04  print(math.pi)                  # 3.141592653589793
05  # 角度制转弧度制
06  ra = math.radians(30)           # 0.5235987755982988
07  # 弧度制转角度制
08  math.degrees(ra)                # 29.999999999999996
09  math.degrees(math.pi / 2)       # 90.0
```

遍历圆上 359 个点的 x、y 坐标的代码如下：

```
01 radius = 100          # 半径
02 posi = (0, 0)         # 圆心坐标
03
04 for ra in range(360):
05     de = math.radians(ra)
06     x = math.cos(de) * radius + posi[0]
07     y = math.sin(de) * radius + posi[1]
08     print(f" 角度：{ra}，圆上的点坐标为：({x}, {y})")
```

上面代码的实现流程为：①先将角度转换为弧度；②求点坐标 x，其中，首先需将弧度传入余弦方法，然后乘以圆半径，这样可以得到一个在圆周上假设同样大小的圆的圆心为坐标原点时相同弧度的点的 x 坐标，最后加上真实圆的圆心 x 坐标（移动）；③按照步骤②的方法计算该点的 y 坐标，只需将 cos() 方法改为 sin() 方法。

3.7 pygame.PixelArray 对象

在 pygame 中不能直接设置窗口上任意像素单元的颜色值（除非使用起点和终点相同的点来调用绘制线段的 pygame.draw.line() 函数来实现单个像素的绘制），示例代码如下：

```
pygame.draw.line(screen, (255, 0, 0, 0), (100, 100), (100, 100), 1)
```

但使用这种方法设置某个像素单元的颜色值时，是极其耗费资源的，在设置之前和之后 pygame 框架都需要进行大量的准备工作，如果这种情况过多，游戏会出现明显的卡顿，严重影响用户体验和程序执行效率。

为了解决上面的问题，pygame 中提供了一个 pygame.PixelArray() 对象（简称为"PixelArray 对象"），本节将对 pygame.PixelArray() 对象进行讲解。

3.7.1 PixelArray 对象概述

pygame.PixelArray() 对象使开发者能够以类似操作数组的方式来直接操作指定 Surface 对象上的任意一个像素点或批量像素点的颜色值，如图 3.11 所示。

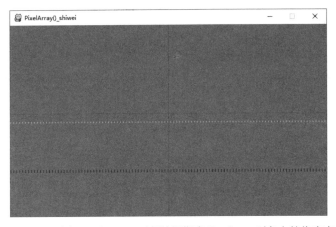

图 3.11　通过 PixelArray 对象访问指定 Surface 对象上的像素点

创建 PixelArray 对象时，需要传入一个 pygame.Surface 对象，其返回的是一个该 Surface() 所对应的 PixelArray() 对象。

这里需要注意的是，创建一个 Surface 对象的 PixelArray() 对象时，将会"锁定"该 Surface 对象，而当一个 Surface 对象被锁定时，仍然能够在其上调用绘制（pygame.draw 模块）的函数，但不能使用该 Surface 对象的 blit() 方法来绘制其他的 Surface 对象，包括将该 Surface 对象充当为其他 Surface 对象调用 blit() 方法时的绘制对象。而要解锁 Surface 对象，只需删除该 Surface 对象所对应的 PixelArray() 对象即可。例如，下面的代码获取一个图片 Surface 对象的 PixelArray() 对象，并设置指定像素点的颜色，最后删除该图片 Surface 对象的 PixelArray()，代码如下：

```
01 # 加载一张图片
02 img_sur = pygame.image.load("PATH").convert_alpha()
03 # 获取 PixelArray() 对象
04 pixel = pygame.PixelArray(img_sur)
05 # 设置像素点的颜色值
06 pixel[100][100] = pygame.Color("red")
07 # 删除 PixelArray() 对象
08 del pixel   # 或执行此 PixelArray() 对象的 close() 方法
09 # pixel.close()
```

上面的代码等价于：

```
01 img_sur = pygame.image.load("PATH").convert_alpha()
02 with pygame.PixelArray(img_sur) as pixel:
03     pixel[100][100] = pygame.Color("red")
```

在以上代码中，使用了 with 语法的上下文管理协议，自动清理、释放代码块中程序所占用的资源，程序内部会自动调用 close() 方法。

> **技巧**
>
> ① 事实上对 Surface 对象的任何函数访问，都需要将该 Surface 对象先 lock()，访问完成之后再 unlock() 该 Surface 对象。而默认情况下，绝大多数的函数都可以在底层自动独立地执行 lock() 和 unlock() 操作，而如果这些函数需要连续地多次调用执行，就会额外增加很多不必要的上锁和解锁操作，最好的办法是在调用前先手动上锁，然后在都调用完成之后再手动解锁。所有需要锁定该 Surface 对象的函数在官方的文档中都有仔细的说明，请读者自行查阅。一般情况下，不需要手动上锁与解锁，但若进行了手动上锁，完成函数的调用后一定要记得解锁。
>
> ② 如果想要查看某一个 Surface 对象是否处于锁定状态，Surface 对象提供了一个名为 get_locked() 的方法来检测该 Surface 对象当前是否为锁定状态，如果 Surface 对象被锁定（无论被重复锁定多少次）则返回 True，否则返回 False。

3.7.2 PixelArray 对象常见操作

由于 PixelArray 对象是一个二维列表，因此，要访问一个 PixelArray 对象中某一个像素点的颜色值，可以通过两个索引的形式来进行访问。代码如下：

```
01 pixel[200, 200] = pygame.Color("red")
```

```
02 pixel[200, 201] = 0xFF0000
03 pixel[200, 202] = (255, 0, 0)
```

当需要修改 PixelArray 对象的一系列像素点时，可以使用下标切片的方法，并遵循先列后行的原则。例如，修改某一行的所有像素点颜色等，代码如下：

```
01 # 将索引为第 50,51 的列的像素点都设置为绿色
02 pixel[50:52] = pygame.Color("green")
03 # 将索引为第 60 的列的像素点都设置红色，第 61 的列的像素点为绿色。
04 # 颜色列表长度必须与索引的宽度匹配
05 pixel[60:62] = [pygame.Color("red"), pygame.Color("green")]
06 # 将索引为第 100, 101 的行的像素点都设置为红色
07 pixel[:,100:102] = pygame.Color("red")
```

另外，使用下标切片也可分组，用以批量执行矩形像素操作。代码如下：

```
01 # 偶数列变为绿色
02 pixel[::2, :] = pygame.Color("green")
03 # 将列索引号能被 5 整除的所有列的像素点设置为红色
04 pixel[::5, :] = pygame.Color("red")
05 # 等价于
06 pixel[::5] = pygame.Color("red")
07 # 等价于
08 pixel[::5,...] = pygame.Color("red")# 省略号语法，表示包含所有，一直到无穷大
```

3.7.3 图像透明化处理

实例 3.4 转换图片为透明格式（实例位置：资源包 \Code\03\04）

通过使用 PixelArray 对象批量修改图片像素点颜色的方法设计一个图片透明化处理小工具，这里为了能够灵活配置原图片文件名和想要生成的图片文件名，在程序中添加了能够处理命令行参数的 Python 内置模块 optparse 的功能代码。

完整程序代码如下：

```
01 import optparse
02
03 import pygame
04
05 # 实例化一个 OptionParser 对象（可以带参，也可以不带参数），
06 # 带参的话会把参数变量的内容作为帮助信息输出
07 Usage = " 图片透明格式转换 "
08 Parser = optparse.OptionParser(usage=Usage)
09
10 def main(args):
11     pygame.init() # 设备初始化
12     size = 1, 1
13     pygame.display.set_mode(size)
14     # 加载图片生成图片 Surface 对象，并优化像素通道
15     img_sur = pygame.image.load(args[0]).convert_alpha()
16     # 获取 PixelArrayk() 对象
17     pixel = pygame.PixelArray(img_sur)
18     # 设置像素点的颜色值
19     pixel.replace((255, 255, 255), (255, 255, 255, 0))
20     # 从当前的 PixelArray 创建一个新的 Surface
21     sur = pixel.make_surface()
```

```
22      # 删除 PixelArray() 对象
23      del pixel  # 或执行此 PixelArray() 对象的 close() 方法
24      # 将当前 Surface 对象生成为图片保存
25      pygame.image.save(sur, args[1])
26      pygame.quit()
27      exit()
28
29  if __name__ == '__main__':
30      # 解析脚本输入的参数值，args 是一个位置参数的列表
31      *_, args = Parser.parse_args()
32      if len(args) < 2:
33          raise(" 请输入原图片文件名和目标文件名！ ")
34      main(args)  # 转换图片格式
```

打开电脑 cmd 命令行窗口，切换工作目录到当前文件所在目录下；然后使用 Python 命令运行程序，并在文件名后输入两个图片文件名字符串，用空格分隔；最后按下 <Enter> 回车键运行程序，即可成功完成图片的透明化处理。运行命令如下：

```
python demo.py source.png target.png
```

在 cmd 命令行窗口中执行的效果如图 3.12 所示，执行完后，可以分别打开两张图片进行对比查看。

图 3.12　在 cmd 命令行窗口中执行的效果

3.8　pygame 的错误处理

在编写程序代码时，运行程序总会出现各种各样的错误，比如当内存用尽时，pygame 将无法再加载图片，或者文件就不存在等，如果遇到这类问题，我们需要在程序中对可能出现的错误进行处理。

例如，以下代码用来创建 Surface 对象：

```
screen = pygame.display.set_mode((640, -1), 0, 32)
```

但运行时出现了下面的错误提示：

```
Traceback (most recent call last):
  File "<absolute path>", line 12, in <module>
    screen = pygame.display.set_mode((640, -1), 0, 32)
pygame.error: Cannot set negative sized display mode
```

遇到这种问题，通常的方法是添加 try…except 异常处理语句，代码如下：

```
01 try:
02     screen = pygame.display.set_mode((640, -1), 0, 32)
03 except pygame.error as e:
04     print("Can't create the display ")
05     print(e)
06     sys.exit()
```

从上面的描述可以看出，pygame 中的错误捕捉实际上就是 Python 标准的错误捕捉方法。

3.9 综合案例——绘制动态太极图

使用 pygame 模块及三角函数相关知识绘制一个动态太极图，效果如图 3.13 所示。

图 3.13 动态太极图

通过 pygame 模块实现动态太极图的绘制的具体操作如下：

① 在 PyCharm 中创建一个名为 .py 的文件，并导入模块。代码如下：

```
01 import math
02 import sys
03 from functools import lru_cache
04
05 # 导入 pygame 及常量库
06 import pygame
07 from pygame.locals import *
```

说明：上面代码中的第 3 行所导入变量主要用于程序数据缓存的实现，例如，对于同一方法的相同参数的多次调用，在首次调用计算完成后，它可以将参数以及对应结果保存在内存中，便于下次调用相同参数时，可以直接从内存中将该参数所对应的结果值进行返回，而不用重新计算，进而优化程序。

② 定义程序中用到的常量。具体代码如下：

```
01 SIZE = WIDTH, HEIGHT = 640, 396
02 FPS = 60
```

```
03 BG_COLOR = pygame.Color("white")
04 BlACK = pygame.Color("black")
05 WHITE = pygame.Color("white")
06 FONT_BG_COLOR = (183, 23, 27, 100)
```

③ 定义一个名为 cul_posi() 的方法，用于实现计算并返回任意一个圆周上任意角度点的坐标，参数为一个角度值、圆心坐标以及圆半径。cul_posi() 方法具体代码如下：

```
01 @lru_cache(maxsize=360 * 6)
02 def cul_posi(angle, posi, radius):
03     """ 计算圆心坐标 """
04     dot_x = round(math.cos(math.radians(angle)) * radius + posi[0])
05     dot_y = round(math.sin(math.radians(angle)) * radius + posi[1])
06     return (dot_x, dot_y)
```

④ pygame 游戏窗口的初始化以及变量的初始化赋值。具体代码如下：

```
01 pygame.init()
02 screen = pygame.display.set_mode(SIZE)
03 pygame.display.set_caption(" 太极图 ")
04 clock = pygame.time.Clock()
05 # 创建字体对象
06 font = pygame.font.Font("songti.otf", 60, )
07 # 太极图半径
08 radius = 160
09 # 起始角度
10 angle = 90
11 # 太极图中心坐标
12 posi = (WIDTH // 2 - 60, HEIGHT // 2)
13 font.set_bold(True)
14 font_01 = font.render(" 阴 ", True, WHITE, FONT_BG_COLOR)
15 font_02 = font.render(" 阳 ", True, WHITE, FONT_BG_COLOR)
16 font_03 = font.render(" 图 ", True, WHITE, FONT_BG_COLOR)
17 font_rect = font_01.get_rect()
18 font_linesize = font.get_linesize()
19 print("font_rect = ", font_rect)  # 68, 61
20 print("font_linesize = ", font_linesize)  # 120
21 title_posi = (500, 40)
```

上面代码中的第 10 行定义了一个初始角度 angle 变量，因为该角度为整个太极图中在计算第一个圆周上点的坐标时使用的角度值，而之后计算其他圆周上点的坐标时都是参考第一次使用的角度值 angle 的，因此在循环绘制 pygame 帧图时，只需改变初始使用角度值 angle，其他的点的坐标相应就都会发生改变。由此实现太极图的动态旋转。

⑤ 通过循环绘制动态太极图，具体代码如下：

```
01 # 主体循环
02 while True:
03     # 1. 清屏
04     screen.fill(BG_COLOR)
05     # 2. 绘制
06     # 绘制实心圆
07     pygame.draw.circle(screen, BlACK, posi, radius)
08     # 计算长方形四个点的坐标
09     dot_x1, dot_y1 = cul_posi(angle, posi, radius)
```

```
10      dot_x4, dot_y4 = cul_posi(angle + 180, posi, radius)
11      dot_x2, dot_y2 = cul_posi(angle + 90, (dot_x1, dot_y1), radius)
12      dot_x3, dot_y3 = cul_posi(angle + 90, (dot_x4, dot_y4), radius)
13      # 绘制填充四边形 ( 长方形 )
14      pygame.draw.polygon(screen, BG_COLOR, [(dot_x1, dot_y1), \
15                                             (dot_x2, dot_y2), \
16                                             (dot_x3, dot_y3), \
17                                             (dot_x4, dot_y4),])
18      # 绘制圆边框
19      pygame.draw.circle(screen, BlACK, posi, radius, 1)
20      # 计算两个小圆的圆心坐标
21      posi_x1, posi_y1 = cul_posi(angle, posi, radius / 2)
22      posi_x2, posi_y2 = cul_posi(angle, (dot_x4, dot_y4), radius / 2)
23      # 绘制两个填充小圆
24      pygame.draw.circle(screen, BlACK, (posi_x1, posi_y1), radius // 2)
25      pygame.draw.circle(screen, BG_COLOR, (posi_x2, posi_y2), radius // 2)
26      # 绘制太极各自的填充小圆心
27      pygame.draw.circle(screen, BlACK, (posi_x2, posi_y2), 16)
28      pygame.draw.circle(screen, BG_COLOR, (posi_x1, posi_y1), 16)
29      # 阴阳转换
30      angle += 1
31      if angle == 361:
32          angle = 0
33      # 绘制标题背景框
34      pygame.draw.rect(screen, FONT_BG_COLOR, (title_posi[0] - 8, \
35                                               title_posi[1] - 18, \
36                                               font_rect.width + 16, \
37                                               16 + 100 * 3))
38      # 绘制字体
39      screen.blit(font_01, title_posi)
40      screen.blit(font_02, (title_posi[0], title_posi[1] + 100))
41      screen.blit(font_03, (title_posi[0], title_posi[1] + 100 * 2))
42
43      for event in pygame.event.get():   # 事件索取
44          if event.type == QUIT:
45              pygame.quit()
46              sys.exit()
47      # 3. 刷新显示
48      pygame.display.update()
49      clock.tick(FPS)
```

 说明　上面代码中的第 30 行实现了太极图的动态旋转设置。

3.10　实战练习

使用 pygame 设计一个简单的调色板程序，运行程序时，可以通过拖动红、绿、蓝色块上的白色圆点调整颜色，并在窗口的下方实时显示当前颜色和对应的色值，效果如图 3.14 所示。(提示：需要使用 pygame.draw 模块中的 rect() 函数和 circle() 函数绘制矩形和圆)

图 3.14　使用 pygame 设计调色板

第 4 章 字体和文字

本章将对 pygame 游戏库中的 font 字体模块进行讲解，通过该模块，可以完成大多数与字体有关的操作，例如大多数游戏中显示比分、时间、生命值等信息的内容。

4.1 加载和初始化字体模块

pygame.font 模块能够在一个新的 Surface 对象上表示 TrueType 字体（电脑轮廓字体的类型标准，扩展名为 .ttf，主要在于它能够为开发者提供关于字体显示、不同字体大小的像素级显示等的高级控制），并且能够接收所有 UCS-2 字符（u0001 ～ uFFFF）。

pygame.font 模块是一个可选择模块，依赖于 SDL_ttf，在使用之前，需要先测试该模块是否可用，并且对其进行初始化。测试 pygame.font 模块是否可用的命令如图 4.1 所示。

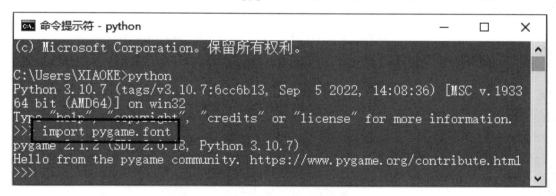

图 4.1 测试 pygame.font 模块是否可用

> 说明：SDL_ttf 是一个与 SDL 库一起使用并可移植的字体呈现库，它依赖于 freetype2 来处理 TrueType 字体，借助轮廓字体和反锯齿的强大功能，可以轻松获得高质量的文本输出。

pygame.font 模块常用函数及说明如表 4.1 所示。

表 4.1 pygame.font 模块常用函数及说明

函数	说明
pygame.font.init()	初始化字体模块
pygame.font.quit()	还原字体模块
pygame.font.get_init()	检查字体模块是否被初始化
pygame.font.get_default_font()	获得默认字体的文件名
pygame.font.get_fonts()	获取当前所有可用的字体
pygame.font.match_font()	从系统中搜索一种特殊的字体
pygame.font.SysFont()	从系统字体库创建一个 Font 对象
pygame.font.Font()	从一个字体文件创建一个 Font 对象

4.1.1 初始化与还原字体模块

初始化 pygame 字体模块可以使用 init() 函数，该函数用于初始化 pygame 字体模块，返回值为 None，其语法格式如下：

```
pygame.font.init()    # 初始化字体模块
```

另外，为了能够还原字体模式，可以使用 quit() 函数，该函数用于还原字体模块，返回值为 None，语法格式如下：

```
pygame.font.quit()    # 还原字体模块
```

即使字体模块没有被初始化，调用 quit() 函数也是线程安全的。

4.1.2 获取可用字体

在 pygame 当中，可以使用 get_fonts() 函数获取当前系统中所有可使用的字体，返回值为一个字体类型列表，其中，所有的字体类型名都被设置为小写，并且空格和标点符号会被删除。get_fonts() 函数语法格式如下：

```
pygame.font.get_fonts()
```

get_fonts() 函数在大多数系统内都是有效的，如果在一些系统中没有找到字体库，则会返回一个空的列表。

例如，使用以下代码可以获取本机的所有字体。

```
01  import pygame
02  print(pygame.font.get_fonts())
```

运行结果如下：

```
['arial', 'arialblack', ......, 'extra', 'arialms']
```

4.1.3 获取 pygame 模块提供的默认字体文件

获取 pygame 模块中的默认字体文件可以使用 get_default_font() 函数，其返回的是字体文件的名称，语法格式如下：

```
pygame.font.get_default_font()
```

运行结果为：

```
'freesansbold.ttf'
```

 freesansbold.ttf 文件是 pygame 模块的默认字体，该文件位置处于 pygame 模块安装目录下，例如，该文件在笔者计算机中的目录为 C:\Program Files\Python310\Lib\site-packages\pygame。

4.2 Font 字体类对象

在 pygame 窗口中，文本是基于 Surface 对象来绘制的，而文本的 Surface 对象需要通过 pygame.font.Font() 对象（简称为"Font 对象"）在一个新的 Surface 对象中渲染文本而生成，其中，文本的渲染可以设置为仿真的粗体或者斜体特征，但建议使用一个本身就带有粗体和斜体字形的字体文件。Font 字体类对象常用函数及说明如表 4.2 所示。

表 4.2 pygame.font.Font 类所提供的函数及其说明

函数	说明
pygame.font.Font.render()	在一个新的 Surface 对象上渲染文本
pygame.font.Font.size()	确定文本所需要的尺寸大小
pygame.font.Font.set_underline()	设置文本渲染是否为添加下画线模式
pygame.font.Font.get_underline()	判断文本是否开启为添加下画线模式
pygame.font.Font.set_bold()	设置文本渲染是否为加粗模式
pygame.font.Font.get_bold()	判断文本是否开启为加粗模式
pygame.font.Font.set_italic()	设置文本渲染是否为斜体模式
pygame.font.Font.get_italic()	判断文本是否开启为斜体模式
pygame.font.Font.get_height()	获取实际渲染文本的平均高度（以像素为单位）
pygame.font.Font.get_linesize()	获取该字体下单行的高度
pygame.font.Font.get_ascent()	获取字体顶端到文本基准线的距离
pygame.font.Font.get_descent()	获取字体底端到文本基准线的距离
pygame.font.Font.metrics()	获取字符串参数中每个字符的参数

4.2.1 创建 Font 类对象

（1）从系统字体库创建

pygame.font 模块中的 SysFont() 函数用于从系统字体文件库创建一个 Font 对象，其语法格式如下：

```
SysFont(name,size,bold=False,italic=False)->Font
```

参数说明如下：
- ☑ name：系统字体文件名，该参数中可以指定多个字体，中间用逗号隔开。
- ☑ size：字体大小。
- ☑ bold：是否加粗，默认为否。
- ☑ italic：是否斜体，默认为否。

当找不到一个合适的系统字体或者字体文件名为 None 时，该函数将会回退并加载默认的 pygame 字体。

例如，使用多个字体创建一个 Font 对象，代码如下：

```
font = pygame.font.SysFont("arial,comicsansms,arialblack,consolas", 60)
```

（2）从字体文件创建

pygame.font 子模块中的 Font() 方法，用于从一个自定义的字体文件创建一个 Font 对象。语法格式如下：

```
Font(file_path,size)->Font
```

参数说明如下：
- ☑ file_path：字体文件路径。
- ☑ size：字体大小。

说明

文件路径参数为 None 时，该函数将会回退到并加载默认的 pygame 字体，等同于 pygame.font.SysFont(None,size) 函数；另外，也可以使用 pygame 模块内置提供的字体文件，示例代码如下。

```
Font(pygame.font.get_default_font(), size)
```

注意

pygame 默认加载的字体不是 pygame 模块内置自带的字体文件（pygame.font.get_default_font()）。

4.2.2 渲染文本

Font 对象提供了一个名为 render() 的函数，用于在一个新的 Surface 对象上渲染指定的文本，并返回一个文本 Surface 对象。render() 函数语法格式如下：

```
picture = render(text,antialias,color,background)->Surface
```

参数说明如下：

- text：必需参数，要渲染的文本。
- antialias：必需参数，是否做抗锯齿处理。
- color：必需参数，文本前景色。
- background：可选默认参数，文本背景色。

render() 函数非常重要，因为 pygame 不能直接在一个现有的 Surface 对象上绘制文本，而是需要使用 render() 函数创建一个渲染了文本的 Surface 对象，然后将这个 Surface 对象绘制到目标 Surface 对象（例如屏幕、图片）上。

注意

使用 render() 函数渲染文本时，需要注意以下几点。

① 仅支持一行文本的渲染，回车符（'\r'）、换行符（'\n'）、制表符（'\t'）等字符不会被渲染，都将成为一个空格矩形被渲染，表示未知字符。

② !、#、@、¥、% 等字符会被渲染。

③ background 为可选参数，如果没有传递 background 参数，则对应区域内表示的文本都将设置为透明。

④ 返回的 Surface 对象的尺寸为所需要的尺寸（Font.size() 返回值相同），若渲染的文本为空，将会返回一个空白 Surface 对象，它仅有一个像素点的宽度，高度与字体高度一样。

⑤ 字体渲染不是线程安全的行为，在任何时候只有一个线程可以渲染文本。

⑥ 抗锯齿为一种图形技术，通过给文本和图像的边缘添加一些模糊效果，使其看上去不那么块状化，但抗锯齿效果的绘制需要多花一些计算时间，因此，尽管图形变得好看，但程序运行速度可能会变慢。放大一条带有锯齿和抗锯齿的线条如图 4.2 所示。

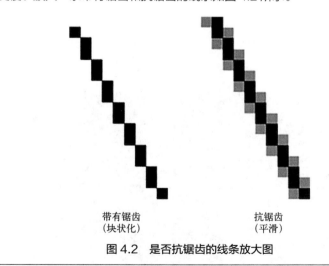

图 4.2　是否抗锯齿的线条放大图

实例 4.1　演示文本渲染（实例位置：资源包 \Code\04\01）

编写一个 Python 程序，通过一个宋体字体文件自定义 Font 对象，然后使用该 Font 对象渲染 3 个文本，并分别为这 3 个文本设置不同的前景色和背景色。程序代码如下：

```
01 import pygame
02 from pygame.locals import *
03
04 SIZE = WIDTH, HEIGHT = 640, 396
05 FPS = 60
06 TITLE = " 渲染文本 "
07 BG_COLOR = 0, 163, 150
08
09 pygame.init()
10 screen = pygame.display.set_mode(SIZE)
11 pygame.display.set_caption(TITLE)
12 clock = pygame.time.Clock()
13 # 创建字体 Font() 对象
14 font = pygame.font.Font("songti.otf", 40)
15 sur_01 = font.render(" 前红 后绿 ", False, pygame.Color("red"), pygame.Color("green"))
16 sur_02 = font.render(" 前绿 后蓝 ", False, pygame.Color("green"), pygame.Color("blue"))
17 sur_03 = font.render(" 前蓝 后透明 ", False, pygame.Color("blue"))
18
19 running = True
20 # 程序运行主体循环
21 while running:
22     # 1. 清屏（窗口纯背景色画纸绘制）
23     screen.fill(BG_COLOR)   # 先准备一块画布
24     # 2. 绘制
25     screen.blit(sur_01, (100, 100))
26     screen.blit(sur_02, (200, 200))
27     screen.blit(sur_03, (300, 300))
28
29     for event in pygame.event.get():   # 事件索取
30         if event.type == QUIT:   # 判断点击窗口右上角 "×"
31             pygame.quit()         # 退出游戏，还原设备
32             exit()                # 程序退出
33
34     # 3. 刷新显示
35     pygame.display.update()
36     clock.tick(FPS)
```

程序运行效果如图 4.3 所示。

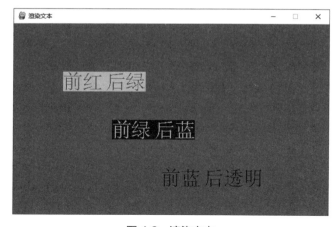

图 4.3　渲染文本

4.2.3　设置及获取文本渲染模式

（1）下画线模式

Font 对象提供了一个名为 set_underline() 的函数，用于为文本设置下画线模式，其语法格式如下：

```
Font.set_underline(bool)->None
```

下画线的高度与像素点的高度相同，与字体尺寸无关，字体添加下画线模式如图 4.4 所示。

图 4.4　字体下画线模式

示例代码如下：

```
01 font = pygame.font.Font("songti.otf", 32)
02 font.set_underline(True)
```

（2）加粗模式

Font 对象提供了一个名为 set_bold() 的函数，用于为文本设置加粗模式，其语法格式如下：

```
Font.set_bold(bool)->None
```

字体加粗是通过虚拟拉伸实现的，对大多数字体来说，并不是很美观，更好的解决方式是：在创建和初始化字体模块时，加载一个包含粗体格式的字体文件。字体加粗模式如图 4.5 所示。

图 4.5　字体加粗模式

示例代码如下：

```
01 font = pygame.font.Font("songti.otf", 32)
02 font.set_bold(True)
```

（3）斜体模式

Font 对象提供了一个名为 set_italic() 的函数，用于为文本设置斜体模式，其语法格式如下：

```
Font.set_italic(bool)->None
```

斜体是通过虚拟斜体字体实现的，对大多数字体来说，并不是很美观，更好的解决方式是：在创建和初始化字体模块时，加载一个包含斜体格式的字体文件。字体斜体模式如图4.6所示。

图 4.6　字体斜体模式

示例代码如下：

```
01 font = pygame.font.Font("songti.otf", 32)
02 font.set_italic(True)
```

> **技 巧**
>
> 渲染文本时，下画线模式、加粗模式和斜体模式可以同时使用，即 Font 对象的 set_underline()、set_bold() 和 set_italic() 函数可以出现在同一段渲染字体的代码中。

（4）获取文本当前渲染模式

Font 对象为文本设置渲染模式的函数都是 set_ 开头的，而与之对应的，Font 对象提供了相应以 get_ 开头的方法，用来获取文本的渲染模式。语法格式如下：

```
Font.get_underline()    ->bool
Font.get_italic()       ->bool
Font.get_bold()         ->bool
```

上面 3 个方法返回值都为 0 或 1，0 代表否定，1 代表肯定。示例代码如下：

```
01 import pygame
02 pygame.init()
03
04 font = pygame.font.Font(None, 32)
05
06 font.set_bold(True)
07 print(f" 是否为下画线模式: = {font.get_underline()}")
08 print(f"   是否为粗体模式: = {font.get_bold()}")
09 font.set_italic(True)
10 font.set_bold(False)
11 print(f"   是否为斜体模式: = {font.get_italic()}")
12 print(f"   是否为粗体模式: = {font.get_underline()}")
```

运行结果为：

```
是否为下画线模式: = 0
   是否为粗体模式: = 1
   是否为斜体模式: = 1
   是否为粗体模式: = 0
```

4.2.4 获取文本渲染参数

（1）获取文本高度和行高

Font 对象提供了名为 get_height() 和 get_linesize() 的函数，分别用于获取 Font 对象绘制文本时的文本高度和行高，它们的语法格式如下：

```
Font.get_height() ->int
Font.get_linesize()->int
```

以上两个函数的返回值都为 int 型，以像素为单位。

说明 文本高度是指字体内每个字符的平均规格；而行高是指单行文本的高度。

（2）获取距离基准线的距离

Font 对象提供了名为 get_ascent () 和 get_descent () 的函数，分别用于获取 Font 对象绘制文本时与基准线的上端距和下端距，它们的语法格式如下：

```
Font.get_ascent()  ->int
Font.get_descent() ->int
```

以上两个函数的返回值都为 int 型，以像素为单位。

字体的基准线、上端距、下端距示意图如图 4.7 所示。

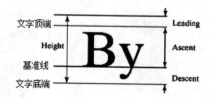

图 4.7　字体的基准线、上端距、下端距示意图

实例 4.2　查看文本图像的参数（实例位置：资源包 \Code\04\02）

创建一个 pygame 程序，其中创建一个 Font 字体对象，然后查看文本图像对应的各参数的大小。具体代码如下：

```
01  import pygame
02
03  pygame.init()
04
05  # 创建字体 Font() 对象
06  font = pygame.font.SysFont("Airal", 20)
07  print(" 行高 :",font.get_linesize())  # 行高
08  print(" 文本高 :",font.get_height())    # 文本高
09  print(" 上端距 :",font.get_ascent())    # 上端距
10  print(" 下端距 :",font.get_descent())   # 下端距
11
12  # 创建文本图像 Surface 对象
13  text = font.render("pygame 字体 ", False, pygame.Color("red"))
14  print(" 文本图像尺寸 :",text.get_size())      # 文本图像尺寸
```

程序运行效果如图 4.8 所示。

```
D:\PythonProject\venv\Scripts\python.exe D:/PythonProject/demo.py
pygame 2.1.2 (SDL 2.0.18, Python 3.10.7)
Hello from the pygame community. https://www.pygame.org/contribute.html
行高：15
文本高：13
上端距：11
下端距：-2
文本图像尺寸：(65, 15)

Process finished with exit code 0
```

图 4.8　查看文本图像的参数

4.3　综合案例——绘制"Python 之禅"

本案例要求创建一个 pygame 窗口程序，然后在窗口中绘制"Python 之禅"的文本，案例运行效果如图 4.9 所示。

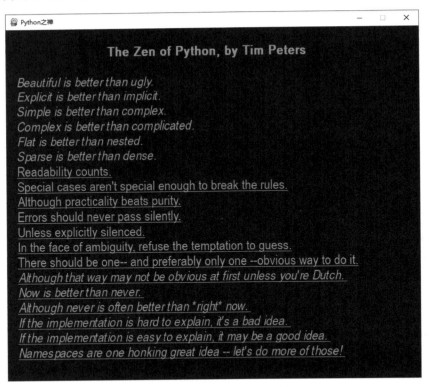

图 4.9　绘制"Python 之禅"

可以在系统的 cmd 命令行窗口中输入以下命令来查看"Python 之禅"的内容。

```
python -c "import this"
```

"Python 之禅"原始内容及翻译成中文后的内容分别如图 4.10 和图 4.11 所示。

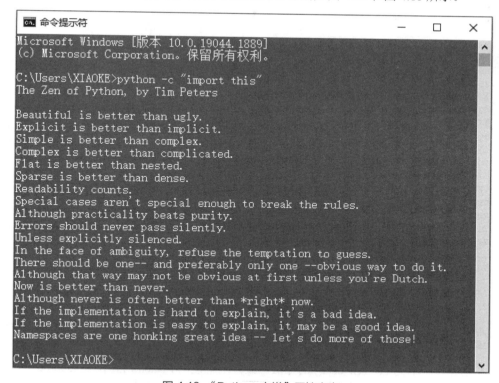

图 4.10 "Python 之禅"原始内容

图 4.11 "Python 之禅"翻译成中文后的内容

使用 pygame 实现绘制"Python 之禅"文本的具体步骤如下：

① 首先引入"Python 最小开发框架"，请读者打开 IDE 开发环境，创建一个 .py 文件，并将 2.2 节中的"pygame 最小开发框架"代码复制到该文件中，代码如下：

```
01 import sys
02
03 # 导入 pygame 及常量库
04 import pygame
05 from pygame.locals import *
06
07 SIZE = WIDTH, HEIGHT = 640, 396
08 FPS = 60
09
10 pygame.init()
11 screen = pygame.display.set_mode(SIZE)
12 pygame.display.set_caption("pygame__ 施伟 ")
13 clock = pygame.time.Clock()
14 # 创建字体对象
15 font = pygame.font.SysFont(None, 60, )
16
17 running = True
18 # 主体循环
19 while running:
20     # 1. 清屏
21     screen.fill((25, 102, 173))
22     # 2. 绘制
23
24     for event in pygame.event.get():    # 事件索取
25         if event.type == QUIT:
26             pygame.quit()
27             sys.exit()
28     # 3. 刷新显示
29     pygame.display.update()
30     clock.tick(FPS)
```

② 创建一个名为 get_zen_data() 的方法，该方法中使用 Python 内置模块 subprocess，在程序中执行终端命令：python -c "import this"，以便获取"Python 之禅"的原始内容。代码如下：

```
01 def get_zen_data():
02     """ 获取 Python 之禅 """
03     # 1. 导包
04     import subprocess
05     # 2. 执行 shell 命令
06     res = subprocess.Popen(args='python -c "import this"', \
07                            stdout=subprocess.PIPE, \
08                            shell=True,
09                            )
10     """ 参数解析
11         args : 表示要执行的命令。必须是一个字符串或字符串参数列表
12         stdout: 子进程标准输出，subprocess.PIPE 表示为子进程创建新的管道
13         shell: 表示使用操作系统的 shell 执行命令
14     """
15     # 3. 从标准输出读取数据
16     data = res.stdout.read()
17     data_list = [line for line in str(data).split("\\r\\n")] # 切割大字符串
18     data_list.pop()
19     return data_list
```

说明 关于 subprocess 模块的更多用法请参考官方文档 https://docs.python.org/2/library/subprocess.html。

③ 在程序中加载字体模块，创建 Font 字体对象，渲染文本，然后在窗口中绘制即可，具体代码如下：

```
01 import sys
02
03 import pygame
04 from pygame.locals import *
05
06
07 def get_zen_data():
08     """ 获取 Python 之禅 """
09     # 此处代码省略
10
11 SIZE = WIDTH, HEIGHT = 800, 700
12 FPS = 60
13
14 # 设备初始化
15 pygame.init()
16 # 创建游戏窗口（本质也是一个 Surface 对象）
17 screen = pygame.display.set_mode(SIZE)
18 pygame.display.set_caption("Python 之禅 ")
19 clock = pygame.time.Clock()
20 # 加载和初始化字体模块
21 # 1. 使用系统字体
22 font = pygame.font.SysFont("arial,comicsansms,consolas", 26)
23 # font = pygame.font.SysFont(None, 26)
24 # 2. 使用字体文件
25 # default_font_file = pygame.font.get_default_font()
26 # font = pygame.font.Font("File_Path", 26)
27 # font = pygame.font.Font(None, 26)
28 # font = pygame.font.Font(default_font_file, 26)
29
30 # 获取文本行高
31 line_height = font.get_linesize()
32
33 running = True
34 # 程序运行主体循环
35 while running:
36     # 1. 清屏
37     screen.fill((54, 59, 64))
38
39     for index, line in enumerate(get_zen_data()):
40         if index == 0:
41             font.set_bold(True)   # 首行开启粗体模式
42             line = line[2:].center(75, " ")
43         if index == 1:
44             font.set_bold(False)
45         # 1～7 和 15～20 行开启斜体模式
46         if index in range(1, 8) or index in range(15, 21):
47             font.set_italic(True)
48         else:
49             font.set_italic(False)
50         # 8～20 行开启添加下画线
51         if index in range(8, 21):
52             font.set_underline(True)
53         else:
54             font.set_underline(False)
55         # 渲染字体（开启抗锯齿），创建文本图像 (Surface 对象）
56         pic = font.render(line, True, (184, 191, 198))
57     # 2. 绘制文本 Surface 对象到目标 Surface 对象（屏幕）上
```

```
58          screen.blit(pic, (20, (index + 1) * line_height))
59
60      for event in pygame.event.get():   # 事件索取
61          if event.type == QUIT:         # 判断为程序退出事件
62              pygame.quit()              # 还原字体模块
63              sys.exit()                 # 程序退出
64
65      # 3.刷新显示
66      pygame.display.update()
67      clock.tick(FPS)
```

> **说明** 在展示代码时,对于之前已经讲解过的,在之后展示过程中涉及的相同代码采用 Python 注释"# 此处代码省略"替代,例如上面的 get_zen_data() 方法的实现代码。在本书后续的编写中均默认使用此方法,遇到时将不再重复说明。

4.4 实战练习

手机 App 上成语填空游戏很多,图 4.12 所示是一个实现两个成语填空的游戏。请设计一个 pygame 窗口程序,要求绘制成两个成语填空游戏的布局,如图 4.13 所示。

图 4.12 成语填空游戏

图 4.13 成语填空游戏界面效果

扫码免费获取
本书资源

第 5 章
事件侦听

本章将讲解 pygame 中事件侦听相关的知识，事件侦听主要是监听用户的各种动作，比如用户敲击键盘、点击鼠标、滑动鼠标滚轮、操作游戏手柄等。pygame 通过对各种动作的侦听，可以获取用户的各种输入，从而可以更好地控制游戏，制作出更加优秀和令人着迷的游戏。

5.1 理解事件

在之前的程序中，当程序启动后，如果用户不进行任何操作，程序就会永远运行下去，直到用户使用鼠标点击窗口右上角的关闭按钮，pygame 才会侦听到用户的相关动作，从而根据用户的动作引发 pygame 中的 QUIT 事件，终止程序的运行，并关闭窗口。这里提到的 QUIT 事件就是 pygame 中的一个关闭事件，它会根据用户的相关动作来确定是否执行。

事件的种类有很多，而且一个 pygame 程序中可能有多个事件，pygame 会将一系列的事件存放在一个队列中，然后逐个进行处理。常规的队列是由 pygame.event.EventType 对象组成的，一个 EventType 事件对象由一个事件类型标识符和一组成员数据组成。例如前面提到的关闭窗口事件，它的事件类型标识符是 QUIT，无成员数据。pygame 中的事件及其成员属性列表如表 5.1 所示。

表 5.1 pygame 事件及其成员属性列表

事件类型	产生途径	成员属性
QUIT	用户按下关闭按钮	none
ACTIVEEVENT	pygame 被激活或者隐藏	gain, state
KEYDOWN	键盘被按下	unicode, key, mod
KEYUP	键盘被放开	key, mod
MOUSEMOTION	鼠标移动	pos, rel, buttons
MOUSEBUTTONDOWN	鼠标按下	pos, button

续表

事件类型	产生途径	成员属性
MOUSEBUTTONUP	鼠标放开	pos, button
JOYAXISMOTION	游戏手柄（Joystick or pad）移动	joy, axis, value
JOYBALLMOTION	游戏球（Joy ball）移动	joy, axis, value
JOYHATMOTION	游戏手柄（Joystick）移动	joy, axis, value
JOYBUTTONDOWN	游戏手柄按下	joy, button
JOYBUTTONUP	游戏手柄放开	joy, button
VIDEORESIZE	pygame 窗口缩放	size, w, h
VIDEOEXPOSE	pygame 窗口部分公开（expose）	none
USEREVENT	触发一个用户事件	code

5.2 事件检索

pygame 中的 pygame.event 子模块提供了很多方法来访问事件队列中的事件对象，比如检测事件对象是否存在，从队列中获取事件对象等。pygame.event 子模块中提供的函数及说明如表 5.2 所示。

表 5.2　pygame.event 子模块中提供的函数及说明

函数	说明
pygame.event.get()	从事件队列中获取一个事件，并从队列中删除该事件
pygame.event.wait()	阻塞直至事件发生才会继续执行，若没有事件发生将一直处于阻塞状态
pygame.event.set_blocked()	控制哪些事件禁止进入队列，如果参数值为 None，则表示禁止所有事件进入
pygame.event.set_allowed()	控制哪些事件允许进入队列
pygame.event.pump()	调用该方法后，pygame 会自动处理事件队列
pygame.event.poll()	会根据实际情形返回一个真实的事件，或者一个 None
pygame.event.peek()	检测某类型事件是否在队列中
pygame.event.clear()	从队列中清除所有的事件
pygame.event.get_blocked()	检测某一类型的事件是否被禁止进入队列
pygame.event.post()	放置一个新的事件到队列中
pygame.event.Event()	创建一个用户自定义的新事件

例如，在前面编写的程序中使用如下代码来遍历所有的事件。

```
for event in pygame.event.get()
```

以上代码中用到了 get() 函数，此函数用来从事件队列中获取一个事件，并从队列中删除该事件，其语法格式如下：

```
pygame.event.get() -> Eventlist
pygame.event.get(type) -> Eventlist
pygame.event.get(typelist) -> Eventlist
```

使用 get() 函数时，如果指定一个或多个 type 参数，那么只获取并删除指定类型的事件，例如：

```
01  events = pygame.event.get(pygame.KEYDOWN)
02  events = pygame.event.get([pygame.MOUSEBUTTONDOWN, pygame.QUIT])
```

注意

如果开发者只从事件队列中获取并删除指定的类型事件，随着程序的运行，事件队列可能会被填满，导致后续的事件无法进入事件队列，进而丢失。事件队列的大小限制为 128。

另外，从事件队列中获取一个事件可以使用 poll() 函数或者 wait() 函数，其中，poll() 函数会根据当前情形返回一个真实的事件，当队列为空时，它将立刻返回类型为 pygame.NOEVENT 的事件；而 wait() 函数是等到发生一个事件才继续下去，当队列为空时，它将继续等待并处于睡眠状态。poll() 函数和 wait() 函数的语法格式如下：

```
pygame.event.poll() -> EventType instance
pygame.event.wait() -> EventType instance
```

实例 5.1　打印输出所有事件（实例位置：资源包 \Code\05\01）

在 pygame 窗口中输出事件队列中的所有事件，代码如下：

```
01  import random
02  import pygame
03  import sys
04
05  SIZE = WIDTH, HEIGHT = 640, 396
06  FPS = 60
07
08  pygame.init()
09  screen = pygame.display.set_mode(SIZE, 0, 32)
10  pygame.display.set_caption("Event")
11  clock = pygame.time.Clock()
12  font = pygame.font.SysFont(None, 25)
13  font_height = font.get_linesize()          # 获取该文体单行的高度
14  event_list = []
15  line_num = SIZE[1]//font_height            # 屏幕可展示最大行数文字
16
17  running = True
18  # 主体循环
19  while running:
20      # 等待获取一个事件并删除
21      event = pygame.event.wait()
22      event_list.append(str(event))
23      # 保证 event_list 里面只保留可展示一个屏幕的文字
24      event_text = event_list[-line_num:]
25
26      if event.type == pygame.QUIT:
27          sys.exit()
```

```
28
29      screen.fill((54, 59, 64))
30
31      y = SIZE[1]-font_height
32      # 绘制事件文本
33      for text in reversed(event_list):
34          rgb = tuple((random.randint(0, 255) for i in range(3)))
35          screen.blit( font.render(text, True, rgb), (0, y))
36          y-=font_height
37
38      pygame.display.update()
```

运行程序，窗口中会显示每一个事件及其具体的成员参数值，如图 5.1 所示。

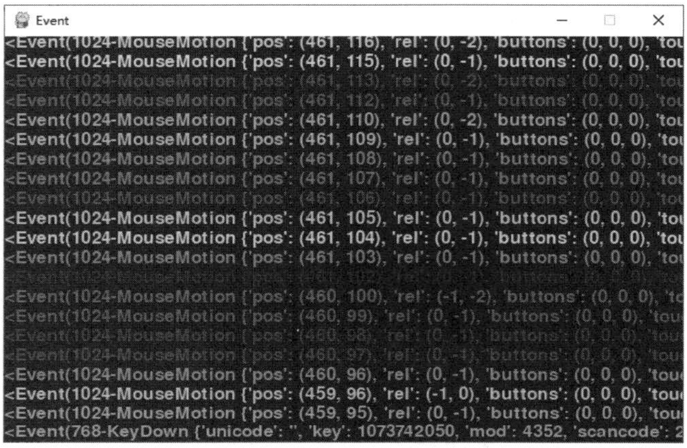

图 5.1　打印输出所有事件

运行实例 5.1 时，如果不产生任何动作（事件），则窗口中的文本是不变的，这是因为，上面的代码中的第 21 行使用了 pygame.event.wait() 函数，这时，如果侦听不到动作，则程序会处于睡眠的状态。将第 21 行代码修改如下：

```
event = pygame.event.poll()
```

再次运行程序，效果如图 5.2 所示。

图 5.2　将 wait() 函数修改为 poll() 函数后的效果

出现图 5.2 所示的效果是因为程序中使用了 pygame.event.poll() 函数，这样，即使不产生任何动作，也依然会返回 pygame.NOEVENT 事件。

5.3 处理键盘事件

键盘事件主要涉及大量的按键操作，比如游戏中的上、下、左、右，或者人物的前进、后退等操作，这些都需要键盘来配合实现。pygame 中将键盘上的字母键、数字键、组合键等按键以常量的方式进行了定义，表 5.3 列出了常用按键的常量及说明。

表 5.3　pygame 中的常用按键常量及说明

按键常量	说明	按键常量	说明
K_BACKSPACE	退格键（Backspace）	K_TAB	制表键（Tab）
K_SPACE	空格键（Space）	K_RETURN	回车键（Enter）
K_0,…,K_9	0,…,9	K_a,…,K_z	a,…,z
K_KP0,…,K_KP9	0（小键盘）,…,9（小键盘）	K_F1,…,K_F15	F1,…,F15
K_DELETE	删除键（Delete）	KMOD_ALT	同时按下 <Alt> 键
K_UP	向上箭头（Up arrow）	K_DOWN	向下箭头（Down arrow）
K_RIGHT	向右箭头（Right arrow）	K_LEFT	向左箭头（Left arrow）

pygame 中的键盘事件主要有以下两个成员属性。

☑ key：按键按下或放开的键值，是一个 ASCII 码值整型数字，例如 K_b 等。

☑ mod：包含组合键信息，例如，当 mod&KMOD_CTRL 为真时，表示用户同时按下了 <Ctrl> 键，类似的还有 KMOD_SHIFT、KMOD_ALT 等。

实例 5.2　记录键盘按下键字符（实例位置：资源包 \Code\05\02）

设计一个 pygame 窗口程序，当用户按下键盘上的按键时，实时在 pygame 窗口中显示按下的键字符。具体代码如下：

```
01  import os
02  import sys
03  import pygame
04  from pygame.locals import *
05
06  SIZE = WIDTH, HEIGHT = 640, 396
07  FPS = 60
08
09  pygame.init()
10  # 窗口居中
11  os.environ['SDL_VIDEO_CENTERED'] = '1'
12  screen = pygame.display.set_mode(SIZE)
13  pygame.display.set_caption(" 记录键盘按下字符 ")
14  clock = pygame.time.Clock()
15  # 开启重复产生键盘事件功能 ( 延迟，间隔 )，单位为毫秒
16  pygame.key.set_repeat(200, 200)
17  name = ""
18  font = pygame.font.SysFont('arial', 80)
```

```
19 group = [KMOD_LSHIFT, KMOD_RSHIFT, KMOD_LSHIFT + \
20          KMOD_CAPS, KMOD_RSHIFT + KMOD_CAPS]
21
22 while True:
23     screen.fill((0, 164, 150))
24     font_height = font.get_linesize()
25     text = font.render(name[-17:], True, (255, 255, 255))
26     height = HEIGHT/2 - font_height / 2
27     screen.blit(text, (30, height, 500, font_height))
28
29     evt = pygame.event.wait()
30     if evt.type == QUIT:
31         sys.exit()
32     # 按键释放
33     if evt.type == KEYUP:
34         if evt.mod in group:
35             pygame.key.set_repeat(200, 200)
36     # 按键按下
37     if evt.type == KEYDOWN:
38         if evt.key in [K_ESCAPE, K_q]:  # 退出
39             pygame.quit()
40             sys.exit()
41
42         # 组合键若为 <Shift> 键，则加快回退的速度
43         if evt.mod in group:
44             if pygame.key.get_repeat() != (50, 50):
45                 pygame.key.set_repeat(50, 50)
46         if evt.key == K_BACKSPACE:      # 回退键
47             name = name[:-1]
48         else:
49             name += evt.unicode
50         if evt.key == K_RETURN:         # 回车键，清空
51             name = ""
52
53     pygame.display.update()
54     clock.tick(FPS)
```

上面代码中的第 16 行用到了一个 set_repeat() 函数，该函数用来控制重复响应持续按下按键的时间，其语法格式如下：

```
pygame.key.set_repeat(delay, interval) -> None
```

参数说明如下：

☑ delay：按键持续按下时想要响应的延迟按压时间，单位为毫秒。

☑ interval：持续响应时的间隔时间，单位为毫秒。

按照正常逻辑，当持续按下一个键时，应持续产生相同的事件并且响应，但 pygame 中默认不会重复地去响应一个一直被按下的键，而只有在按键第一次被按下时才响应一次。如果需要重复响应一个按键，就需要使用 set_repeat() 函数设置。

程序运行效果如图 5.3 所示。

图 5.3　记录键盘按下键字符

5.4 处理鼠标事件

pygame 中提供了 3 个鼠标事件，分别是 pygame.MOUSEMOTION、pygame.MOUSEBUTTONUP、pygame.MOUSEBUTTONDOWN，其中，当鼠标移动时触发 pygame.MOUSEMOTION 事件，当鼠标键被按下时触发 pygame.MOUSEBUTTONDOWN 事件，当鼠标键被释放时触发 pygame.MOUSEBUTTONUP 事件。不同的鼠标事件类型对应着不同的成员属性，下面分别介绍。

① 事件类型 MOUSEMOTION 的成员属性如下：
➢ buttons：一个包含 3 个值的元组，初始状态为 (0,0,0)，3 个值分别代表左键、中键和右键，1 表示按下。
➢ pos：相对于窗口左上角，鼠标的当前坐标值 (x,y)。
➢ rel：鼠标相对于上次事件的运动距离 (X,Y)。

例如，使用以下代码可以获取当前鼠标坐标。

```
01 for event in pygame.event.get():
02     if event.type == MOUSEMOTION:
03         mouse_x ,mouse_y = event.pos
04         move_x ,move_y = event.rel
```

② 事件类型 MOUSEBUTTNDOWN 和 MOUSEBUTTONUP 的成员属性如下：
➢ button：鼠标按下或者释放时的键编号（整数），左键为 1，按下滚动轮为 2，右键为 3，向前滚动滑轮为 4，向后滚动滑轮为 5。
➢ pos：相对于窗口左上角，鼠标的当前坐标值 (x, y)。

例如，使用以下代码可以获取当前鼠标单击时的坐标位置。

```
01 for event in pygame.event.get():
02     if event.type == MOUSEBUTTONDOWN:
03         mouse_down = event.button
04         mouse_down_x,mouse_down_y = event.pos
```

实例 5.3 更换鼠标图片为画笔（实例位置：资源包 \Code\05\03）

设计一个 pygame 窗口程序，其中将鼠标图片更改为一个画笔图片，然后在窗口中绘制一条线段。代码如下：

```
01 import os
02 import pygame
03
04 SIZE = WIDTH, HEIGHT = 300, 200
05 FPS = 60
06
07 pygame.init()
08 # 窗口居中
09 os.environ['SDL_VIDEO_CENTERED'] = '1'
10 pos = (200, 300)       # 线段起点坐标
11 old_pos = (600, 300)   # 线段终点坐标
12 mouse_x, mouse_y = 100, 100
13 screen = pygame.display.set_mode(SIZE, 0, 32)
14 pygame.display.set_caption("PENCIL")
```

```
15  clock = pygame.time.Clock()
16  font = pygame.font.SysFont(None, 30)
17  # 加载画笔图片
18  replace_mou = pygame.image.load("mouse.png")
19
20  while True:
21      screen.fill((0, 163, 150))
22
23      # 等待获取一个事件并删除
24      event = pygame.event.wait()
25      if event.type == pygame.QUIT:
26          exit()
27      if event.type == pygame.MOUSEMOTION:
28          if event.buttons[0]:
29              old_pos = event.pos
30          mouse_x, mouse_y = event.pos
31      if event.type == pygame.MOUSEBUTTONDOWN:
32          pos = event.pos
33          old_pos = event.pos
34      if event.type == pygame.MOUSEBUTTONUP:
35          old_pos = event.pos
36
37      pygame.mouse.set_visible(False) # 隐藏鼠标
38      # 画线段
39      pygame.draw.line(screen, (255, 0, 0), (pos[0], pos[1] + 19), \
40                      (old_pos[0], old_pos[1] + 19), 1)
41      # 画笔图片
42      screen.blit(replace_mou, (mouse_x, mouse_y, 20, 19))
43
44      pygame.display.update()
45      clock.tick(FPS)
```

读者可尝试保存并运行程序代码。运行效果如图 5.4 所示。

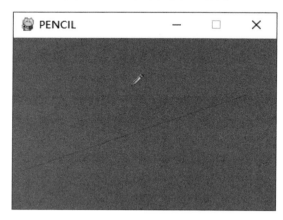

图 5.4　实例 5.3 运行效果

5.5　设备轮询

在 pygame 中获取和检测事件时，除了使用 pygame.event 模块，还可以使用设备轮询的方法来检测在某一设备上是否有事件发生，以便更高效地与程序进行交互。下面进行讲解。

5.5.1 轮询键盘

pygame 中提供了一个名为 pygame.key 的子模块，专门用来对键盘进行管理，轮询键盘可以使用该模块提供的 get_pressed() 函数，语法格式如下：

```
Pygam.key.get_pressed()->(bools,…, bools)
```

get_pressed() 函数的返回值是一个元素都为布尔值（0/1）的元组，长度为 323，元组中的每一个元素都代表一个按键的状态，而按键在元组的索引则根据按键对应的常量值来确定，比如，小写 "a" 的按键常量 pygame.K_a 的值为 97，则键盘上的小写 "a" 键的状态就对应元组中下标为 97 的元素布尔值。

例如，使用 get_pressed() 函数轮询键盘，并在按下键盘上的 < Esc > 键时退出程序，代码如下：

```
01  keys = pygame.key.get_pressed()
02
03  if keys[pygame.K_ESCAPE]:
04      pygame.quit()
05      sys.exit()
```

pygame.key 模块中除了 get_pressed() 函数，还有其他与键盘相关的函数，如表 5.4 所示。

表 5.4　pygame.key 模块中的其他函数

函数	说明
pygame.key.get_focused()	当窗口获得键盘的输入焦点时返回 True
pygame.key.get_mods()	检测是否有组合键被按下
pygame.key.set_repeat()	控制重复响应持续按下按键的时间
pygame.key.get_repeat()	获取重复响应按键的参数

实例 5.4　打字小游戏（实例位置：资源包 \Code\05\04）

使用 pygame 设计一个打字小游戏，要求窗口中随机出现一个英文字母，然后用户通过键盘进行输入，如果输入正确，则自动切换下一个英文字母。代码如下：

```
01  import os
02  import random
03  import pygame
04  from pygame.locals import *
05
06  SIZE = WIDTH, HEIGHT = 300, 200
07  FPS = 60
08
09  def print_text(font, x, y, text, color=(255, 255, 255)):
10      imgText = font.render(text, True, color)
11      screen.blit(imgText, (x, y))
12
13  # 主程序
14  pygame.init()
15  # 窗口居中
16  os.environ['SDL_VIDEO_CENTERED'] = '1'
```

```
17 screen = pygame.display.set_mode(SIZE)
18 pygame.display.set_caption("打字小游戏")
19 clock = pygame.time.Clock()
20 font = pygame.font.Font(None, 200)
21 val = 97
22
23 while 1:
24     # 1. 清屏
25     screen.fill((0, 164, 150))
26     # 事件索取
27     for event in pygame.event.get(pygame.QUIT):
28         if event:
29             pygame.quit()
30             exit()
31     # 键盘轮询
32     keys = pygame.key.get_pressed()
33     if keys[K_ESCAPE]:
34         exit()
35     if keys[val]:
36         val = random.randint(97, 122)
37
38     # 2. 绘制
39     print_text(font, WIDTH  // 2 - 40, HEIGHT // 2 - 70 , \
40               chr(val - 32), (255, 255, 255))
41     # 3. 刷新显示
42     pygame.display.update()
43     clock.tick(FPS)
```

程序运行效果如图 5.5 所示。

图 5.5　打字小游戏

5.5.2　轮询鼠标

同轮询键盘类似，pygame 中提供了一个名为 pygame.mouse 的子模块，专门用于对鼠标进行管理，该模块中同样存在一个名为 get_pressed() 的函数，用于鼠标轮询，其语法格式如下：

```
pygame.mouse.get_pressed()->(bool,bool,bool)
```

get_pressed() 的函数的返回值是一个长度为 3 的元组，元素值为布尔值（0/1），分别代表左键、中键、右键的按键状态。例如，当只有左键按下时，get_pressed() 函数会返回 (1,

0，0），而这时如果释放鼠标左键，则返回值会变成 (0，0，0)。

pygame.mouse 模块中除了 get_pressed() 函数，还有其他与键盘相关的函数，如表 5.5 所示。

表 5.5　pygame.mouse 模块中的其他函数

函数	说明
pygame.mouse.get_pos	获取鼠标光标的位置
pygame.mouse.get_rel	读取鼠标的相对移动
pygame.mouse.set_pos	设置鼠标光标的位置
pygame.mouse.set_visible	隐藏或显示鼠标光标
pygame.mouse.get_focused	检查程序界面是否获得鼠标焦点

5.6 事件过滤

pygame 程序中并不是所有的事件都需要处理，比如《坦克大战》游戏中就不用鼠标。另外，在切换游戏场景时，通常按键事件都是不可用的，遇到类似的情况，我们完全可以忽略这些事件，只处理用到的事件，但这样有可能会造成事件队列的资源浪费。因此，最好的方法是过滤掉这些事件，使它们根本不进入 pygame 事件队列，从而提高游戏的性能。

过滤事件的过程类似于生活中一些场所会限制特定人群进入的场景，在 pygame 中，pygame.event 子模块中提供了一个名为 set_blocked() 的函数，用于禁止指定类型的事件进入事件队列，其语法格式如下：

```
pygame.event.set_blocked(type) -> None
pygame.event.set_blocked(typelist) -> None
pygame.event.set_blocked(None) -> None
```

set_blocked() 函数默认允许所有类型事件进入事件队列，如果需要禁止某事件进入事件队列，则将要禁止的事件传入该函数的参数即可，多个事件用列表表示。示例代码如下：

```
pygame.event.set_blocked([KEYDOWN, KEYUP])
```

与 set_blocked() 函数相对应的，我们也可以设置允许哪些事件类型进入 pygame 事件队列，这需要使用 pygame.event 子模块提供的 set_allowed() 函数，其语法格式如下：

```
pygame.event.set_allowed(type) -> None
pygame.event.set_allowed(typelist) -> None
pygame.event.set_allowed(None) -> None
```

set_allowed() 函数默认同样允许所有类型事件进入事件队列，如果需要设置某些特定事件进入事件队列，则将需要进入事件队列的事件传入该函数的参数即可，多个事件用列表表示。示例代码如下：

```
pygame.event.set_allowed([MOUSEMOTION, MOUSEBUTTONDOWN, MOUSEBUTTONUP])
```

5.7 自定义事件

使用 pygame 开发游戏时，其自身提供的事件类型基本都能满足游戏需求，但在遇到一些特定的需求时，就需要用户通过自定义事件来满足，比如：基于事件输出的时间定时器、基于事件输出的背景音乐自动续播等。

在 pygame 中自定义事件类型的步骤如下：

① 使用 pygame.event.Event 创造一个自定义类型的事件对象，语法格式如下：

```
pygame.event.Event(type, dict) -> EventType instance
pygame.event.Event(type, **dict) -> EventType instance
```

参数说明如下：

- ☑ type：事件类型，内置类型或自定义类型。
- ☑ dict：事件的成员属性字典。

② 使用 pygame.event.post() 函数传递事件，该函数语法格式如下：

```
pygame.event.post(Event) -> None
```

例如，使用上面两个步骤自定义一个基于 pygame 内置事件类型 KEYDOWN 的事件，代码如下：

```
01 # 第 1 种方法
02 my_event = pygame.event.Event(KEYDOWN, key=K_SPACE, mod=0, unicode=u' ')
03 # 第 2 种方法
04 my_event = pygame.event.Event(KEYDOWN, {"key":K_SPACE, "mod":0, "unicode":u' '})
05 # 传递
06 pygame.event.post(my_event)
```

使用上面两个步骤自定义一个全新事件类型的事件，代码如下：

```
01 MSG = pygame.USEREVENT + 1
02 my_event = pygame.event.Event(MSG, {"status":False, "code":200, "message":"ming ri"})
03 pygame.event.post(my_event)
04 # 检索获取该事件
05 for event in pygame.event.get():
06     if event.type == MSG:
07         if event.status:
08             print(event.message)
```

5.8 综合案例——挡板接球游戏

使用 pygame 设计一个挡板接球游戏，具体要求为：一个小球在 pygame 窗口中自由移动，在 pygame 窗口的最底部有一个挡板，用户可以通过敲击键盘上的方向键使其左右移动来接球，当挡板接到小球时，小球会反弹，而如果挡板没有接住小球，则游戏结束。程序运行效果如图 5.6 所示。

使用 pygame 开发挡板接球游戏的具体步骤如下：

① 在 PyCharm 中创建一个 .py 文件，首先在文件头部导入需要用到的 pygame 包、

图 5.6 挡板接球游戏

pygame 常量库以及其他所需的 Python 内置模块,并定义窗体尺寸和帧率。代码如下:

```
01 import os
02
03 import pygame
04 from pygame.locals import *
05 from pygame.math import Vector2
06
07 # 窗体的尺寸
08 SIZE = WIDTH, HEIGHT = 640, 396
09 FPS = 60   # 帧率
```

② 定义一个名为 draw_text() 的方法,用于在游戏结束时绘制"GAME OVER"文本。代码如下:

```
01 def draw_text(font, text, color=(255,255,255)):
02     """ 绘制文本类 """
03     sur = font.render(text, True, color)
04     rec = sur.get_rect()
05     screen = pygame.display.get_surface()
06     rec.center = screen.get_rect().center
07     screen.blit(sur, rec)
```

③ 创建并初始化 pygame 窗口,然后创建挡板、小球,以及一些挡板及小球的控制变量,例如宽度、高度、坐标位置、速度等。代码如下:

```
01 # 初始化
02 pygame.init()
03 # 游戏窗口电脑屏幕居中
04 os.environ['SDL_VIDEO_CENTERED'] = '1'
05 # 创建游戏窗口
06 screen = pygame.display.set_mode(SIZE)
07 # 设置窗口标题
```

```
08 pygame.display.set_caption("碰壁的小球")
09 # 获取时间管理对象
10 clock = pygame.time.Clock()
11 # 创建字体对象
12 font = pygame.font.Font(None, 60)
13 # 加载图片
14 ball = pygame.image.load("ball.png").convert_alpha()
15 # 小球：（左上顶点坐标，宽，高）
16 ball_pos, ball_w, ball_h = Vector2(100, 0), 62, 62
17 # 小球 x 轴、y 轴的移动速度
18 speed = Vector2(4, 4)
19 # 创建挡板
20 platform = pygame.Surface((126, 26))
21 # 填充挡板绘制
22 platform.fill(pygame.Color("red"))
23 # 挡板：（左上顶点坐标，宽，高）
24 plat_pos, plat_w, plat_h = Vector2(WIDTH // 2, HEIGHT - 26), 126, 26
```

以上代码中定义小球的速度以及小球和挡板的坐标位置时用到了二维向量，目的是便于对参数的获取和设置。

④ 创建 pygame 主体逻辑循环，在其中首先实现小球的绘制以及移动逻辑，然后绘制挡板，并实现挡板的左右移动逻辑，最后对挡板和小球进行边界检测，以及绘制游戏结束界面。代码如下：

```
01 # 程序运行主循环
02 while True:
03     screen.fill((0, 163, 150))    # 清屏
04
05     # 是否存在事件类型判断，程序结束
06     if pygame.event.peek(QUIT): exit()
07     # 键盘轮询
08     keys = pygame.key.get_pressed()
09     if keys[K_ESCAPE]: exit()
10     # 挡板的左右移动逻辑
11     dir = [ keys[K_LEFT], keys[K_RIGHT], (-5, 0), (5, 0)]
12     for k, v in enumerate(dir[0:2]):    # 判断移动方向
13         if v:
14             plat_pos += dir[k + 2]
15             if plat_pos.x < 0: plat_pos.x = 0
16             if plat_pos.x + plat_w > WIDTH: plat_pos.x = WIDTH - plat_w
17             break
18     # 小球与窗体左、右、顶部检测
19     if ball_pos.x < 0 or  ball_pos.x + ball_w > WIDTH:
20         speed.x = -speed.x
21     if ball_pos.y  < 0:
22         speed.y = -speed.y
23
24     # 小球与窗体底部检测
25     if ball_pos.y + ball_h >= HEIGHT:
26         pygame.event.clear()    # 清空 pygame 事件队列
27         draw_text(font, "G A M E    O V E R")
28         pygame.display.update()        # 刷新
29         break                          # 跳出死循环
30
31     # 小球与挡板的碰撞检测
```

```
32      elif (ball_pos.x + ball_w // 2) in range(int(plat_pos.x), int(plat_pos.x + plat_w + 1)) :
33          if ball_pos.y + ball_h >= plat_pos.y:
34              speed.y = -speed.y
35              # 防止小球上下来回跳，临界问题
36              if ball_pos.y + ball_h >= plat_pos.y:
37                  speed.y = -abs(speed.y)
38
39      screen.blit(ball, ball_pos)      # 绘制
40      ball_pos += speed                # 移动
41      screen.blit(platform, plat_pos)
42
43      pygame.display.update()          # 刷新显示
44      clock.tick(FPS)                  # 设置帧速
```

说明 上面代码的第 36、37 行，主要是为了防止小球在挡板上侧边缘卡住，不停地来回上下跳动，其主要原因是在 y 方向速度取反，小球移动一步之后，小球依然没有彻底离开挡板，在下一次循环时还是满足与挡板的碰撞条件，就这样，速度 y 一直在正与负之间进行交换，做的一直是抵消运动，所以才会上下振动。第 25 行代码是游戏结束判断，所做的操作是第 27 行绘制 "GAME OVER" 文本，然后跳出循环。

⑤ 定义一个循环，主要通过侦听事件实现窗体的关闭功能，代码如下：

```
01  # 程序结束循环
02  while True:        # 事件等待
03      if pygame.event.wait().type in [QUIT, KEYDOWN]: exit()
```

5.9 实战练习

设计一个 pygame 窗口，要求使用键盘上的上、下、左、右按键控制一只小老虎在窗口中进行上、下、左、右移动，效果如图 5.7 所示。

图 5.7 控制小老虎上、下、左、右移动

第 6 章
图形绘制

扫码免费获取
本书资源

本章主要讲解如何在 pygame 窗口的 Surface 对象上绘制一些基本的图形，例如直线、矩形、多边形、圆、弧线等，实现这些功能需要使用 pygame.draw 模块，本章将对其进行详细讲解。

6.1　pygame.draw 模块概述

pygame.draw 模块用于在 Surface 对象上绘制一些基础的图形，比如直线（线段）、矩形、多边形、圆（包括椭圆）、弧线等，其提供的函数及说明如表 6.1 所示。

表 6.1　pygame.draw 模块常用函数及说明

函数	说明
pygame.draw.rect()	绘制矩形
pygame.draw.ploygen()	绘制多边形
pygame.draw.circle()	绘制圆形
pygame.draw.ellipse()	绘制椭圆
pygame.draw.arc()	绘制弧线
pygame.draw.line()	绘制线段
pygame.draw.lines()	绘制多条连续的线段
pygame.draw.aaline()	绘制抗锯齿的线段
pygame.draw.aalines()	绘制多条连续的抗锯齿的线段

6.2　使用 pygame.draw 模块绘制基本图形

6.2.1　绘制线段

pygame.draw 模块的 line() 函数用于绘制直线（线段），其语法格式如下：

```
line(Surface,color,start_pos,end_pos,width=1)->Rect
```

参数说明如下:
- ☑ Surface:所要绘制线段的载体(Surface 对象)。
- ☑ color:线段前景色。
- ☑ start_pos:线段起点坐标。
- ☑ end_pos:线段终点坐标。
- ☑ width:线的宽度。

实例 6.1 绘制线段(实例位置:资源包 \Code\06\01)

在 pygame 窗口中绘制一条宽度为 6 像素的线段,效果如图 6.1 所示。

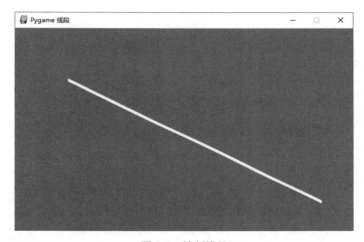

图 6.1 绘制线段

程序代码如下:

```
01 import sys
02
03 import pygame
04 from pygame.locals import *
05
06 FPS = 60
07
08 # 初始化
09 pygame.init()
10 # 创建游戏窗口
11 screen = pygame.display.set_mode((640, 396))
12 pygame.display.set_caption("pygame 线段 ")
13 clock = pygame.time.Clock()
14
15 # 程序运行主循环
16 while 1:
17     screen.fill((0, 163, 150))  # 1. 清屏
18     # 2. 绘制线段
19     pygame.draw.line(screen, (255, 255, 255), \
20                      (100, 100), (580, 340), 6)
21
22     for event in pygame.event.get():  # 事件索取
```

```
23          if event.type == QUIT:  # 判断为程序退出事件
24              sys.exit()
25      pygame.display.flip()       # 3. 刷新
26      clock.tick(FPS)
```

6.2.2 绘制矩形

pygame.draw 模块中的 rect() 函数用于绘制矩形，其语法格式如下：

```
pygame.draw.rect(Surface,color,Rect,width=0)->Rect
```

参数说明如下：
- ☑ Surface：所要绘制矩形的载体（Surface 对象）。
- ☑ color：矩形的前景色。
- ☑ Rect：一个 pygame.Rect（矩形区域管理）对象。
- ☑ width：线的宽度。

说明

如果第 4 个参数 width 为 0 或省略，则表示填充矩形，它的效果等同于 pygame.Surface.fill() 函数，但使用 pygame.Surface.fill() 函数填充矩形的效率更高。

实例 6.2　绘制可移动的矩形（实例位置：资源包 \Code\06\02）

绘制一个矩形，并可以通过按键盘上的方向键移动该矩形，效果如图 6.2 所示。

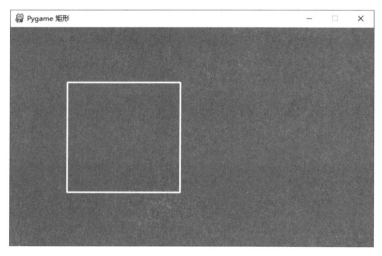

图 6.2　绘制矩形

程序代码如下：

```
01 import sys
02
03 import pygame
04 from pygame.locals import *
05
```

```python
06 BLACK = (255, 255, 255)        # 矩形前景色
07 Move_Speed = 7                 # 移动速度
08 FPS = 60
09
10 # 初始化
11 pygame.init()
12 # 创建游戏窗口
13 pygame.key.set_repeat(300, 50)   # 开启重复响应按键
14 screen = pygame.display.set_mode((640, 396))
15 pygame.display.set_caption("pygame 矩形 ")
16 clock = pygame.time.Clock()
17 # 矩形所在的 Rect 对象
18 des_rect = pygame.Rect((100, 100, 200, 200))
19
20 # 程序运行主循环
21 while 1:
22     screen.fill((0, 163, 150))  # 1. 清屏
23     # 2. 绘制矩形
24     pygame.draw.rect(screen, BLACK, des_rect, 3)
25
26     for event in pygame.event.get():   # 事件索取
27         if event.type == QUIT:   # 判断为程序退出事件
28             sys.exit()
29         if event.type == KEYDOWN:
30             # 按键移动（左、上、右、下）
31             if event.key == K_LEFT:
32                 des_rect.move_ip(-Move_Speed, 0)
33             if event.key == K_UP:
34                 des_rect.move_ip(0, -Move_Speed)
35             if event.key == K_RIGHT:
36                 des_rect.move_ip(Move_Speed, 0)
37             if event.key == K_DOWN:
38                 des_rect.move_ip(0, Move_Speed)
39
40     pygame.display.flip()  # 3. 刷新显示
41     clock.tick(FPS)
```

6.2.3 绘制多边形

pygame.draw 模块中的 polygon() 函数用于绘制多边形，其语法格式如下：

```
polygon(Surface,color,pointlist,width=0)->Rect
```

参数说明如下：
- ☑ Surface：所要绘制多边形的载体（Surface 对象）。
- ☑ color：多边形的前景色。
- ☑ pointlist：由多边形各个顶点组成的列表。
- ☑ width：线的宽度。

实例 6.3 绘制南丁格尔图（实例位置：资源包 \Code\06\03）

南丁格尔图是弗罗伦斯·南丁格尔所发明的，又名为极区图、鸡冠花图、南丁格尔玫瑰图，它是一种圆形的直方图。本实例将通过使用 pygame.draw 模块中的 polygon() 函数绘制一个南丁格尔图，效果如图 6.3 所示。

图 6.3　绘制南丁格尔图

程序代码如下:

```
01 import csv
02 import math
03 import os
04 import sys
05
06 # 导入 pygame 及常量库
07 import pygame
08 from pygame import gfxdraw
09 from pygame.locals import *
10
11 SIZE = WIDTH, HEIGHT = 640, 820
12 FPS = 60
13 Dot = (WIDTH // 2, HEIGHT - 130)   # 圆心点坐标
14 SCALE = 1                           # 收缩比例
15 BG_COLOR = pygame.Color("white")# 窗体背景色
16
17 def load_data():
18     """ 加载数据 """
19     dir = os.path.abspath(os.path.dirname(__file__))
20     file_path = os.path.join(dir, "outbreak.csv")
21     if not os.path.exists(file_path):
22         raise (file_path, " 文件不存在，读取数据失败！ ")
23     with open(file_path, 'r') as f:
24         reader = csv.reader(f)
25         res = list(reader)
26     return res
27
28 def point(angle, radius, Dot = Dot):
29     """ 获取圆上一点坐标 """
```

```
30      x = math.cos(math.radians(angle)) * radius + Dot[0]
31      y = math.sin(math.radians(angle)) * radius + Dot[1]
32      return x, y
33
34 pygame.init()
35 screen = pygame.display.set_mode(SIZE)
36 pygame.display.set_caption("南丁格尔图")
37 clock = pygame.time.Clock()
38 # 创建字体对象
39 font = pygame.font.Font("songti.otf", 50 * SCALE)
40 data = load_data()
41 average_ang = 360 // (len(data) - 1)  # 平均角度
42 font.set_bold(True)                    # 设置粗体
43 title = font.render("南丁格尔图", True, \
44                    (255, 255, 255), (183, 23, 27))
45 title_rect = title.get_rect()
46 title_posi = (WIDTH// 2 - title_rect.width // 2, 20)
47
48 running = True
49 # 主体循环
50 while running:
51     # 1. 清屏
52     screen.fill(BG_COLOR)
53     # 2. 绘制
54     # 绘制标题背景框
55     pygame.draw.rect(screen, (183, 23, 27, 100), (title_posi[0] - 8, \
56                                                   title_posi[1] - 8, \
57                                                   title_rect.width + 16, \
58                                                   title_rect.height + 16))
59     # 绘制标题
60     screen.blit(title, title_posi)
61     # 绘制南丁格尔图
62     for num, li in enumerate(data[1:], 1):
63         angle01 = (num - 1) * average_ang - 90
64         angle02 = num * average_ang - 90
65         left = point(angle01, math.ceil(int(li[1]) * SCALE))
66         right = point(angle02, math.ceil(int(li[1]) * SCALE))
67         color = pygame.color.Color(li[2])
68         pygame.draw.polygon(screen, color, [Dot, left, right])
69     # 绘制中心填充区域
70     pygame.draw.circle(screen, BG_COLOR, Dot, 25)
71     for event in pygame.event.get():   # 事件索取
72         if event.type == QUIT:
73             pygame.quit()
74             sys.exit()
75     # 3. 刷新显示
76     pygame.display.update()
77     clock.tick(FPS)
```

6.2.4 绘制圆

pygame.draw 模块中的 circle() 函数用于绘制圆形,其语法格式如下:

```
circle(Surface,color,pos,radius,width=0)->Rect
```

参数说明如下:

☑ Surface:所要绘制圆形的载体(Surface 对象)。

☑ color:圆前景色。

- ☑ pos：圆心点坐标。
- ☑ radius：圆半径。
- ☑ width：线的宽度。

> **技巧**
>
> 可以通过绘制半径为 1 的圆来填充一些不规则的图形或者是绘制一些不规则的曲线。

实例 6.4　绘制一箭穿心图案（实例位置：资源包 \Code\06\04）

在 pygame 窗口中绘制一箭穿心图案，其中，每一个心形图的曲边线都是用半径为 1 的小圆点连续绘制而成的，最外侧的黑色边框是用半径为 2、线宽为 2 的圆连续绘制而成的，而心形图的填充是用连续的大图套小图实现的。程序运行效果如图 6.4 所示。

图 6.4　绘制一箭穿心图案

程序开发步骤如下：

① 在 PyCharm 中创建一个 .py 的文件，首先导入需要用到的 pygame 模块、Python 内建数学模块 math。代码如下：

```
01 import math
02
03 import pygame
04 from pygame.locals import *
```

② 创建一个名为 draw_txt() 的方法，用于绘制图形中部的 "I love you" 文本，代码如下：

```
01 def draw_txt(text, posi, fgcolor, bgcolor, size):
02     """ 绘制文本 """
03     font = pygame.font.SysFont(None, size)
04     img = font.render(text, True, fgcolor, bgcolor)
05     screen.blit(img, posi)
```

③ 创建一个名为 draw_line() 的方法，用于绘制图形中的箭头，代码如下：

```
01 def draw_line(dot,color = pygame.Color("gold"), \
02               line_width = 9):
```

```
03        """ 绘制线段 """
04        pygame.draw.line(screen, color, dot[0], dot[1], line_width)
```

④ 创建一个名为 draw_heart() 的方法,用于绘制图形中的心形图,代码如下:

```
01 def draw_heart(dx, dy, r, is_border = True):
02     """ 绘制心形图
03         心形线的极坐标方程: ρ = a (1 + cos(θ))
04     """
05     i = 0  # 点的密度
06     while r >= 1:
07         while i <= 190:
08             m = i
09             n = -r * (((math.sin(i) * math.sqrt(abs(math.cos(i)))) / \
10                       (math.sin(i) + 1.46)) - 2 * math.sin(i) + 1.83)
11             x = round(n * math.cos(m) + dx)
12             y = round(n * math.sin(m) + dy)
13             # 绘制心形图案边框为黑色
14             if is_border:
15                 pygame.draw.circle(screen, pygame.Color("black"), \
16                                    (x, y), 2, 2)
17             else:
18                 pygame.draw.circle(screen, pygame.Color("red"), \
19                                    (x, y), 1, 0)
20             i += 0.03
21         is_border = False
22         r -= 1      # 减小心形图的尺寸
23         i = 0       # 下一个心形图从头开始绘制
```

上面代码中,第 7 ~ 20 行代码用于实现一个心形图边框的绘制,然后以相同的绘制逻辑由外向内且逐渐减小地连续地绘制实现心形图的填充。第 22 行代码用以减小心形图的尺寸,第 23 行代码用以重置每个心形图的开始绘制位置。

⑤ 定义绘制图形时用到的变量,例如各个心形图的绘制位置及大小、各个线段的端点坐标定义等。具体代码如下:

```
01 size = width, height = 640,396
02 dx, dy = width // 2 - 30, 76     # 心形图位置坐标
03 r, i = 70, 0                     # 心形图的大小
04 # 定义四条线段的各个端点坐标
05 line01 = [(20, 23), (160, 89)]
06 slope =   (line01[1][1] - line01[0][1]) / \
07           (line01[1][0] - line01[0][0])    # 斜率
08 line02_first = (410, 182)
09 line02_end = [586, \
10               (586 - line02_first[0]) * slope + \
11               line02_first[1]]
12 line03 = [line02_end, (line02_end[0] - 18, \
13                        line02_end[1] - 35)]
14 line04 = [line02_end, (line02_end[0] - 43, \
15                        line02_end[1] + 15)]
```

上面代码中的第 6 行用于计算图形中左上角线段的斜率,目的是在绘制右下角箭头线段时能够与左上角线段保持同样的斜率。

⑥ 初始化 pygame 窗口，以及设置标题和填充背景色，代码如下：

```
01  # 初始化及参数设置
02  pygame.init()
03  screen=pygame.display.set_mode(size)
04  pygame.display.set_caption(" 一箭穿心 ")
05  screen.fill(pygame.Color("white"))
```

⑦ 调用自定义的方法绘制一箭穿心图案中的各个图形元素，代码如下：

```
01  # 绘制左上方线段
02  draw_line(line01)
03  # 绘制第一个心形图
04  draw_heart(dx, dy, r)
05  dx += 100
06  dy += 30
07  r, i = 70, 0
08  is_border = True
09  # 绘制第二个心形图
10  draw_heart(dx, dy, r)
11  # 绘制心语
12  draw_txt("I love you", (width // 2 - 120, dy), \
13          pygame.Color("black"), pygame.Color("red"), 70)
14  # 绘制右下方箭头
15  draw_line([line02_first, line02_end])
16  draw_line(line03)
17  draw_line(line04)
18  pygame.display.update()    # 窗口像素刷新
```

⑧ 定义程序主循环体，其中通过监听 pygame 窗口的 QUIT 事件，来确定是否退出程序，代码如下：

```
01  while True:
02      for eve in pygame.event.get():
03          if eve.type == QUIT:
04              exit()
```

6.2.5 绘制椭圆

pygame.draw 模块中的 ellipse() 函数用于绘制椭圆，其语法格式如下：

```
ellipse(Surface,color,Rect,width=0)->Rect
```

参数说明如下：
- ☑ Surface：所要绘制椭圆的载体（Surface 对象）。
- ☑ color：椭圆前景色。
- ☑ Rect：椭圆的外接矩形。
- ☑ width：线的宽度。

实例 6.5 绘制椭圆（实例位置：资源包 \Code\06\05）

绘制一个椭圆，并且显示绘制此椭圆时所基于的矩形，效果如图 6.5 所示。

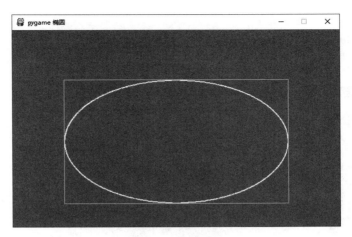

图6.5 绘制椭圆

程序代码如下：

```
01 import sys
02
03 import pygame
04 from pygame.locals import *
05
06 FPS = 60
07 # 初始化
08 pygame.init()
09 # 创建游戏窗口
10 screen = pygame.display.set_mode((640, 396))
11 pygame.display.set_caption("pygame 椭圆 ")
12 clock = pygame.time.Clock()
13
14 # 程序运行主循环
15 while 1:
16     screen.fill((0, 163, 150))  # 1. 清屏
17     # 2. 绘制椭圆
18     pygame.draw.ellipse(screen, (255, 255, 255), (100, 100, 440, 250), 3)
19     # 绘制椭圆的外接矩形
20     pygame.draw.rect(screen,(0, 255, 0), (100, 100, 440, 250), 1)
21     for event in pygame.event.get():  # 事件索取
22         if event.type == QUIT:  # 判断为程序退出事件
23             sys.exit()
24
25     pygame.display.flip()  # 3. 刷新显示
26     clock.tick(FPS)
```

6.2.6 绘制弧线

pygame.draw 模块中的 arc() 函数用于绘制弧线，其语法格式如下：

```
arc(Surface,color,start_angle,stop_angle,width=1)->Rect
```

参数说明如下：

- ☑ Surface：所要绘制弧线的载体（Surface 对象）。
- ☑ color：弧线前景色。

- ☑ start_angle：开始的弧度。
- ☑ stop_angle：结束的弧度。
- ☑ width：线的宽度。

实例 6.6　绘制 Wi-Fi 信号图（实例位置：资源包 \Code\06\06）

在 pygame 窗口中模拟绘制一个 Wi-Fi 信号图，效果如图 6.6 所示。

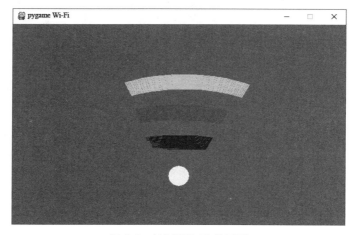

图 6.6　绘制 Wi-Fi 信号图

程序代码如下：

```
01 import math
02 import sys
03
04 import pygame
05 from pygame.locals import *
06
07 FPS = 60
08 start_radi = math.radians(60)   # 弧形开始角度
09 end_radi = math.radians(120)    # 弧形结束角度
10 size = width, height = 640, 396
11 posi = (width // 2, 300)   # Wi-Fi 位置
12
13 # 初始化
14 pygame.init()
15 # 创建游戏窗口
16 screen = pygame.display.set_mode(size)
17 pygame.display.set_caption("pygame Wi-Fi")
18 clock = pygame.time.Clock()
19
20 # 程序运行主循环
21 while 1:
22     screen.fill((0, 163, 150))  # 1. 清屏
23     # 2. 绘制弧线
24     pygame.draw.arc(screen, (0, 255, 0), \
25             (posi[0] - 240, posi[1] - 200, 500, 300), \
26                 start_radi , end_radi, 30) # (x - 240, y - 200)
27     pygame.draw.arc(screen, (255, 0, 0), \
28             (posi[0] - 190, posi[1] - 140, 380, 180), \
29                 start_radi , end_radi, 30) # (x - 190, y - 140)
```

```
30      pygame.draw.arc(screen, (0, 0, 255), \
31          (posi[0] - 130, posi[1] - 80, 260, 60), \
32          start_radi , end_radi, 30)
33      pygame.draw.circle(screen, (255, 255, 0), \
34          posi, 20, 0)
35      for event in pygame.event.get():    # 事件索取
36          if event.type == QUIT:    # 判断为程序退出事件
37              sys.exit()
38
39      pygame.display.flip()    # 3. 刷新显示
40      clock.tick(FPS)
```

6.3 综合案例——会动的乌龟

结合本章所学内容，在 pygame 窗口中绘制一只会动的乌龟，运行效果如图 6.7 所示。

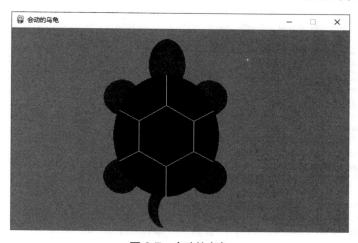

图 6.7　会动的乌龟

通过 pygame 模块实现会动的乌龟图的步骤如下：

① 在 PyCharm 中创建一个 .py 的文件，首先导入需要用到的 pygame 模块、常量子模块，以及 Python 内置模块 os。代码如下：

```
01 import os
02
03 import pygame
04 from pygame.locals import *
```

② 初始化 pygame 设备，并对窗口参数及需要用到的变量进行初始化，代码如下：

```
01 # 初始化
02 pygame.init()
03 # 游戏窗口居中
04 os.environ['SDL_VIDEO_CENTERED'] = '1'
05 # 创建游戏窗口
06 screen = pygame.display.set_mode((640, 396))
07 pygame.display.set_caption(" 会动的乌龟 ")
08 # 背景颜色
```

```
09 bg_rgb = (0, 164, 150)
10 # 乌龟主体色
11 tor_rgb = (0, 100, 0)
12 # 乌龟的坐标位置
13 x, y = 260, 20
14
15 # 壳背多边形顶点列表
16 point_list = [(x+34, y+130), (x+86, y+160), (x+86, y+220), \
17               (x+34, y+250), (x-18, y+220), (x-18, y+160)]
```

说明 由于乌龟后期要实现移动的效果,因此必须在绘制乌龟各个元素时有一个参考坐标点,并在此坐标点上进行相应的增加和减少,上面代码中的第 13 行就是设置乌龟的原始参考坐标点。

③ 创建一个 pygame 主逻辑循环,其中调用 pygame.draw 模块中的相应函数绘制乌龟图中的各个元素,代码如下:

```
01 # 程序运行主逻辑循环
02 while True:
03     screen.fill(bg_rgb)    # 1. 清屏
04     # 2. 绘制
05     # 画脑袋
06     pygame.draw.ellipse(screen, tor_rgb, (x, y, 70, 100), 0)
07     # 画眼睛
08     pygame.draw.ellipse(screen, (0, 0, 0), (x+10, y+30, 10, 10), 0)
09     pygame.draw.ellipse(screen, (0, 0, 0), (x+50, y+30, 10, 10), 0)
10     # 画尾巴
11     pygame.draw.ellipse(screen, tor_rgb, (x, y+290, 60, 80), 0)
12     pygame.draw.ellipse(screen, bg_rgb, (x+20, y+300, 60, 80), 0)
13     # 画四条腿
14     pygame.draw.circle(screen, tor_rgb, (x-50, y+115), 35, 0)    # 左上
15     pygame.draw.circle(screen, tor_rgb, (x+115, y+115), 35, 0)   # 右上
16     pygame.draw.circle(screen, tor_rgb, (x-50, y+270), 35, 0)    # 左下
17     pygame.draw.circle(screen, tor_rgb, (x+115, y+270), 35, 0)   # 右下
18     # 画壳子
19     pygame.draw.ellipse(screen, (0, 50, 0), (x-66, y+70, 200, 240), 0)
20     # 画壳背多边形
21     pygame.draw.polygon(screen, (255, 255, 0), point_list, 1)
22     # 画线段
23     pygame.draw.line(screen, (255, 255, 0), point_list[0], (point_list[0][0], point_list[0][1]-60), 1)
24     pygame.draw.line(screen, (255, 255, 0), point_list[1], (point_list[1][0]+37, point_list[1][1]-20), 1)
25     pygame.draw.line(screen, (255, 255, 0), point_list[2], (point_list[2][0]+37, point_list[2][1]+20), 1)
26     pygame.draw.line(screen, (255, 255, 0), point_list[3], (point_list[3][0], point_list[3][1]+60), 1)
27     pygame.draw.line(screen, (255, 255, 0), point_list[4], (point_list[4][0]-37, point_list[4][1]+20), 1)
28     pygame.draw.line(screen, (255, 255, 0), point_list[5], (point_list[5][0]-37, point_list[5][1]-20), 1)
29
30     for event in pygame.event.get():    # 事件索取
31         if event.type == QUIT:          # 判断为程序退出事件
32             exit()
33
34     pygame.display.update()    # 3. 刷新显示
```

④ 在程序主循环中侦听键盘的方向键事件，并根据侦听到的事件改变乌龟的坐标，从而实现乌龟移动的效果，代码如下：

```
01 # 轮询键盘事件
02 keys = pygame.key.get_pressed()
03 if keys[K_LEFT]:
04     x -= 1
05 if keys[K_UP]:
06     y -= 1
07 if keys[K_RIGHT]:
08     x += 1
09 if keys[K_DOWN]:
10     y += 1
11 # 重置壳背多边形顶点列表
12 point_list = [(x + 34, y + 130), (x + 86, y + 160), (x + 86, y + 220), \(x + 34, y + 250), (x - 18, y + 220), (x - 18, y + 160)]
```

6.4 实战练习

在 pygame 窗口中绘制一个层叠的正方形图案，效果如图 6.8 所示。

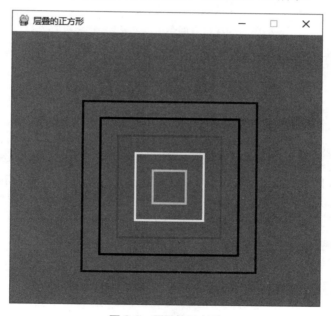

图 6.8　层叠的正方形

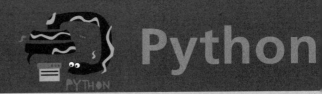

第 7 章 位图图形

扫码免费获取
本书资源

本章主要对游戏开发中最常用到的位图及其相关知识进行讲解。在 pygame 游戏开发中，位图使用 Surface 对象来表示，我们在 pygame 游戏开发中绘制的任何内容都是基于 Surface 对象进行，而每一个 Surface 对象都有一个与之对应的 Rect 对象，用来确定其位置和大小。

7.1 位图基础

位图是什么？对于刚接触 pygame 的学习者来说，肯定会觉得很迷惑，但通过我们前面的学习，大家应该都注意到每个 pygame 程序中都有如下的一行代码。

```
screen = pygame.display.set_mode((width, height))
```

使用上面的代码时，如果不指定尺寸，程序会创建一个与屏幕大小相同且背景为纯黑色的 pygame 窗体，我们看到代码中使用了一个变量 screen 来接收值，这里的 screen 被称为屏幕窗口，它本质上其实是 pygame 中的一个类实例——pygame.Surface()，即 pygame.Surface 类的对象，而 pygame 中的位图其实就是 Surface 对象。

7.2 Surface 对象

pygame.Surface 类对象表示一个矩形的 2D 图形对象，它可以是一个容器、一个载体，也可以是一个空白的矩形区域，或者是加载的任意一张图片，甚至可以把它理解成一个会刷新的画纸。对于 pygame 游戏开发而言，开发者可以在任意一个 Surface 上对它进行涂画、变形、复制等操作，然后将此 Surface 绘制到用于显示窗口的 Surface 上。

> **说明** 在一个 Surface 对象上绘制显示内容，要比将一个 Surface 对象绘制到计算机屏幕上效率高很多，这是因为修改计算机内存比修改显示器上的像素要快很多。

7.2.1 创建 Surface 对象

Surface 对象的创建方式主要有以下两种。

① 使用 pygame.Surface 类的构造方法来创建，语法格式如下：

```
pygame.Surface((width, height), flags=0, depth=0, masks=None) -> Surface
pygame.Surface((width, height), flags=0, Surface) -> Surface
```

参数说明如下：
- ☑ width：必需参数，宽度。
- ☑ height：必需参数，高度。
- ☑ flags：可选参数，显示格式。flags 参数有以下两种格式可选。
  - ➢ HWSURFACE：将创建的 Surface 对象存放于显存中。
  - ➢ SRCALPHA：使每个像素包含一个 alpha 通道。
- ☑ depth：可选参数，像素格式。
- ☑ masks：可选参数，像素遮罩。

由于 Surface 对象具有默认的分辨率和像素格式，因此，在创建一个新的 Surface 对象时，通常只需要指定尺寸即可。例如，以下代码将创建一个 400×400 像素的 Surface。

```
bland_surface = pygame.Surface((400, 400))
```

如果在创建 Surface 对象时只指定了尺寸大小，pygame 会自动将创建的 Surface 对象设定为与当前显示器最佳匹配的效果；而如果在创建 Surface 对象时将 flags 显示格式参数设置成了 SRCALPHA，则 depth 参数建议设置为 32。示例代码如下：

```
bland_alpha_surface = pygame.Surface((256, 256), flags=SRCALPHA, depth=32)
```

② 从文件中加载图片创建图片 Surface 对象。加载图片需要使用 pygame 内置子模块 pygame.image 中的一个名为 load() 的方法，其语法格式如下：

```
pygame.image.load(filename) -> Surface
```

filename 参数用来指定要加载的图片文件名，其支持的图片类型有 JPG、PNG、GIF、BMP、PCX、TGA、TIF、LBM、PBM、XPM 等。

示例代码如下：

```
Panda_sur = pygame.image.load(panda_image_filename)
```

③ 通过 pygame.font.Font() 对象渲染一段文本所构建的文本 Surface 对象，其具体使用方法可参考第 4 章 4.2 节。

7.2.2 拷贝 Surface 对象

使用 copy() 函数可以对 Surface 对象进行拷贝，该函数没有参数，返回值是一个与要拷贝 Surface 对象具有相同尺寸、颜色等信息的新的 Surface 对象，但它们是两个不同的对象。

示例代码如下：

```
01 import pygame
```

```
02
03 pygame.init()
04
05 sur_obj = pygame.Surface((200, 300))
06 new_obj = sur_obj.copy()
07 if sur_obj.get_colorkey() == new_obj.get_colorkey():
08     print(" 颜色值透明度相同 ")
09 if sur_obj.get_alpha() == new_obj.get_alpha():
10     print(" 图像透明度相同 ")
11 if sur_obj.get_size() == new_obj.get_size():
12     print(" 尺寸相同 ")
13 if sur_obj == new_obj: print(" 值相同 ")
14 else: print(" 值不同 ")
15 if sur_obj is new_obj: print(" 地址相同 ")
16 else: print(" 地址不同 ")
```

运行结果如下：

```
颜色值透明度相同
图像透明度相同
尺寸相同
值不同
地址不同
```

7.2.3 修改 Surface 对象

为了使开发的程序具有更高的性能，通常需要对 Surface 对象进行修改，修改 Surface 对象可以分别使用 Surface 类的 convert() 和 convert_alpha() 函数实现，下面分别进行讲解。

① convert() 函数可以修改 Surface 对象的像素格式，其语法格式如下：

```
pygame.Surface().convert(Surface) -> Surface
pygame.Surface().convert() -> Surface
```

创建一个新的 Surface 对象并返回，其像素格式可以自己设定，也可以从一个已存在的 Surface 对象上获取。

注意

如果原 Surface 对象包含 alpha 通道，则转换之后的 Surface 对象将不会保留。

② convert_alpha() 函数用来为 Surface 对象添加 alpha 通道，以使图像具有像素透明度，其语法格式如下：

```
pygame.Surface().convert_alpha(Surface) -> Surface
pygame.Surface().convert_alpha() -> Surface
```

使用 convert_alpha() 函数转换后的 Surface 对象将会专门为 alpha 通道做优化，使其可以更快速地绘制。

例如，修改用于显示图片的 Surface 对象的示例代码如下：

```
01 Bg_sur = pygame.image.load(background_image_filename).convert()
02 Logo_sur = pygame.image.load(logo_image_filename).convert_alpha()
```

7.2.4 剪裁 Surface 区域

在绘制 Surface 对象时，有时只需要绘制其中的一部分。基于这一需求，Surface 对象提供了剪裁区域的概念，它实际是定义了一个矩形，也就是说只有这个区域会被重新绘制，我们可以使用 set_clip() 函数来设定这个区域的位置，而使用 get_clip() 函数可以获取这个区域的信息。

set_clip() 函数语法格式如下：

```
set_clip(rect)
set_clip(None)
```

参数 rect 为一个 Rect 对象，用来指定要剪裁的矩形区域，如果传入 None，表示剪切区域覆盖整个 Surface 对象。

get_clip() 函数语法格式如下：

```
get_clip() -> Rect
```

返回值为一个 Rect 对象，表示该 Surface 对象的当前剪切区域，如果该 Surface 对象没有设置剪切区域，那么将返回整个图像那么大的限定矩形。

示例代码如下：

```
01 screen.set_clip(0, 400, 200, 600)
02 draw_map()
03
04 screen.set_clip(0, 0, 800, 60)
05 draw_panel()
```

7.2.5 移动 Surface 对象

在 pygame 中移动 Surface 对象时，Surface 对象在 pygame 窗口中的绘制区域并不会发生变更，它只是在保留原有绘制区域像素值的基础上剪辑加覆盖绘制。移动 Surface 对象需要使用 scroll() 函数，其语法格式如下：

```
pygame.Surface.scroll(dx = 0, dy = 0) -> None
```

参数 dx 和 dy 分别控制 Surface 对象水平和垂直位置的偏移量，值为正表示向右（向下）偏移，为负表示向左（向上）偏移；当 dx 和 dy 参数的值大于 Surface 对象的尺寸时，将会看不到移动结果，但程序并不会出错。

实例 7.1　通过方向键控制 Surface 对象的移动（实例位置：资源包 \Code\07\01）

设计一个 pygame 程序，首先通过加载图片创建一个 Surface 对象，然后监听键盘事件，当敲击方向键时，分别向上、下、左、右这 4 个方向移动 Surface 图像，并实时查看移动效果。代码如下：

```
01 import sys
02
03 # 导入 pygame 及常量库
04 import pygame
05 from pygame.locals import *
06
```

```
07 SIZE = WIDTH, HEIGHT = 640, 396
08 FPS = 60
09
10 pygame.init()  # 初始化设备
11 screen = pygame.display.set_mode(SIZE)
12 pygame.display.set_caption("移动 Surface")
13 clock = pygame.time.Clock()
14 # 加载图片
15 img_sur = pygame.image.load("sprite_02.png").convert_alpha()
16 img_rect = img_sur.get_rect() # 获取 Rect 对象
17 # 将此 Rect 对象定位于窗口中心
18 img_rect.center = screen.get_rect().center
19 new_img_rect = img_rect.copy() # 拷贝 Rect 对象
20
21 # 主体循环
22 while True:
23     # 1. 清屏
24     screen.fill((0, 163, 150))
25     # 2. 绘制图片
26     screen.blit(img_sur, img_rect)
27     # 绘制原图边框
28     pygame.draw.rect(screen, pygame.Color("black"), new_img_rect, 2)
29
30     for event in pygame.event.get():  # 事件索取
31         if event.type == QUIT: # 退出
32             pygame.quit()
33             sys.exit()
34         # 键盘事件监听
35         if event.type == KEYDOWN:
36             if event.key == K_LEFT: # 左键
37                 img_sur.scroll(-64, 0)
38                 # 原地移动矩形对象
39                 new_img_rect.move_ip(-64, 0)
40             if event.key == K_RIGHT: # 右键
41                 img_sur.scroll(64, 0)
42                 new_img_rect.move_ip(64, 0)
43             if event.key == K_UP:    # 上键
44                 img_sur.scroll(0, -64)
45                 new_img_rect.move_ip(0, -64)
46             if event.key == K_DOWN: # 下键
47                 img_sur.scroll(0, 64)
48                 new_img_rect.move_ip(0, 64)
49
50     # 3.刷新
51     pygame.display.update()
52     clock.tick(FPS)
```

运行程序，通过按键盘上的方向键控制 Surface 对象的移动，效果如图 7.1 所示。

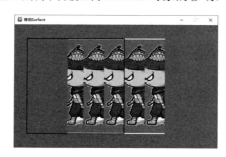

图 7.1　通过方向键控制 Surface 对象的移动

7.2.6 子表面 Subsurface

所谓子表面 Subsurface，是指根据一个父 Surface 对象创建一个子 Surface 对象，其语法格式如下：

```
pygame.Surface().subsurface(Rect) -> Surface
```

参数 Rect 表示一个矩形区域管理对象，表示子 Surface 在父 Surface 对象中的引用范围，如果超出父对象的矩形区域范围，则会引发 ValueError: subsurface rectangle outside surface area 错误。

引用范围是指子对象在父对象中的子区域，它们共享所有的像素、alpha 通道、colorkeys、调色板等，修改任何一方的像素，都会影响到彼此。这里需要注意的是，此共享特性对于存在多个子 Surface 对象、子对象的子对象甚至层级更深的子对象均适用。

实例 7.2 父子 Surface 之间的共享特性（实例位置：资源包 \Code\07\02）

设计一个 pygame 程序，其中通过加载图片创建一个 Surface 对象，然后调用该 Surface 对象的 subsurface() 函数创建两个子对象及其中一个子对象的下级子对象，最后判断这 4 个 Surface 对象的图像透明度以及颜色值透明度是否一致。代码如下：

```
01 import pygame
02
03 pygame.init()    # 初始化
04 img_sur = pygame.image.load("sprite.png")      # 顶层对象
05 # 设置顶层对象颜色值透明度
06 img_sur.set_colorkey((255, 255, 255))
07 son_01 = img_sur.subsurface((0, 0), (100, 100))     # 子对象 01
08 son_02 = img_sur.subsurface((20, 20), (80, 80))     # 子对象 02
09 grandson = son_01.subsurface((30, 30), (50, 50))    # 子对象的子对象
10
11 # grandson = son_01.subsurface((100, 100), (60, 60))  # 范围过界
12
13 if img_sur.get_alpha() == son_01.get_alpha() \
14         == grandson.get_alpha() == son_02.get_alpha():
15     print("图像透明度相同 = ", img_sur.get_alpha())
16
17 if img_sur.get_colorkey() == son_01.get_colorkey() \
18         == grandson.get_colorkey() == son_02.get_colorkey():
19     print("颜色值透明度相同 = ", img_sur.get_colorkey())
```

运行结果如下：

```
图像透明度相同 =  255
颜色值透明度相同 =  (255, 255, 255, 255)
```

尝试注释第 9 行代码，并取消第 11 行代码的注释，再次运行程序，会出现如图 7.2 所示的错误，这是因为第 11 行代码子表面的获取超出了父对象的矩形区域。

```
Traceback (most recent call last):
  File "D:\PythonProject\demo.py", line 11, in <module>
    grandson = son_01.subsurface((100, 100), (60, 60))# 范围过界
ValueError: subsurface rectangle outside surface area
```

图 7.2 子对象超出父对象范围时的错误

7.2.7 获取 Surface 父对象

pygame.surface 中提供一个 get_parent() 和 get_abs_parent() 函数,用来获取指定 Surface 对象的父 Surface 对象,下面分别介绍。

☑ get_parent() 函数:获取子 Surface 对象的父对象。其语法格式如下:

```
pygame.Surface.get_parent() -> Surface
```

返回值:返回子 Surface 对象的父对象,如果不存在父对象,则返回 None。

☑ get_abs_parent() 函数:获取子 Surface 对象的顶层父对象。其语法格式如下:

```
pygame.Surface.get_abs_parent() -> Surface
```

返回值:返回子 Surface 对象的父对象,如果不存在父对象,则返回该 Surface 对象本身。

事实上,对于原生创建的每一个 Surface 对象(显示 Surface、图片 Surface、文本 Surface 等)来说,由于它们都是新建(顶层)的 Surface 对象,都各自拥有自己独立的调色板、colorkeys 和 alpha 通道等属性,因此这类 Surface 对象的父对象都为 None。示例代码如下:

```
01  import pygame
02  
03  pygame.init()    # pygame 初始化
04  screen = pygame.display.set_mode((640, 396))
05  print("显示 Surface 父对象 = ", screen.get_parent())
06  img_sur = pygame.image.load("logo.jpg")
07  font = pygame.font.SysFont("Airal", 20)
08  font_sur = font.render("www.mingrisoft.com", True, (255, 0, 0), (0, 255, 0))
09  print(f"图片 Surface 父对象 = ", img_sur.get_parent())
10  print(f"文本 Surface 父对象 = ", font_sur.get_parent())
```

运行结果如下:

```
显示 Surface 父对象 =  None
图片 Surface 父对象 =  None
文本 Surface 父对象 =  None
```

那 get_parent() 函数在哪种情况下不返回 None 呢?这需要看此 Surface 对象是否为某一个 Surface 对象的子对象或者是级别更低的 Surface 对象,只有满足这两个条件之一的 Surface 对象才会有父对象,即不返回 None。

实例 7.3 通过人类继承关系模拟 Surface 父子对象关系(实例位置:资源包\Code\07\03)

设计一个 pygame 程序,首先通过加载图片创建一个 Surface 对象,然后调用该 Surface 对象的 subsurface() 函数创建两个子对象,接下来分别调用 get_parent() 函数和 get_abs_parent() 函数获取这 3 个 Surface 对象的父对象和顶级父对象,并通过模拟人类继承关系输出它们之间的关系。代码如下:

```
01  import pygame
02  
03  pygame.init()    # pygame 初始化
04  # 原生的
05  img_sur = pygame.image.load("logo.jpg")
06  print(format("img_sur =", ">25"), img_sur)
```

```
07  # 儿子
08  son_sur = img_sur.subsurface((0, 0, 100, 100))
09  print(format("son_sur =", ">25"), son_sur)
10  # 孙子
11  grandson_sur = son_sur.subsurface((0, 0, 50, 50))
12  print(format("grandson_sur =", ">25"), grandson_sur)
13
14  # 原生的父亲
15  img_father = img_sur.get_parent()
16  print(format("img_sur father =", ">25"), img_father)
17  # 儿子的父亲
18  son_father = son_sur.get_parent()
19  print(format("son_sur    father =", ">25"), son_father)
20  # 孙子的父亲
21  grandson_father = grandson_sur.get_parent()
22  print(format("grandson_sur    father =", ">25"), grandson_father)
23  # 孙子的顶级父对象
24  grandson_top_level = grandson_sur.get_abs_parent()
25  print(format("grandson_top_level =", ">25"), grandson_top_level)
26  # 原生的顶级父对象
27  img_sur_top_level = img_sur.get_abs_parent()
28  print(format("img_sur_top_level =", ">25"), img_sur_top_level)
29
30  if son_father == img_sur:
31      print(" 儿子的父亲  等于  原生的 ")
32  if grandson_father == son_sur:
33      print(" 孙子的父亲  等于  儿子 ")
34  if grandson_top_level == img_sur:
35      print(" 孙子的顶级  等于  原生的 ")
36  if img_sur_top_level == img_sur:
37      print(" 原生的顶级  等于  本身 ")
```

运行结果如下：

```
                  img_sur = <Surface(400x225x24 SW)>
                  son_sur = <Surface(100x100x24 SW)>
             grandson_sur = <Surface(50x50x24 SW)>
          img_sur father = None
         son_sur    father = <Surface(400x225x24 SW)>
    grandson_sur    father = <Surface(100x100x24 SW)>
       grandson_top_level = <Surface(400x225x24 SW)>
        img_sur_top_level = <Surface(400x225x24 SW)>
 儿子的父亲  等于  原生的
 孙子的父亲  等于  儿子
 孙子的顶级  等于  原生的
 原生的顶级  等于  本身
```

7.2.8　像素访问与设置

访问一个 Surface() 对象的像素点颜色值可以使用前面讲解过的 pygame.PixelArray() 对象，因为它具备批量处理功能和丰富的 API，但使用它时需要手动解锁 Surface 对象；除了使用 pygame.PixelArray() 对象，Surface() 对象自身也提供了访问和设置像素点颜色值的函数，其中，set_at() 函数用于设置指定像素点的颜色值，其语法格式如下：

```
pygame.Surface.set_at((x, y), Color) -> None
```

参数说明如下：

☑ x：横坐标。

☑ y：纵坐标。
☑ Color：颜色值。

这里需要说明的是，使用 set_at() 函数时，如果 Surface 对象的每个像素点都没有包含 alpha 通道，那么 alpha 的值将会被忽略，即默认永远是 255（不透明）；另外，指定像素的坐标所参考的坐标系原点为 Surface 对象绘制区域的左上顶点坐标，而不是 pygame 窗口坐标系原点，如果指定像素的位置超出了 Surface 对象的绘制区域或者剪切区域，那么 set_at() 函数将不会生效。

get_at() 函数用来返回指定像素点的 RGBA 颜色值，其语法格式如下：

```
pygame.Surface.get_at((x,y)) ->Color
```

get_at() 函数的返回值是一个 pygame.Color() 对象，表示指定像素点的 RGBA 值，可直接当作四元元组使用。

> **技 巧**
>
> 在游戏或实际开发中，如果同时使用 get_at() 或者 set_at() 函数次数比较多，会明显拖慢游戏速度，这时可以将自己的需求转化为批量操作多个像素的方法，例如 Surface().blit()、pygame.draw()、pygame.PixelArray() 对象等。

7.2.9 尺寸大小与矩形区域管理

所谓尺寸大小，就是 Surface 对象的宽和高，Surface 对象主要有文本 Surface、图片 Surface 和显示 Surface 三种，下面分别介绍。

① 对于文本 Surface 来说，尺寸其实就是文本的宽度和高度，可以分别使用 get_width() 函数和 get_height() 函数获取到，另外，也可以直接使用 get_size() 函数同时获取文本 Surface 的宽和高。示例代码如下：

```python
01 import pygame
02 pygame.init()
03 # 字体对象
04 font = pygame.font.SysFont("Airal", 20)
05 # 文本 Surface
06 text_sur = font.render("mingrisoft", True, \
07                pygame.Color("green"), pygame.Color("red"))
08 print("字体行高：", font.get_linesize())
09 print("文本的宽：", text_sur.get_width())
10 print("文本的高：", text_sur.get_height())
11 print("文本尺寸：", text_sur.get_size())
```

运行结果如下：

```
字体行高：15
文本的宽：64
文本的高：15
文本尺寸：(64, 15)
```

② 对于图片 Surface 来说，尺寸其实就是图片的宽度和高度，可以分别使用 get_width() 函数和 get_height() 函数获取到，另外，也可以直接使用 get_size() 函数同时获取图片 Surface 的宽和高。示例代码如下：

```
01 import pygame
02 pygame.init()
03
04 # 图片 Surface
05 img_sur = pygame.image.load("sprite.png")
06
07 print("图片的宽:", img_sur.get_width())
08 print("图片的高:", img_sur.get_height())
09 print("图片尺寸:", img_sur.get_size())
```

运行结果如下:

```
图片的宽: 160
图片的高: 160
图片尺寸: (160, 160)
```

③ 对于显示 Surface 来说,可以使用 get_rect () 函数来获取其尺寸,该函数返回的是一个 Rect 矩形区域管理对象,其语法格式如下:

```
pygame.Surface.get_rect(**kwargs) -> Rect
```

在 pygame 开发中,有 Surface 对象的地方,就肯定会有 pygame.Rect 对象,每一个 Surface 对象都默认匹配有一个 pygame.Rect 对象,这个 pygame.Rect 对象的默认左顶点坐标为 pygame 窗口坐标系原点坐标、宽度和高度默认与 Surface 图像的大小相同。

在显示 Surface 图像的尺寸时,可以向 get_rect () 函数中传递一些关键字参数,而这些关键字参数的值都将会在返回之前应用在要返回的 Rect 对象的属性上。示例代码如下:

```
01 import pygame
02
03 pygame.init()  # 初始化
04 # 加载图片
05 img_sur = pygame.image.load("sprite.png")
06 img_rect = img_sur.get_rect()
07 # 定位其矩形中心点坐标,默认是(width // 2, height // 2)
08 img_rect_02 = img_sur.get_rect(center = (100, 100))
09 # 定位其矩形左上顶点坐标。默认是(0, 0)
10 img_rect_03 = img_sur.get_rect(topleft = (100, 100))
11 print(format("img_rect:", ">12"), img_rect)
12 print(format("img_rect_02:", ">12"), img_rect_02)
13 print(format("img_rect_03:", ">12"), img_rect_03)
```

运行结果如下:

```
img_rect: <rect(0, 0, 160, 160)>
img_rect_02: <rect(20, 20, 160, 160)>
img_rect_03: <rect(100, 100, 160, 160)>
```

7.3 Rect 矩形对象

前面提到每一个 Surface 对象都默认匹配有一个 pygame.Rect 对象,通过使用 Rect 对象,可以在 pygame 窗口当中很方便地控制一个矩形区域，例如：将一个区域等比例扩大或缩小、获取一个区域内指定的一部分区域等。本节将对 Rect 对象的使用进行详细讲解。

7.3.1 创建 Rect 对象

pygame.Rect 对象又称矩形区域管理对象，用于对一个矩形区域进行存储及各种操作。通俗地说，就是用具体的一组数字来表示一个矩形区域范围的大小，其中，这组数字由 4 个数字组成，分别用来确定矩形的左上顶点坐标 x（left 左边框）、y（top 上边框）、宽（width）和高（height）。创建 Rect 对象的语法格式如下：

```
pygame.Rect(left, top, width, height) -> Rect
pygame.Rect((left, top), (width, height)) -> Rect
pygame.Rect(object) -> Rect
```

例如，下面的代码创建了 4 个 Rect 对象：

```
01  tu = (200, 300, 56, 89)
02  li = [200, 56, 89, 24]
03  rect_01 = pygame.Rect(200, 30, 100, 200)
04  rect_02 = pygame.Rect((10, 0), (200, 200))
05  rect_03 = pygame.Rect(tu)      # 传入元组
06  rect_04 = pygame.Rect(li)      # 传入列表
```

在 7.2.9 节中提到可以给 get_rect() 函数传递一些关键字参数，从而达到精确定位，那么，应该如何命名这些关键字参数呢？Rect 对象提供了很多的虚拟属性，在为 get_rect() 函数传递命名参数时，就可以使用这些虚拟属性，从而让程序能够识别。Rect 对象的常用虚拟属性如表 7.1 所示。

表 7.1　Rect 对象虚拟属性

虚拟属性	说明
Rect().x	左上顶点坐标 x 值
Rect().y	左上顶点坐标 y 值
Rect().left	左边 x 坐标的整数值，等于 Rect().x
Rect().right	右边 x 坐标的整数值
Rect().top	顶部 y 坐标的整数值，等于 Rect().y
Rect().bottom	底部 y 坐标的整数值
Rect().centerx	中央 x 坐标整数值
Rect().centery	中央 y 坐标整数值
Rect().center	即元组 (centerx,centery)
Rect().width	宽度
Rect().height	高度
Rect().w	Rect().width 属性的缩写
Rect().h	Rect().height 属性的缩写
Rect().size	即元组（width,height）

续表

虚拟属性	说明
Rect().topleft	(left,top)
Rect().topright	(right,top)
Rect().bottomleft	(left,bottom)
Rect().bottomright	(right,bottom)
Rect().midleft	(left,centery)
Rect().midright	(right,centery)
Rect().midtop	(centerx,top)
Rect().midbottom	(centerx,bottom)

> **注意**
>
> ① 对宽度或高度的重新赋值会改变矩形的尺寸，所有其他赋值语句只移动矩形而不调整其大小。
>
> ② Rect 对象的坐标都是整数，size 的值可以是负数，但在大多数情况下被认为是非法的。

示例代码如下：

```
01 import pygame
02
03 def setting(**kwargs):
04     img_rec = img_sur.get_rect(**kwargs)
05     print(img_rec)
06     return img_rec
07 # 正确用法
08 pygame.init()
09 img_sur = pygame.Surface((200, 300))
10 setting(center = (100, 100))
11 setting(center = (100, 100),  w = 300)
12 s_01 = setting(left = 200, top = 200)
13 print(" 中心坐标 01 : ", s_01.center)
14 s_01.topleft = (300, 300)
15 print(" 中心坐标 02 : ", s_01.center)
16 s_02 = setting(midleft = (50, 100), w = 100, height = 200)
17 s_03 = setting(size = [100, 100], topleft = [100, 100])
18 s_04 = setting(size = [100, 100], topleft = [100, 100], centerx = 600)
19 s_05 = setting(size = [100, 100], centerx = 600, topleft = [100, 100])
20 s_06 = setting(w = 200.4, h = 100.9, centerx = 200.4)
21 # 错误用法 011: midleft 属性值为一个整数对（二元序列）
22 # s_02 = setting(midleft = 100, w = 100, height = 200)
```

运行结果如下：

```
<rect(0, -50, 200, 300)>
<rect(0, -50, 300, 300)>
<rect(200, 200, 200, 300)>
中心坐标 01 :  (300, 350)
中心坐标 02 :  (400, 450)
<rect(50, -50, 100, 200)>
```

```
<rect(100, 100, 100, 100)>
<rect(550, 100, 100, 100)>
<rect(100, 100, 100, 100)>
<rect(100, 0, 200, 100)>
```

7.3.2 拷贝 Rect 对象

拷贝 Rect 对象需要使用 Rect 对象的 copy() 函数,该函数没有参数,返回值是一个与要拷贝 Rect 对象具有相同尺寸的新的 Rect 对象。示例代码如下:

```
01  import pygame
02  obj = pygame.Rect(100, 100, 200, 200)
03  new_obj = obj.copy()
04  if obj == new_obj:
05      print("完全相同")
```

运行结果如下:

```
完全相同
```

7.3.3 移动 Rect 对象

移动 Rect 对象需要使用 move() 函数,其语法格式如下:

```
pygame.Rect().move(x, y)  ->Rect
```

参数 x 与 y 分别表示 X 轴正方向与 Y 轴正方向的移动偏移量,可以是任何数值,当是负数时,则向坐标轴负方向移动,当是浮点数时,则自动向下取整。

在 pygame 中,默认对 Rect 对象的位置或大小改变的各种操作都将返回一个被修改后的新的副本,原始的 Rect 对象并未发生任何变动,但如果想要改变原始的 Rect 对象,可以使用 xxx_ip() 函数,例如,移动 Rect 对象时,如果想要改变原始的 Rect 对象,则使用 move_ip() 函数,语法格式如下:

```
pygame. Rect().move_ip(x,y)   ->None
```

示例代码如下:

```
01  import pygame
02  obj = pygame.Rect(100, 200, 200, 100)
03  print("        原生移动前:", obj)
04  # ******** 原生 Rect 不变
05  new_obj = obj.move(100, 0)
06  print("    向右移动 100 px:", new_obj)
07  new_obj = obj.move(100.6, 0)
08  print("    向右移动 100.6 px:", new_obj)
09  new_obj = obj.move(-100, 0)
10  print("    向左移动 100 px:", new_obj)
11  print("    原生 Rect 对象为:", obj)
12  #     ****** 原生 Rect 改变
13  obj.move_ip(100, 100)
14  print("    使用 move_ip() 方法:", obj)
```

运行结果如下:

```
原生移动前：        <rect(100, 200, 200, 100)>
向右移动 100 px：   <rect(200, 200, 200, 100)>
向右移动 100.6 px： <rect(200, 200, 200, 100)>
向左移动 100 px：   <rect(0, 200, 200, 100)>
原生 Rect 对象为：  <rect(100, 200, 200, 100)>
使用move_ip()方法： <rect(200, 300, 200, 100)>
```

7.3.4 缩放 Rect 对象

Rect 对象的放大与缩小操作，可以直接使用 pygame.Rect 对象的 inflate() 函数，该函数将返回一个新的 Rect 对象，其缩放是以当前 Rect 表示的矩形的中心为中心按指定的偏移量改变大小的。inflate() 函数语法格式如下：

```
pygame.Rect().inflate(x, y) ->Rect
```

参数 x 与 y 的值为正时，表示放大矩形，为负时，则表示缩小矩形。若 x、y 为浮点数，则自动向下取整，另外，如果给定的偏移量太小（<2），则中心位置不会发生变动。

示例代码如下：

```
01  import pygame
02  obj = pygame.Rect(100, 100, 400, 200)
03  print(obj)
04  print(obj.inflate(0.6, -0.5))   # 原本不变
05  print(obj.inflate(1.3, -1.8))
06  print(obj.inflate(2, -2))
07  new_obj = obj.inflate(10, 10)
08  print(new_obj)
09  obj.inflate_ip(100, 100)         # 原本改变
10  print(obj)
```

运行结果如下：

```
<rect(100, 100, 400, 200)>
<rect(100, 100, 400, 200)>
<rect(100, 100, 401, 199)>
<rect(99, 101, 402, 198)>
<rect(95, 95, 410, 210)>
<rect(50, 50, 500, 300)>
```

说明　上面程序中的第 9 行代码使用了 inflate_ip() 函数，它的使用与 move_ip() 函数类似，它会对原始 Rect 对象进行放大或者缩小。

7.3.5 Rect 对象交集运算

Rect 对象的交集运算实际上是将自身与另一个 Rect 对象的重叠部分合并为一个新的 Rect 对象并返回，使用 clip() 函数实现，其语法格式如下：

```
pygame.Rect().clip(rect) ->Rect
```

参数 rect 表示要进行交集运算的 Rect 对象，该函数返回的 Rect 对象的左上顶点坐标与

自身相同，另外，如果两个 Rect 对象没有重叠部分，则返回一个大小为 0 的 Rect 对象。

示例代码如下：

```
01 import pygame
02 obj = pygame.Rect(100, 100, 400, 200)
03 print(obj)
04 print(obj.clip((0, 0, 100, 100)))      # 无重叠
05 print(obj.clip((10, 10, 200, 200)))    # 部分重叠
06 print(obj.clip((0, 0, 1000, 1000)))    # 完全覆盖
```

运行结果如下：

```
<rect(100, 100, 400, 200)>
<rect(100, 100, 0, 0)>
<rect(100, 100, 110, 110)>
<rect(100, 100, 400, 200)>
```

7.3.6　判断一个点是否在矩形内

判断一个像素点是否在某一个矩形范围内，需要使用 Rect 对象的 collidepoint() 函数实现，其语法格式如下：

```
pygame.Rect().collidepoint(x, y) ->bool
pygame.Rect().collidepoint((x, y)) ->bool
```

参数 x 和 y 分别表示要判断的点的 X、Y 坐标，如果给定的点在矩形内，返回 1（True），否则返回 0（False），这里需要注意的是：处在矩形右边框（right）或下边框（bottom）上的点不被视为在矩形内。

示例代码如下：

```
01 import pygame
02 obj = pygame.Rect(100, 100, 400, 200)
03 print("左边框：", obj.collidepoint(obj.midleft))
04 print("上边框：", obj.collidepoint(obj.midtop))
05 print("右边框：", obj.collidepoint(obj.midright))
06 print("下边框：", obj.collidepoint(obj.midbottom))
07 print(obj.collidepoint(obj.center))         # 内部
08 print(obj.collidepoint((1000, 1000)))       # 外部
```

运行结果如下：

```
左边框： 1
上边框： 1
右边框： 0
下边框： 0
1
0
```

7.3.7　两个矩形间的重叠检测

检测两个矩形是否重叠，需要使用 Rect 对象的 colliderect() 函数，其语法格式如下：

```
pygame.Rect().colliderect(rect) ->bool
```

参数 rect 表示要检测的 Rect 对象，如果两个 Rect 对象所表示的矩形区域有重叠部分，返回 1（True），否则返回 0（False）。

实例 7.4 矩形间的重叠检测（实例位置：资源包 \Code\07\04）

设计一个 pygame 程序，其中创建 5 个 Rect 对象，并调用 colliderect() 函数检测大矩形与另外 4 个矩形是否重叠，输出相应的检测结果；然后移动 4 个矩形，再次检测大矩形与移动后的 4 个矩形是否重叠；最后在 pygame 窗口中使用不同颜色的线绘制创建的 5 个 Rect 对象所表示的 5 个矩形，通过图形观察它们的重叠情况。代码如下：

```
01 import pygame
02
03 pygame.init()
04 screen = pygame.display.set_mode((640, 396))
05
06 obj = pygame.Rect(100, 100, 200, 200)
07
08 obj_01 = pygame.Rect(0, 100, 101, 100)    # 左
09 obj_02 = pygame.Rect(100, 0, 100, 101)    # 上
10 obj_03 = pygame.Rect(299, 100, 100, 100)  # 右
11 obj_04 = pygame.Rect(100, 299, 100, 100)  # 下
12 print(obj.colliderect(obj_01)) # 左         # 1
13 print(obj.colliderect(obj_02)) # 上         # 1
14 print(obj.colliderect(obj_03)) # 右         # 1
15 print(obj.colliderect(obj_04)) # 下         # 1
16
17 if obj.left == obj_01.right: print("左 == 右")
18 else: print("左 != 右")
19 if obj.top == obj_02.bottom: print("上 == 下")
20 else: print("上 != 下")
21 if obj.right == obj_03.left: print("右 == 左")
22 else: print("右 != 左")
23 if obj.bottom == obj_04.top: print("下 == 上")
24 else: print("下 != 上")
25
26 print("obj.left =", obj.left, "obj_01.right =", obj_01.right)
27 print("obj.top =", obj.top, "obj_02.bottom =", obj_02.bottom)
28 print("obj.right =", obj.right, "obj_01.left =", obj_03.left)
29 print("obj.bottom =", obj.bottom, "obj_01.top =", obj_04.top)
30
31 print(obj.colliderect(obj_01.move(-1, 0)))   # 0
32 print(obj.colliderect(obj_02.move(0, -1)))   # 0
33 print(obj.colliderect(obj_03.move(1, 0)))    # 0
34 print(obj.colliderect(obj_04.move(0, 1)))    # 0
35
36 while True:
37     screen.fill((0, 163, 150))
38
39     pygame.draw.rect(screen, pygame.Color("red"), obj, 1)
40     pygame.draw.rect(screen, pygame.Color("green"), obj_01, 1)
41     pygame.draw.rect(screen, pygame.Color("blue"), obj_02, 1)
42     pygame.draw.rect(screen, pygame.Color("red"), obj_03, 1)
43     pygame.draw.rect(screen, pygame.Color("white"), obj_04, 1)
44
45     for event in pygame.event.get(pygame.QUIT):  # 事件索取
46         if event:
47             pygame.quit()
48             exit()
```

```
49    pygame.display.update()
```

程序运行效果图如图 7.3 所示。

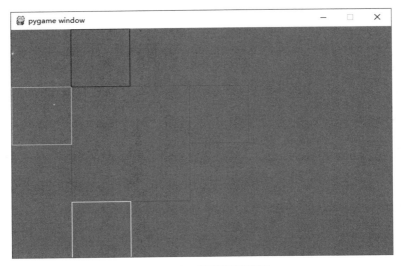

图 7.3 矩形间的重叠检测

实例 7.4 的控制台输出如下：

```
1
1
1
1
左 != 右
上 != 下
右 != 左
下 != 上
obj.left = 100 obj_01.right = 101
obj.top = 100 obj_02.bottom = 101
obj.right = 300 obj_01.left = 299
obj.bottom = 300 obj_01.top = 299
0
0
0
0
```

仔细观察上面的控制台输出结果，发现虽然位于中心的大矩形正好与其四周的 4 个小矩形的边界重叠，但中心大矩形的 left、top、right、bottom 值却与四周的 4 个小矩形的 right、bottom、left、top 值不相等！这是为什么呢？要想明白这个问题，首先需要了解矩形的 4 个虚拟属性：left、top、right、bottom 的具体来源。例如，下面分别用来输出一个 Rect 对象的宽、高、left 值、top 值、right 值、bottom 值。

```
01 import pygame
02 obj = pygame.Rect(1, 1, 10, 4)
03 print("width =", obj.width)
04 print('height =', obj.height)
05 print("left =", obj.left)
06 print("top =", obj.top)
```

```
07 print("right =", obj.right)
08 print("bottom =", obj.bottom)
```

运行结果如下：

```
width = 10
height = 4
left = 1
top = 1
right = 11
bottom = 5
```

我们知道图形的绘制在 pygame 窗口中都是一个个小的像素点的组合，也就是每一个坐标都表示一个像素点，且从 0 开始。在 pygame 窗口中，将上面创建的矩形对象 Rect(1，1，10，4) 填充绘制后，在像素级别上的表示如图 7.4 所示。

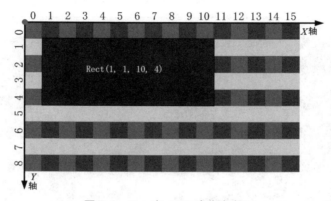

图 7.4　Rect(1,1,10,4) 像素表示

结合图 7.4 和上面的输出结果，可以看出：Rect(1，1，10，4) 对象的 left（1）、top（1）值包含在绘制的矩形内，而 right（11）、bottom（5）值却没有包含在绘制的矩形内，这也就是说，Rect 矩形对象的属性值 left、top 代表内边界，而 right、bottom 代表外边界，即：Rect 对象覆盖的范围并不包含 right 和 bottom 指定的边缘位置。

基于上述结果，我们就可以很清楚地解释实例 7.4 的控制台输出结果了，即：虽然四周的 4 个矩形分别与中心大矩形发生了触碰，但还没产生重叠，因此中心大矩形的 left、top、right、bottom 值与其四周的 4 个矩形的 right、bottom、left、top 值不相等。

> **技 巧**
>
> 除了可以用 colliderect() 函数检测 Rect 矩形对象是否重叠外，Rect 对象还提供了其他多种情况的重叠检测函数，具体如表 7.2 所示。

表 7.2　Rect 对象提供的其他重叠检测函数

函数	说明
pygame.Rect.contains()	检测一个 Rect 对象是否完全包含在该 Rect 对象内
pygame.Rect.collidelist()	与列表中的一个矩形之间的重叠检测

续表

函数	说明
pygame.Rect.collidelistall()	与列表中的所有矩形之间的重叠检测
pygame.Rect.collidedict()	检测该 Rect 对象是否与字典中的任何一个矩形有交集
pygame.Rect.collidedictall()	检测该 Rect 对象与字典中的每个矩形是否有交集

7.4 综合案例——跳跃的小球

创建一个游戏窗口,然后在窗口内创建一个小球。以一定的速度移动小球,当小球碰到游戏窗口的边缘时,小球弹回,继续移动。效果如图 7.5 所示。

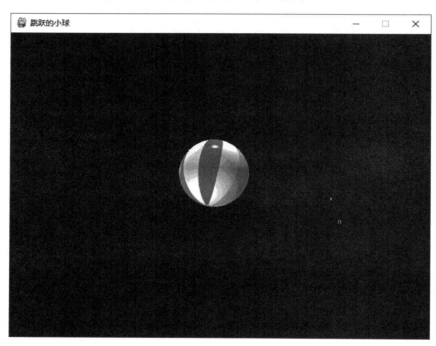

图 7.5 跳跃的小球

程序开发步骤如下:

① 创建一个游戏窗口,宽和高设置为 640 和 480。代码如下:

```
01  import sys           # 导入 sys 模块
02  import pygame        # 导入 pygame 模块
03
04  pygame.init()        # 初始化 pygame
05  pygame.display.set_caption("跳跃的小球")  # 设置标题
06  size = width, height = 640, 480            # 设置窗口
07  screen = pygame.display.set_mode(size)  # 显示窗口
```

② 运行上述代码,会出现一个一闪而过的黑色窗口,这是因为程序执行完成后会自动关闭。如果让窗口一直显示,需要使用 while True 让程序一直执行,此外,还需要设置关闭

按钮。具体代码如下：

```
01  # -*- coding:utf-8 -*-
02  import sys                # 导入 sys 模块
03  import pygame             # 导入 pygame 模块
04
05  pygame.init()             # 初始化 pygame
06  pygame.display.set_caption(" 跳跃的小球 ")    # 设置标题
07  size = width, height = 640, 480              # 设置窗口
08  screen = pygame.display.set_mode(size)       # 显示窗口
09
10  # 执行死循环，确保窗口一直显示
11  while True:
12      # 检查事件
13      for event in pygame.event.get():
14          if event.type == pygame.QUIT:        # 如果单击关闭窗口，则退出
15              sys.exit()
16
17  pygame.quit() # 退出 pygame
```

说明

上面的代码中添加了轮询事件检测。pygame.event.get() 能够获取事件队列，使用 for…in 遍历事件，然后根据 type 属性判断事件类型。这里的事件处理方式与 GUI 类似，如 event.type 等于 pygame.QUIT 表示检测到关闭 pygame 窗口事件，pygame.KEYDOWN 表示键盘按下事件，pygame.MOUSEBUTTONDOWN 表示鼠标按下事件等。

③ 在窗口中添加小球。我们先准备好一张 ball.png 图片，然后加载该图片，最后将图片显示在窗口中，具体代码如下：

```
01  # -*- coding:utf-8 -*-
02  import sys                # 导入 sys 模块
03  import pygame             # 导入 pygame 模块
04
05  pygame.init()             # 初始化 pygame
06  pygame.display.set_caption(" 跳跃的小球 ")    # 设置标题
07  size = width, height = 640, 480              # 设置窗口
08  screen = pygame.display.set_mode(size)       # 显示窗口
09  color = (0, 0, 0)                            # 设置颜色
10
11  ball = pygame.image.load("ball.png")         # 加载图片
12  ballrect = ball.get_rect()                   # 获取矩形区域
13
14  # 执行死循环，确保窗口一直显示
15  while True:
16      # 检查事件
17      for event in pygame.event.get():
18          if event.type == pygame.QUIT:        # 如果单击关闭窗口，则退出
19              sys.exit()
20
21      screen.fill(color)                       # 填充颜色
22      screen.blit(ball, ballrect)              # 将图片画到窗口上
23      pygame.display.flip()                    # 更新全部显示
24
25  pygame.quit()                                # 退出 pygame
```

运行上述代码，结果如图 7.6 所示。

图 7.6　在窗口中添加小球

④ 下面该让小球动起来了。ball.get_rect() 方法返回值 ballrect 是一个 Rect 对象，该对象有一个 move() 方法可以用于移动矩形。move(x,y) 函数有两个参数，第一个参数是 X 轴移动的距离，第二个参数是 Y 轴移动的距离。窗体左上角坐标为 (0,0)，如果 move(100,50)，则如图 7.7 所示。

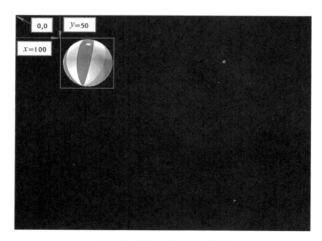

图 7.7　移动后的坐标位置

为实现小球不停地移动，将 move() 函数添加到 while 循环内，具体代码如下：

```
01  # -*- coding:utf-8 -*-
02  import sys                                    # 导入 sys 模块
03  import pygame                                 # 导入 pygame 模块
04
05  pygame.init()                                 # 初始化 pygame
06  pygame.display.set_caption("跳跃的小球")       # 设置标题
07  size = width, height = 640, 480               # 设置窗口
08  screen = pygame.display.set_mode(size)        # 显示窗口
09  color = (0, 0, 0)   # 设置颜色
10
11  ball = pygame.image.load("ball.png")          # 加载图片
12  ballrect = ball.get_rect()                    # 获取矩形区域
```

```
13
14  speed = [5,5]                                 # 设置移动的 X 轴、Y 轴距离
15  # 执行死循环,确保窗口一直显示
16  while True:
17      # 检查事件
18      for event in pygame.event.get():
19          if event.type == pygame.QUIT:         # 如果单击关闭窗口,则退出
20              sys.exit()
21
22      ballrect = ballrect.move(speed)           # 移动小球
23      screen.fill(color)                        # 填充颜色
24      screen.blit(ball, ballrect)               # 将图片画到窗口上
25      pygame.display.flip()                     # 更新全部显示
26
27  pygame.quit()                                 # 退出 pygame
```

⑤ 运行上述代码,发现小球在屏幕中一闪而过,此时,小球并没有真正消失,而是移动到窗体之外,此时需要添加碰撞检测的功能。若小球与窗体任一边缘发生碰撞,则更改小球的移动方向。具体代码如下:

```
01  # -*- coding:utf-8 -*-
02  import sys                                    # 导入 sys 模块
03  import pygame                                 # 导入 pygame 模块
04
05  pygame.init()                                 # 初始化 pygame
06  pygame.display.set_caption(" 跳跃的小球 ")     # 设置标题
07  size = width, height = 640, 480               # 设置窗口
08  screen = pygame.display.set_mode(size)        # 显示窗口
09  color = (0, 0, 0)  # 设置颜色
10
11  ball = pygame.image.load("ball.png")          # 加载图片
12  ballrect = ball.get_rect()                    # 获取矩形区域
13
14  speed = [5,5]                                 # 设置移动的 X 轴、Y 轴距离
15  # 执行死循环,确保窗口一直显示
16  while True:
17      # 检查事件
18      for event in pygame.event.get():
19          if event.type == pygame.QUIT:         # 如果单击关闭窗口,则退出
20              sys.exit()
21
22      ballrect = ballrect.move(speed)           # 移动小球
23      # 碰到左右边缘
24      if ballrect.left < 0 or ballrect.right > width:
25          speed[0] = -speed[0]
26      # 碰到上下边缘
27      if ballrect.top < 0 or ballrect.bottom > height:
28          speed[1] = -speed[1]
29
30      screen.fill(color)                        # 填充颜色
31      screen.blit(ball, ballrect)               # 将图片画到窗口上
32      pygame.display.flip()                     # 更新全部显示
33
34  pygame.quit()                                 # 退出 pygame
```

上述代码中添加了碰撞检测功能。如果碰到左右边缘,更改 X 轴数据为负数,如果碰到上下边缘,更改 Y 轴数据为负数,此时运行结果如图 7.8 所示。

⑥ 运行上述代码,发现好像有多个小球在飞快移动,这是因为运行上述代码的时间非

图 7.8　小球不停地跳跃

常短，导致肉眼观察出现错觉，因此需要添加一个"时钟"来控制程序运行的时间。这时就需要使用 pygame 的 time 模块，使用 pygame 时钟之前，必须先创建 Clock 对象的一个实例，然后在 while 循环中设置多长时间运行一次。具体代码如下：

```python
01 # -*- coding:utf-8 -*-
02 import sys                                    # 导入 sys 模块
03 import pygame                                 # 导入 pygame 模块
04
05 pygame.init()                                 # 初始化 pygame
06 pygame.display.set_caption("跳跃的小球")      # 设置标题
07 size = width, height = 640, 480               # 设置窗口
08 screen = pygame.display.set_mode(size)        # 显示窗口
09 color = (0, 0, 0)   # 设置颜色
10
11 ball = pygame.image.load("ball.png")          # 加载图片
12 ballrect = ball.get_rect()                    # 获取矩形区域
13
14 speed = [5,5]                                 # 设置移动的 X 轴、Y 轴距离
15 clock = pygame.time.Clock()                   # 设置时钟
16 # 执行死循环，确保窗口一直显示
17 while True:
18     clock.tick(60)                            # 每秒执行 60 次
19     # 检查事件
20     for event in pygame.event.get():
21         if event.type == pygame.QUIT:         # 如果单击关闭窗口，则退出
22             sys.exit()
23
24     ballrect = ballrect.move(speed)           # 移动小球
25     # 碰到左右边缘
26     if ballrect.left < 0 or ballrect.right > width:
27         speed[0] = -speed[0]
28     # 碰到上下边缘
29     if ballrect.top < 0 or ballrect.bottom > height:
30         speed[1] = -speed[1]
31
32     screen.fill(color)                        # 填充颜色
33     screen.blit(ball, ballrect)               # 将图片画到窗口上
34     pygame.display.flip()                     # 更新全部显示
35
36 pygame.quit()                                 # 退出 pygame
```

至此，就完成了跳跃的小球游戏。

7.5 实战练习

设计一个 pygame 程序，其中包含 4 个 Surface 区域，它们之间的关系为父→子 + 子→孙，然后通过鼠标单击每个 Surface 区域时，都可以改变与其关联的 Surface 区域颜色块。程序运行效果如图 7.9 所示。

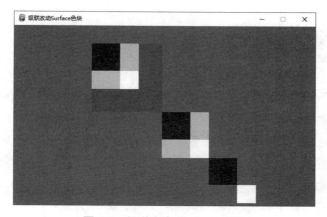

图 7.9　级联改动 Surface 色块

第 8 章
精灵的使用

扫码免费获取
本书资源

使用前面章节讲解过的知识已经可以制作出一些简单的 pygame 游戏,但在编写程序时,代码可能会显得有些臃肿并且不方便,例如遇到类似下面的问题时:

☑ 如何快速地将任意一张图片绘制到 pygame 窗口中,且定位灵活方便?
☑ 数量巨大的同一张图片在 pygame 窗口中的不同位置处如何绘制?
☑ 如何在 pygame 窗口中实现动画的效果?
☑ 如何检测并方便地处理不同 Surface 对象之间的关系?

在 pygame 程序中遇到这些问题,如果使用前面学习的技术实现,会导致程序后期变得非常难以维护。针对这类问题,pygame 中提供了精灵技术,可以很方便地解决。本章将对 pygame 中精灵的使用进行详细讲解。

8.1 精灵基础

8.1.1 精灵简介

精灵可以被认为是在 pygame 窗口显示 Surface 对象上绘制的一个个小的图片,它是一种可以在屏幕上移动的图片对象,并且可以很方便地与其他图片对象进行交互。精灵可以是使用 pygame 绘制函数绘制的一个文本图像,也可以是一个图片文件,甚至可以是多张小图片所组合成的一张大图片(精灵序列图)。

> 说明 精灵序列图最大的优点就是加载速度快,同时可以极大地方便图片绘制、文本渲染等操作。

8.1.2 精灵的创建

pygame 中的精灵被封装在一个名为 pygame.sprite 的模块中,该模块中包含了一个名为 Sprite 的类,表示 pygame 内置精灵,它高度可扩展,在实际开发中,开发者更多的是创建自己的类去继承这个内置 Sprite 类,然后根据实际需求去扩展它,从而提供一个功能完备、符合实际的游戏精灵类。

Sprite 精灵类中常用的属性和函数如表 8.1 所示。

表 8.1　Sprite 精灵类中常用的属性和函数

属性 / 函数	说明
self.image 属性	一个 pygame.Surface 对象，负责显示什么
self.rect 属性	一个 pygame.Rect 对象，负责显示的位置
self.mask 属性	一个图像遮罩（蒙版）
self.image.fill([color]) 函数	负责对 self.image 着色
self.update() 函数	负责控制精灵的行为
Sprite.add() 函数	添加精灵到 groups 中
Sprite.remove() 函数	将精灵从 groups 中删除
Sprite.kill() 函数	清空所有 group 中的精灵
Sprite.alive() 函数	精灵是否属于任何组的检测
Sprite.groups() 函数	包含此精灵的所有组列表

实例 8.1　创建简单的精灵类（实例位置：资源包 \Code\08\01）

创建一个简单精灵类的步骤如下：

① 导入精灵类所在的 pygame 子模块，代码如下：

```
01  import pygame
02  import sys
03  from pygame.locals import *
04  from pygame import sprite
```

② 自定义一个类，并使其继承自 pygame 内置精灵类，在该类中，绘制一个宽 100、高 100 的矩形，代码如下：

```
01  class MySprite(sprite.Sprite):
02
03      def __init__(self, color, init_pos):
04          # 1. 执行父类初始化方法
05          pygame.sprite.Sprite.__init__(self)
06          # 2. 创建精灵图的显示对象（Surface 对象）
07          self.image = pygame.Surface((100, 100))
08          # 填充精灵图
09          self.image.fill(color)
10          # 3. 获取精灵图显示对象的矩形区域管理对象（Rect 对象）
11          self.rect = self.image.get_rect()
12          # 对精灵图的矩形对象设置初始参数
13          self.rect.topleft = init_pos
```

注意

　　a. 在精灵类的初始化 __init__（）方法中，必须执行父类的 __init__() 方法，即第一行代码一定为执行父类的 __init__（）方法语句，也可使用 super 关键字。
　　b. 在精灵被绘制之前，必须要存在对 self.image 和 self.rect 两个实例属性进行赋值。

③ 在自定义精灵类中，创建一个用于在 pygame 窗口显示 Surface 对象上绘制本精灵图的方法，方法名定义为 draw()，参数为 pygame 窗口显示 Surface 对象。draw() 方法实现代码如下：

```
01 def draw(self, screen):
02     """ 绘制 """
03     screen.blit(self.image, self.rect)
```

④ 对 pygame 窗口进行设置，并在程序主循环中调用精灵类中定义的 draw() 方法绘制指定大小的矩形，代码如下：

```
01 # 主程序
02 pygame.init()
03 screen = pygame.display.set_mode((300, 200))
04 pygame.display.set_caption(" 创建一个精灵类 ")
05 sprite = MySprite(pygame.Color("yellow"), (100, 60))
06
07 # 程序运行主循环逻辑
08 while True:
09     screen.fill((54, 59, 63))        # 1. 清屏
10     sprite.draw(screen)              # 2. 绘制
11     for event in pygame.event.get(QUIT):  # 监听事件
12         sys.exit()                   # 程序退出
13     pygame.display.update()          # 3. 刷新显示
```

程序运行结果如图 8.1 所示。

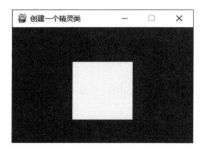

图 8.1　创建一个精灵类

8.2　用精灵实现动画

使用 Sprite 精灵类实现动画时，主要是对其 self.image 和 self.rect 两个属性进行操作，它们分别用来确定精灵的显示内容和显示位置，我们只需要对这两个属性进行动态赋值，精灵就可以快速地自动更新绘制图像，从而实现动画的效果。本节将对如何通过精灵实现动画进行讲解。

8.2.1　定制精灵序列图

动画是由多张图片按照一定规律排列拼接而成的，在 pygame 中，我们将这类图叫作精灵序列图，例如，图 8.2 展示了一张由多张小图拼接而成的精灵序列图，其中每张小图都可以用行和列标签来进行定位，这样的好处是可以很方便地进行引用。

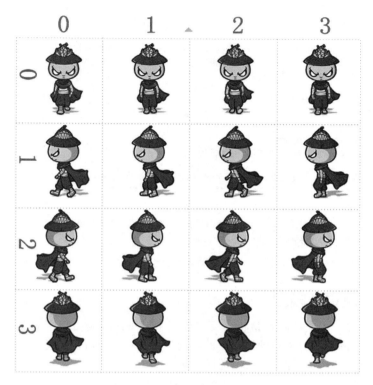

图 8.2　精灵序列图

8.2.2　加载精灵序列图

加载一张精灵序列图时，需要知道精灵序列图中每张小图的大小，即宽度和高度，另外，还需要知道其中有多少列，以及每一张小图在其中的相对坐标位置，从而能够动态创建每一张帧图的 self.image 和 self.rect 属性，最后向目标 Surface 对象上绘制。

例如，创建一个名称为 MySprite 的精灵类，并继承自 pygame.sprite.Sprite 类，在该类的初始化方法中创建并初始化各项参数，代码如下：

```
01  class MySprite(sprite.Sprite):
02
03      def __init__(self):
04          pygame.sprite.Sprite.__init__(self)
05          self.master_image = None   # 精灵序列图（主图）
06          self.image = None          # 帧图 Surface 对象
07          self.rect = None           # 帧图 Rect 对象
08          self.topleft = 0, 0        # 帧图左上顶点坐标
09          self.area = 0              # 精灵序列号
10          self.area_width = 1        # 帧图宽
11          self.area_height = 1       # 帧图高
12          self.first_area = 0        # 动画帧图起始序列号
13          self.last_area = 0         # 动画帧图终止序列号
14          self.columns = 1           # 精灵序列图列数（每个动画的帧数）
```

在 MySprite 精灵类中定义一个名为 load_img() 的方法，用于封装并加载精灵序列图。load_img() 方法代码如下：

```
01 def load_img(self, filename, width, height, columns):
02     """ 加载序列（精灵）图 """
03     self.master_image = pygame.image.load(filename).convert_alpha()
04     # 帧图宽度
05     self.area_width = width
06     # 帧图高度
07     self.area_height = height
08     self.rect = pygame.Rect(0, 0, width, height)
09     # 序列图中的帧图列数
10     self.columns = columns
11     rect = self.master_image.get_rect()
12     # 序列图中的终止帧图序号（从 0 开始）
13     self.last_area = (rect.width // width) - 1
```

说明 上面的代码中，由于图 8.2 的精灵序列图中每一个帧图都具有相同的大小，因此在第 8 行代码提前对每一帧图的 self.rect 属性进行了设置。

8.2.3 绘制及更新帧图

pygame 游戏中，一般动画就是将精灵序列图中每一帧图从头到尾依次有节奏地绘制一遍，而更高级一点的动画，可以使帧图向前、向后移动，甚至可以任意指定一个帧图区间来实现一个动画，这就需要在程序中对帧进行更新。

例如，根据图 8.2 的设计，每一行 4 个帧图的连续循环绘制就可以形成一个动画，因此只需要知道某个动画用到的帧图所在行数以及每行列数，就可以计算出该动画的帧图区间，然后从第一帧到最后一帧循环计算每一帧图的 self.image 属性，最后在 pygame 窗体显示 Surface 上循环绘制每个帧图，这样就实现了动画的绘制。

在 MySprite 精灵类中定义一个 draw() 方法和 update() 方法，其中，draw() 方法用来绘制帧图；而 update() 方法用来根据不同的动画确定其在序列图中的帧图区间，并计算出每个帧图的 self.image 属性。具体代码如下：

```
01 def draw(self, screen):
02     """ 绘制帧图 """
03     screen.blit(self.image, self.rect)
04 def update(self, current_time, rate=60):
05     """ 更新帧图 """
06     # 控制动画的绘制速率
07     if current_time > self.last_time + rate:
08         self.area += 1
09         # 帧区间边界判断
10         if self.area > self.last_area:
11             self.area = self.first_area
12         if self.area < self.first_area:
13             self.area = self.first_area
14         # 记录当前时间
15         self.last_time = current_time
16     # 只有当帧图编号发生更改时才更新 self.image
17     if self.area != self.old_area:
18         area_x = (self.area % self.columns) * self.area_width
19         area_y = (self.area // self.columns) * self.area_height
20         rect=pygame.Rect(area_x,area_y,self.area_width, self.area_height)
21         # 子表面 Surface
```

```
22          try:
23              self.image = self.master_image.subsurface(rect)
24          except Exception as e:
25              print(e + " \n图片剪裁超出范围........")
26          self.old_area = self.area
```

说明

上面的代码中，参数 current_time 代表当前程序运行的时间，而为了避免前后绘制的两个帧图序号相同，代码中定义了一个名为 self.old_area 的变量，用来记录前一次绘制的帧图序号。

实例 8.2 奔跑的小超人（实例位置：资源包\Code\08\02）

实现一个奔跑的小超人动画，通过敲击键盘方向键，能够控制小超人向上、下、左、右4 个方向移动，同时伴随一个走路动画效果。程序运行效果如图 8.3 所示。

图 8.3　奔跑的小超人

程序开发步骤如下：

① 在 PyCharm 中创建一个 .py 文件，首先在文件头部导入 pygame 包以及所需的其他 Python 内置模块，并定义表示窗体大小的常量和动画刷新率常量，代码如下：

```
01 import pygame
02 from pygame.locals import *
03 from pygame.math import import Vector2
04
05 SIZE = WIDTH, HEIGHT = 640, 396
06 FPS = 30
```

② 自定义 MySprite 精灵类，实现使用精灵实现动画的功能，代码如下：

```
01 class MySprite(pygame.sprite.Sprite):
```

```python
02
03      def __init__(self):
04          pygame.sprite.Sprite.__init__(self)
05          self.master_image = None    # 精灵序列图（主图）
06          self.image = None           # 帧图 Surface 对象
07          self.rect = None            # 帧图 Rect 对象
08          self.topleft = 0, 0         # 帧图左上顶点坐标
09          self.area = 0               # 精灵序列号
10          self.area_width = 1         # 帧图宽
11          self.area_height = 1        # 帧图高
12          self.first_area = 0         # 动画帧图起始序列号
13          self.last_area = 0          # 动画帧图终止序列号
14          self.columns = 1            # 精灵序列图列数（每个动画的帧数）
15          self.old_area = -1          # 绘制的前一帧图序列号
16          self.last_time = 0          # 前一帧图绘制的时间
17          self.is_move = False        # 移动开关
18          self.vel = Vector2(0, 0)    # 移动速度
19
20      def _get_dir(self):
21          return (self.first_area, self.last_area)
22      def _set_dir(self, direction):
23          self.first_area = direction * self.columns
24          self.last_area = self.first_area + self.columns - 1
25      # 通过移动方向控制帧图区间
26      direction = property(_get_dir, _set_dir)
27
28      def load_img(self, filename, width, height, columns):
29          """ 加载序列（精灵）图 """
30          self.master_image = pygame.image.load(filename).convert_alpha()
31          # 帧图宽度
32          self.area_width = width
33          # 帧图高度
34          self.area_height = height
35          self.rect = pygame.Rect(0, 0, width, height)
36          # 序列图中的帧图列数
37          self.columns = columns
38          rect = self.master_image.get_rect()
39          # 序列图中的终止帧图序号（从 0 开始）
40          self.last_area = (rect.width // width) - 1
41
42      def update(self, current_time, rate=20):
43          """ 更新帧图 """
44          # 移动控制
45          if not self.is_move:
46              self.area = self.first_area = self.last_area
47              self.vel = (0, 0)
48          # 控制动画的绘制速率
49          if current_time > self.last_time + rate:
50              self.area += 1
51              # 帧区间边界判断
52              if self.area > self.last_area:
53                  self.area = self.first_area
54              if self.area < self.first_area:
55                  self.area = self.first_area
56              # 记录当前时间
57              self.last_time = current_time
58          # 只有当帧号发生更改时才更新 self.image
59          if self.area != self.old_area:
60              area_x = (self.area % self.columns) * self.area_width
61              area_y = (self.area // self.columns) * self.area_height
```

```
62              rect = pygame.Rect(area_x, area_y, self.area_width, self.area_height)
63              # 子表面 Surface
64              try:
65                  self.image = self.master_image.subsurface(rect)
66              except Exception as e:
67                  print(e + " \n图片剪裁超出范围........")
68              self.old_area = self.area
69
70      def draw(self, screen):
71          """ 绘制帧图 """
72          screen.blit(self.image, self.rect)
73
74      def move(self):
75          """ 移动 """
76          self.rect.move_ip(self.vel)
```

上述代码中的第 17 行定义了一个移动开关变量，该值为 False 时，使动画帧图序号区间的长度为 1，即循环绘制单个帧图；第 18 行设置了一个名为 self.vel 的变量，用于控制速度的二维向量，其初始值是一个零向量，代表没有偏移量，如果要使小超人移动，则只需改变此速度向量的 X 偏移量和 Y 偏移量即可。

③ 创建 pygame 窗体并对其进行初始化，然后实例化自定义精灵类，加载图 8.2 所示的精灵序列图。代码如下：

```
01 pygame.init()
02 screen = pygame.display.set_mode((640, 396), 0, 32)
03 pygame.display.set_caption(" 明日小超人 ")
04 pygame.key.set_repeat(26)           # 重复按键
05 clock = pygame.time.Clock()
06 super_man = MySprite()
07 super_man.load_img("super_man.png", 150, 150, 4)
```

④ 创建 pygame 游戏主逻辑循环，在其中根据键盘方向键的事件监听实现小超人向某一个方向奔跑的动画效果。代码如下：

```
01 while True:
02     screen.fill((0, 163, 150))
03     ticks = pygame.time.get_ticks()
04     if pygame.event.wait().type in [QUIT]: exit()
05     keys = pygame.key.get_pressed()       # 键盘轮询
06     if keys[pygame.K_ESCAPE]: exit()
07     dir = [keys[K_DOWN], keys[K_LEFT], keys[K_RIGHT], \
08         keys[K_UP], (0, 4), (-4, 0), (4, 0), (0, -4)]
09     for k, v in enumerate(dir[0:4]):    # 判断移动方向
10         if v:
11             super_man.direction = k
12             super_man.vel = dir[k + 4]
13             super_man.is_move = v
14             break
15         else:                           # 无移动
16             super_man.is_move = False
17     super_man.update(ticks, 90)         # 更新
18     super_man.draw(screen)              # 绘制
19     super_man.move()                    # 移动
20     pygame.display.update()
21     clock.tick(FPS)
```

8.3 精灵组

当程序中有大量精灵时，操作这些精灵是一件非常烦琐的工作，那么，有没有什么容器可以将这些精灵放在一起统一管理呢？答案就是精灵组。pygame 使用精灵组来管理精灵的绘制和更新，精灵组是用于保存和管理多个 Sprite 精灵对象的容器类，程序中使用 pygame.sprite.Group 类来表示精灵组，该类的常用函数及说明如表 8.2 所示。

表 8.2 Group 精灵组类常用函数及说明

函数	说明
Group().sprites()	此精灵组包含的精灵列表
Group().copy()	复制此精灵组
Group().add()	向此精灵组中添加精灵
Group().remove()	从此精灵组中删除精灵
Group().has()	测试一个精灵组中是否包含此精灵
Group().update()	在包含的所有精灵上调用 update() 方法
Group().draw()	绘制此组中所有的精灵到一个 Surface 对象上
Group().clear()	删除所有精灵之前的位置
Group().empty()	删除此精灵组中的所有精灵

例如，下面的代码用来创建两个精灵组。

```
01  import pygame
02  pygame.init()
03  sprite_01 = pygame.sprite.Sprite()
04  group_01 = pygame.sprite.Group(sprite_01)
05  sprite_02 = pygame.sprite.Sprite(group_01)
06  group_02 = pygame.sprite.Group()
07  group_02.add([sprite_01, sprite_02])
08  print(group_02.sprites())
```

运行效果如下：

```
[<Sprite sprite(in 2 groups)>, <Sprite sprite(in 2 groups)>]
```

8.4 精灵冲突检测

在 pygame.sprite 模块中，其中一个非常重要且经常在 pygame 游戏中使用到的技术是精灵冲突检测技术，比如一个精灵与另一个精灵之间产生交叉重叠、一个精灵与另一个精灵组中的任意一个精灵产生交叉重叠、两个精灵组中的任意两个精灵产生交叉重叠，等等。这些情况都可以使用精灵冲突检测技术，本节将对常见的几种精灵冲突场景及其解决方法进行介绍。

8.4.1 两个精灵之间的矩形冲突检测

检测任意两个精灵之间是否存在矩形重叠区域时（如图 8.4 所示），可以使用 pygame.sprite.collide_rect() 函数来实现，其语法格式如下：

```
pygame.sprite.collide_rect(left, right) -> bool
```

参数 left 和 right 都表示精灵对象，也就是它们都必须是从 pygame.sprite.Sprite 类派生而来，且两个精灵对象必须具有名为 rect 的属性。该函数返回一个布尔值（True 或 False），表示两精灵之间是否存在矩形冲突。

图 8.4　两个精灵之间是否存在矩形重叠区域

例如，创建两个精灵，并使用 pygame.sprite.collide_rect() 函数检测它们之间是否存在矩形重叠区域，代码如下：

```
01 sprite_01 = MySprite(screen).load("01.png", 200, 200, 3)
02 sprite_02 = MySprite(screen).load("02.png", 100, 50, 4)
03 is_crash = pygame.sprite.collide_rect(sprite_01, sprite_02)
04 if is_crash:
05     print("crash occurred")
```

pygame.sprite.collide_rect() 函数还有一个变体：pygame.sprite.collide_rect_ratio()，该函数中需要一个额外的浮点类型参数，用来指定检测矩形的百分比。例如：如果在程序中希望检测得更精准一些，则可以按比例收缩两个精灵，这时就可以把这个浮点数设为小于 1.0，而设置为大于 1.0 则表示按比例扩大。示例代码如下：

```
is_crash = pygame.sprite.collide_rect_ratio(0.5)(sprite_01, sprite_02)
```

等价于：

```
01 sprite_01.get_rect().inflate_ip(-0.5 * sprite_01.get_width(), -0.5 * sprite_01.get_
   height)
02 sprite_02.get_rect().inflate_ip(-0.5 * sprite_02.get_width(), -0.5 * sprite_02.get_
   height)
03 is_crash = pygame.sprite.collide_rect(sprite_01, sprite_02)
```

8.4.2 两个精灵之间的圆冲突检测

检测任意两个精灵之间是否存在圆形重叠区域时，可以使用 pygame.sprite.collide_circle()

函数来实现，其语法格式如下：

```
pygame.sprite.collide_circle(left, right) -> bool
```

两个精灵之间的圆检测是基于每个精灵的半径值所决定的圆区域来判断的，该半径值可以自己指定，比如为每个精灵设置一个名为 radius 的属性，pygame.sprite.collide_circle() 函数内部会自动反射精灵类中的 radius 属性，如果精灵类中没有设置 radius 属性，则 pygame.sprite.collide_circle() 函数会根据指定精灵的矩形区域大小自动计算其外接圆的半径，示意图如图 8.5 所示。

图 8.5　两个精灵之间是否存在圆形重叠区域

例如，创建两个精灵，并使用 pygame.sprite.collide_circle() 函数检测它们之间是否存在矩形重叠区域，代码如下：

```
01 sprite_01 =  MySprite(screen).load("01.png", 200, 200, 3)
02 sprite_02 =  MySprite(screen).load("02.png", 100, 50, 4)
03 is_crash = pygame.sprite.collide_circle(sprite_01, sprite_02)
04 if is_crash:
05     print("circle crash occurred")
```

pygame.sprite.collide_circle() 函数有一个变体：pygame.sprite.collide_circle_ratio()，其功能和用法与 8.4.1 节中的 pygame.sprite.collide_rect_ratio() 函数类似，只是该函数按比例缩放的是圆半径。示例代码如下：

```
is_crash = pygame.sprite.collide_circle_ratio(2)(sprite_01, sprite_02)
```

等价于：

```
01 sprite_01.get_rect().inflate_ip(2*sprite_01.get_width(),2* sprite_01.get_height)
02 sprite_02.get_rect().inflate_ip(2*sprite_02.get_width(),2* sprite_02.get_height)
03 is_crash = pygame.sprite.collide_circle(sprite_01, sprite_02)
```

8.4.3　两个精灵之间的像素遮罩冲突检测

如果矩形检测和圆形检测都不能满足我们的需求怎么办？pygame.sprite 子模块为开发者提供了一个更加精确的检测：遮罩检测，如图 8.6 所示。

所谓遮罩就是图像的 2D 掩码，其能够精确到 1 个像素级别的判断，但使用时性能比较差，因此在实际使用过程中，如果对检测的精确度没有太高的要求，不建议使用。遮罩检测

图 8.6 遮罩检测图示

使用 pygame.sprite.collide_mask() 函数实现，其语法格式如下：

```
pygame.sprite.collide_mask(SpriteLeft, SpriteRight) -> point
```

pygame.sprite.collide_mask() 函数是实现两个精灵之间的遮罩检测，因此在检测之前，首先需要为两个精灵创建遮罩。

创建一个精灵的 self.mask 遮罩属性是通过 pygame.mask 子模块中的一个名为 from_surface() 的函数来创建的，其语法格式如下：

```
pygame.mask.from_surface(Surface, threshold=127) ->Mask
```

其中，参数 Surface 表示一个 Surface 对象，参数 threshold 表示透明度阈值。collide_mask() 函数会检查图像中每个像素的 alpha 值是否大于 threshold 参数指定的值，若图像是通过设置颜色透明度（colorkeys）实现的透明，而不是基于像素值透明度（pixel alpha），则忽略 threshold 参数。

例如，下面的代码用来为指定精灵设置一个遮罩。

```
self.mask = pygame.mask.from_surface(self.master_image)
```

通过上述代码添加的遮罩是整个精灵序列图的遮罩，实际使用时，还需要在每个帧图绘制到 Surface 对象后，为该子表面 Surface 对象添加遮罩，代码如下：

```
self.mask = pygame.mask.from_surface(self.image)
```

8.4.4　精灵和精灵组之间的矩形冲突检测

pygame.sprite 模块提供了一个用于检测一个精灵与一个精灵组中的任意一个精灵是否发生碰撞的函数 pygame.sprite. spritecollide()，语法格式如下：

```
pygame.sprite.spritecollide(sprite, group, dokill, collided = None) -> Sprite_list
```

参数说明如下：
☑ sprite：单个精灵对象。
☑ group：一个精灵组。

☑ dokill：是否从精灵组中删除碰撞精灵。为 True 时，会将精灵组中所有检测到冲突的精灵删除；而为 False 时，则不会删除冲突的精灵。

☑ collided：用于计算检测碰撞的回调函数名，默认为 pygame.sprite.collide_rect，用于检测两个精灵间是否发生碰撞，它将两个用于被检测的精灵作为参数，并返回一个布尔值，表示它们是否发生碰撞。 如果未传递，则默认为空。

在调用该函数时，单个精灵对象会依次与精灵组中的每个精灵对象进行矩形冲突检测（pygame.sprite.collide_rect()），精灵组中所有发生冲突的精灵会作为一个列表返回。

实际使用过程中，开发者可以根据实际使用需求对 pygame.sprite. spritecollide() 函数中的实际碰撞检测算法进行灵活控制。例如：精灵与精灵组之间的遮罩冲突检测示例代码如下：

```
pygame.sprite.spritecollide(sprite,group,False, pygame.sprite.collide_mask)
```

另外，pygame.sprite. spritecollide() 函数有一个变体 pygame.sprite.spritecollideany()，它用来在检测精灵组和单个精灵冲突时，优先返回精灵组中发生碰撞的第一个精灵，而无碰撞时则返回 None。

8.4.5 精灵组之间的矩形冲突检测

同样是默认基于两个精灵之间的矩形冲突检测，当涉及两个精灵组中的任意两个精灵时，pygame.sprite 模块依然贴心地给我们提供了一个用于检测两个精灵组中任意两个精灵之间是否发生碰撞的方法 pygame.sprite.groupcollide()，语法格式如下：

```
pygame.sprite.groupcollide(group1, group2, dokill1, dokill2, collided = None) -> Sprite_dict
```

参数说明如下：

☑ group1：第一个精灵组。

☑ group2：第二个精灵组。

☑ dokill1：是否从第一个精灵组中删除发生碰撞的精灵。

☑ dokill2：是否从第二个精灵组中删除发生碰撞的精灵。

☑ collided：用于计算检测碰撞的回调函数名。

各参数的含义与 pygame.sprite. spritecollide() 函数相同，它将在两个精灵组中各自找到发生碰撞的所有精灵，通过比较每个精灵的 rect 属性或使用碰撞函数（如果它不是 None）来确定碰撞。返回的一个字典，字典的键是 group1 中发生碰撞的每一个精灵，字典中每一个键所对应的值是 group2 中与 group1 中精灵发生碰撞的所有精灵构成的一个精灵列表。

8.5 综合案例——小超人吃苹果

创建一个 pygame 程序，实现一个小超人吃苹果的小游戏。运行程序，通过按键盘上的上下左右方向键控制小超人移动，当小超人接触到苹果后，苹果消失。程序运行结果如图 8.7 所示。

程序开发步骤如下：

① 在 PyCharm 中创建一个 .py 文件，首先在文件头部导入 pygame 和 pygame 常量库，并定义帧率、pygame 窗体尺寸等常量。代码如下：

图 8.7　小超人吃苹果

```
01 import random
02
03 import pygame
04 from pygame.locals import *
05 from pygame.math import Vector2
06
07 SIZE = WIDTH, HEIGHT = 640, 396
08 FPS = 30
```

② 按照实例 8.2 的方式定义一个精灵类 MySprite。

③ 在精灵类 MySprite 中定义一个名为 create_apple() 的方法，用于创建 pygame 窗体中所需的苹果精灵类，并添加至一个精灵组中，这里需要注意创建的苹果精灵类在窗体中的位置不能重叠。create_apple() 方法代码如下：

```
01 def create_apple():
02     """ 创建众多苹果精灵 """
03     global apple_group
04     apple_li = []
05     for i in range(36):
06         obj = MySprite()
07         obj.load_img("apple.png", 35, 35, 1)
08         while 1:
09             x = random.randrange(WIDTH - obj.rect.w)
10             y = random.randrange(HEIGHT - obj.rect.h)
11             rect = pygame.Rect((x, y), obj.rect.size)
12             # 判断重叠（即当前苹果精灵是否与列表中的其他精灵位置重叠）
13             if not rect.collidelistall(apple_li):
14                 apple_li.append(rect)
15                 obj.rect = rect
16                 apple_group.add(obj)
17                 break
```

④ 创建一个名为 draw_text() 的方法，用于在程序结束时绘制 "GAME OVER" 文本。代码如下：

```
01 def draw_text(font, text, color=(255,255,255)):
02     """ 绘制文本类 """
03     sur = font.render(text, True, color)
04     rec = sur.get_rect()
05     screen = pygame.display.get_surface()
06     rec.center = screen.get_rect().center
07     screen.blit(sur, rec)
```

⑤ 创建 pygame 窗体并设置相关参数，同时打开键盘重复响应按键功能。代码如下：

```
01 pygame.init()
02 screen = pygame.display.set_mode((640, 396), 0, 32)
03 pygame.display.set_caption(" 小超人吃苹果 ")
04 pygame.key.set_repeat(26)              # 重复响应按键
05 clock = pygame.time.Clock()
06 super_man = MySprite()
07 super_man.load_img("super_man.png", 150, 150, 4)
08 font = pygame.font.Font(None, 60)
09
10 apple_group = pygame.sprite.Group()    # 苹果精灵组
11 create_apple()                         # 创建苹果
12 apple_group.update(100, 0) # 初始化所有苹果精灵的 self.image
```

⑥ 创建 pygame 游戏主逻辑循环，主要实现精灵的移动，以及小超人与苹果之间的碰撞检测功能。代码如下：

```
01 while True:
02     screen.fill((0, 163, 150))
03     ticks = pygame.time.get_ticks()
04     if pygame.event.wait().type in [QUIT]: exit()
05     keys = pygame.key.get_pressed()    # 键盘轮询
06     if keys[pygame.K_ESCAPE]: exit()
07     dir = [keys[K_DOWN], keys[K_LEFT], keys[K_RIGHT], \
08            keys[K_UP], (0, 4), (-4, 0), (4, 0), (0, -4)]
09     for k, v in enumerate(dir[0:4]):   # 判断移动方向
10         if v:
11             super_man.direction = k
12             super_man.vel = dir[k + 4]
13             super_man.is_move = v
14             break
15         else:                          # 无移动
16             super_man.is_move = False
17
18     # 碰撞检测，返回第一个 ( 使用遮罩检测 )
19     collide = pygame.sprite.spritecollideany(super_man, \
20             apple_group, pygame.sprite.collide_mask)
21     if collide != None:
22         # 按比例缩小，要圆形检测
23         if pygame.sprite.collide_circle_ratio(0.66)(super_man, collide):
24             apple_group.remove(collide) # 删除吃掉的苹果精灵
25     if not apple_group.sprites():
26         while 1:
27             draw_text(font, "Ｇ Ａ Ｍ Ｅ　 Ｏ Ｖ Ｅ Ｒ")
28             if pygame.event.wait().type in [QUIT, KEYDOWN]: exit()
29             pygame.display.update()
30     apple_group.draw(screen)           # 绘制苹果
```

```
31        super_man.update(ticks, 90)      # 更新
32        super_man.draw(screen)           # 绘制小超人
33        super_man.move()                 # 移动
34        pygame.display.update()
35        clock.tick(FPS)
```

> **说明** 上面的代码中，进行小超人与苹果之间的碰撞检测时，使用的是更为精确的像素遮罩检测；而第 23 行代码是在像素遮罩碰撞的基础之上再次对精灵按比例缩小的圆形碰撞检测。

8.6 实战练习

设计一个 pygame 程序，其中通过使用 pygame 精灵的方式，在 pygame 窗体中显示 4 个颜色块。程序运行效果如图 8.8 所示。

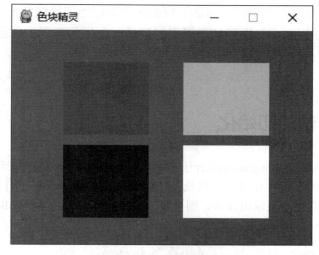

图 8.8　通过精灵创建颜色块

第 9 章
音频处理

扫码免费获取
本书资源

声音是游戏中必要的元素之一，音效可以给予用户良好的体验，比如赛车游戏中听到振奋人心的轰鸣声、刹车时的轮胎摩擦声、射击游戏中发出的"呼呼"声和呐喊助威的声音，无一不是让人热血沸腾的要因。好的配音可以给作品增色不少。而本章就来学习如何在 pygame 程序中为自己的作品增加配乐，以使得自己的作品能够变得更加具有吸引力、趣味性。

9.1 设备的初始化

在 pygame 当中，使用 pygame.mixer 子模块对声音的播放与通道进行管理。具体使用时，首先应该确保当前的平台存在音频输出设备，并使用 pygame.mixer.init() 函数对声音设备进行初始化，如果不存在音频输出设备，则会报 DirectSoundCreate: No audio device found（设备未找到）错误。pygame.mixer.init() 函数语法格式如下：

```
init(frequency=22050, size=-16, channels=2, buffer=4096) -> None
```

参数说明如下：
- frequency：声音文件的采样率。
- size：量化精度（每个音频样本使用的位数）。
- channels：立体声效果（单声道或立体声）。
- buffer：音频样本内部采样数，默认值应适用于大多数情况。缓冲区大小必须是 2 的幂（如果不是，则向前舍入到下一个最接近的 2 的幂）。

使用 pygame.mixer.init() 函数时，可以进行声音加载和播放，其默认参数可以被改变以提供特定的音频混合。要改变其参数，可以使用 pygame.mixer.pre_init() 函数实现，该函数用来预设设备初始化参数，其语法格式如下：

```
pre_init(frequency=22050, size=-16, channels=2, buffersize=4096) -> None
```

示例代码如下：

```
01 pygame.mixer.pre_init(44100, 16, 2, 5120)
02 pygame.init()
```

9.2 声音的控制

9.2.1 加载声音文件

在 pygame 当中，加载声音文件需要使用 pygame.mixer.music 模块或者 pygame.mixer_music 模块中的 load() 函数，其语法格式如下：

```
pygame.mixer.music.load(filename) ->None
pygame.mixer_music.load(filename) ->None
```

参数 filename 表示所要加载的声音文件名，支持的文件格式包括：WAV、MP3、OGG。但由于在一些平台上 MP3 格式文件不受支持，且效率低下，因此不推荐使用，而是推荐使用 OGG 格式的音频文件。

示例代码如下：

```
pygame.mixer.music.load("pygame.ogg")
```

加载一个声音文件时，除了上面所使用的文件名字符串外，也可以是一个文件句柄，例如，下面的代码使用 open() 方法读取一个音频文件并返回一个文件句柄，然后使用 pygame.mixer_music.load() 函数加载。

```
01 file_obj = open("pygame.ogg", "r")
02 pygame.mixer_music.load(file_obj)
```

当 load() 函数载入一个声音文件或文件句柄，并准备播放时，如果存在其他声音流正在播放，则该声音流将被立即停止，另外，加载的声音流不会立即播放，而是需要等待开始播放命令。

9.2.2 控制声音流

当一个声音文件被加载后，接下来就可以通过 pygame.mixer_music 子模块中提供的各种方法来控制该声音流，比如音量的控制、声音的播放与暂停、设置播放位置、停止播放声音等。

（1）设置与获取音量

设置与获取音量分别使用 pygame.mixer_music 模块中的 set_volume() 和 get_volume() 函数数实现，它们的语法格式如下：

```
pygame.mixer_music.set_volume(value) ->None
pygame.mixer_music.get_volume() ->value
```

音量的表示形式为一个范围在 0～1 之间（包含 0 和 1）的浮点数。当大于 1 时，被视为 1.0；当小于 0 大于 −0.01 时，被视为无效，采用默认音量值 0.9921875；当小于 −0.01 时则视为 0。

获取与设置音量的示例代码如下：

```
01 pygame.mixer.music.load("pygame.ogg")
02 pygame.mixer_music.set_volume(-0.012)
03 value = pygame.mixer_music.get_volume()
04 print("value    (-0.012) = {}".format(value))
05 pygame.mixer_music.set_volume(-0.001)
06 value_01 = pygame.mixer_music.get_volume()
07 print("value_01(-0.001) = {}".format(value_01))
08 pygame.mixer_music.set_volume(0.6)
09 value_02 = pygame.mixer_music.get_volume()
10 print("value_02(0.6)    = {}".format(value_02))
11 pygame.mixer_music.set_volume(0)
12 value_03 = pygame.mixer_music.get_volume()
13 print("value_03(0)      = {}".format(value_03))
14 pygame.mixer_music.set_volume(1)
15 value_04 = pygame.mixer_music.get_volume()
16 print("value_04(1)      = {}".format(value_04))
17 pygame.mixer_music.set_volume(10)
18 value_05 = pygame.mixer_music.get_volume()
19 print("value_05(10)     = {}".format(value_05))
```

运行结果如下：

```
value    (-0.012) = 0.9921875
value_01(-0.001) = 0.0
value_02(0.6)    = 0.59375
value_03(0)      = 0.0
value_04(1)      = 1.0
value_05(10)     = 1.0
```

注意

当有新的声音文件被加载时，音量会被重置，此时需要重新设置音量。

（2）声音的播放与暂停

播放当前已加载的声音文件需要使用 pygame.mixer_music 模块中的 play() 函数实现，其语法格式如下：

```
pygame.mixer_music.play(loops=0, start=0.0) -> None
```

参数 loops 表示重复播放的次数，例如，play(2) 表示被载入的声音除了原本播放一次之外，还要重复播放 2 次，一共播放 3 次；而当 loops 参数为 0 或 1 时，只播放一次；当 loops 为 -1 时，表示无限次重复播放。

参数 start 表示声音文件开始播放的位置，如果当前声音文件无法设置开始播放位置，则传递 start 参数后，会产生一个 NotImplementedError 错误。

说明 如果被加载的声音文件当前正在播放，则调用 play() 函数时，会立即重置当前播放位置。

如果要停止、暂停、继续、重新开始播放声音，则分别调用 pygame.mixer_music 模块中的 stop()、pause()、unpause() 和 rewind() 函数，它们的语法格式分别如下：

```
pygame.mixer_music.stop() ->None
pygame.mixer_music.pause() ->None
pygame.mixer_music.unpause() ->None
pygame.mixer_music.rewind() ->None
```

另外，pygame.mixer_music 模块还提供了一个 fadeout() 函数，用来在停止声音播放时有一个淡出的效果，而不是直接关闭，给听者一种舒适的感觉，该函数语法格式如下：

```
pygame.mixer_music.fadeout(time) ->None
```

fadeout() 函数会在调用后的一段指定长度的时间（以毫秒为单位）内不断地降低音量，最终降至为零结束声音的播放，这里需要说明的一点是，该函数在调用后会一直处于阻塞状态，直到声音已经淡出。

实例 9.1 开始播放音乐（实例位置：资源包 \Code\09\01）

编写一个 pygame 程序，首先加载一个音乐文件，然后监听键盘事件，根据不同的按键分别对加载的声音流做不同的操作。程序代码如下：

```
01 import pygame
02 from pygame.locals import *
03
04 SIZE = WIDTH, HEIGHT = 640, 339
05 FPS = 60
06 pygame.mixer.pre_init(44100, 16, 2, 5012)
07 pygame.init()
08 pygame.mixer.music.load("preview.ogg")
09 screen = pygame.display.set_mode(SIZE)
10 clock = pygame.time.Clock()
11 bg_sur = pygame.image.load("bg8_1.png").convert_alpha()
12 is_pause = True    # 暂停与继续开关
13
14 while 1:
15     screen.blit(bg_sur, (0, 0))
16     for event in pygame.event.get():
17         if event.type == QUIT:
18             pygame.quit()
19             exit()
20         if event.type == KEYDOWN:
21             if event.key == K_RETURN:    # 开始无限播放
22                 pygame.mixer_music.play(-1, 0.0)
23                 print(" 开始播放 1 次 ")
24             if event.key == K_SPACE:     # 暂停播放
25                 if is_pause:
26                     pygame.mixer_music.pause()
27                     is_pause = False
28                     print(" 暂停播放 ")
29                 else:
30                     pygame.mixer_music.unpause()
31                     is_pause = True
32                     print(" 继续播放 ")
33             if event.mod in [KMOD_LCTRL, KMOD_RCTRL]:
34                 if event.key == K_w:         # 播放 10 次
35                     pygame.mixer_music.play(9, 0.0)
36                     print(" 开始播放 10 次 ")
37                 if event.key == K_z:         # 停止播放
38                     pygame.mixer_music.stop()
```

```
39                print("停止播放")
40            if event.key == K_o:        # 淡出播放
41                pygame.mixer_music.fadeout(3000)
42                print("淡出停止播放")
43    pygame.event.clear()
44    pygame.display.update()
45    clock.tick(FPS)
```

运行程序，敲击键盘按键以听取声音效果，效果如图 9.1 所示。

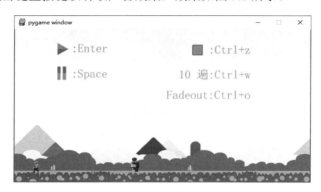

图 9.1　开始播放音乐

（3）设置与获取播放的位置

设置与获取声音文件的播放位置分别使用 pygame.mixer_music 模块中的 set_pos() 和 get_pos() 函数实现，它们的语法格式如下：

```
pygame.mixer_music.set_pos(time) ->None
pygame.mixer_music.get_pos() ->time
```

其中，set_pos() 函数中的 time 参数是一个浮点数，其具体值取决于声音文件的格式，当是 OGG 文件时，它是一个以音频开头为零点的绝对时间值（以秒为单位）；当是 MP3 文件时，它是以当前播放位置为零点的绝对时间值（以秒为单位）；该参数不支持 WAV 文件，否则会产生一个 pygame.error 错误；而如果是一种其他格式的音频文件，则会产生一个 SDLError 错误。

而对于获取播放位置的 get_pos() 函数，其返回值以毫秒为单位，且仅表示声音已经播放了多长时间，而不会考虑起始播放位置；而当声音处于未开始播放状态时，该函数的返回值为 -1；当声音处于暂停（pause()）播放状态时，该函数的返回值将保持不变；而当继续播放时，该函数的返回值将继续计时，直到该声音播放结束。

实例 9.2　设置与获取音乐播放位置（实例位置：资源包 \Code\09\02）

编写一个 pygame 程序，其中可以对音乐进行开始播放、暂停播放、继续播放操作，然后调用 pygame.mixer_music 模块中 set_pos() 函数查看音乐在不同状态下所显示的播放位置。程序代码如下：

```
01 import pygame
02 from pygame.locals import *
03
04 SIZE = WIDTH, HEIGHT = 640, 339
```

```
05 FPS = 60
06 pygame.mixer.pre_init(44100, 16, 2, 5012)
07 pygame.init()
08 pygame.mixer.init()
09 screen = pygame.display.set_mode(SIZE)
10 clock = pygame.time.Clock()
11 pygame.mixer.music.load("megaWall.mp3")
12 bg_sur = pygame.image.load("bg8_2.png").convert_alpha()
13 is_pause = True    # 暂停与继续开关
14 is_play = False    # 音乐开关
15 while 1: #
16     screen.blit(bg_sur, (0, 0))
17     for event in pygame.event.get():
18         if event.type == QUIT:
19             pygame.quit()
20             exit()
21         if event.type == KEYDOWN:
22             if event.key == K_RETURN: # 开始播放（一遍）
23                 pygame.mixer_music.play(1, 0.0)
24                 is_play = True
25             if event.key == K_SPACE:    # 暂停播放
26                 if is_pause:
27                     print(" 暂停播放 ")
28                     pygame.mixer_music.pause()
29                     is_pause = False
30                 else:
31                     print(" 继续播放 ")
32                     pygame.mixer_music.unpause()
33                     is_pause = True
34             if event.mod in [KMOD_LCTRL, KMOD_RCTRL]:
35                 if event.key == K_s:      # 设置播放位置
36                     pygame.mixer_music.rewind()
37                     print(" 是否停止：", pygame.mixer_music.get_busy()," 毫秒 ")
38                     pygame.mixer_music.set_pos(3)
39                 if event.key == K_g:      # 获取播放位置
40                     play_time = pygame.mixer_music.get_pos()
41                     print(" 已播放时长：", play_time, " 毫秒 ")
42
43     if is_play:
44         if pygame.mixer_music.get_busy():
45             print(" 开始播放时间点：", pygame.time.get_ticks()," 毫秒 ")
46             is_play = False
47     else:
48         if not pygame.mixer_music.get_busy():
49             print(" 停止播放时间点：", pygame.time.get_ticks()," 毫秒 ")
50             is_play = True
51     pygame.display.update()
52     clock.tick(FPS)
```

上面的代码中，第 37 行代码使用了 get_busy() 函数，用来检查是否存在声音流正在播放声音。

程序运行效果如图 9.2 和图 9.3 所示。

（4）发送与接收结束类型事件

判断声音是否播放结束，除了使用前面提到的 get_busy() 函数外，pygame.mixer_music 子模块还提供了一种基于事件响应的方式来提示声音播放结束，这需要使用 set_endevent()

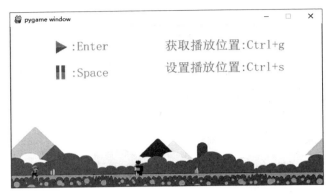

图 9.2　音乐的播放

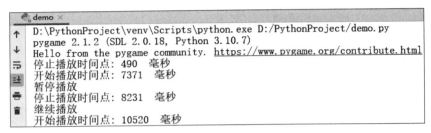

图 9.3　音乐在不同状态下所显示的播放位置

函数实现，该函数用来设置一个声音播放结束事件类型，在声音播放结束时，会触发该类型事件，然后在 pygame.event 事件队列中获取到该事件，并判定播放结束。

set_endevent() 函数语法格式如下：

pygame.mixer_music.set_endevent(type) ->None

参数 type 决定了什么类型的事件将被设置。

实例 9.3　自动切换歌曲（实例位置：资源包 \Code\09\03）

编写一个 pygame 程序，演示通过自定义并接收播放结束信号，实现自动切换歌曲的功能。具体实现时，首先定义一个要播放的音乐列表，并通过 pygame.mixer_music 模块的 load() 函数加载音乐列表中的第一项；然后通过设置音乐播放结束类型事件，实现在当前音乐播放结束时自动切歌并进行续播的功能，其中，切歌的方式有两种：自动顺序切歌和随机切歌，这主要通过监听按键的方式对切歌方式进行操作。代码如下：

```
01 import os
02 import random
03
04 import pygame
05 from pygame.locals import *
06
07 SIZE = WIDTH, HEIGHT = 640, 339
08 FPS = 60
09
10 pygame.mixer.pre_init(44100, 16, 2, 5012)
11 pygame.init()
12 os.environ['SDL_VIDEO_CENTERED'] = '1'    # 设置窗口居中
```

```python
13  screen = pygame.display.set_mode(SIZE)      # 创建窗口
14  clock = pygame.time.Clock()                 # 创建时钟对象
15
16  # 自定义音频文件列表，需在当前工作目录下
17  music_list = ['dance.ogg', "lixianglan.wav", "conceptb.wav",]
18  music_index = 0                             # 音乐索引
19  switch_status = True                        # 音乐切换类型
20  switch_type = {True:" 顺序播放 ", False: " 随机播放 "}
21  pygame.mixer_music.load(music_list[0])
22  bg_sur = pygame.image.load("bg8_3.png").convert_alpha()
23
24  PLAY_EVENT = USEREVENT + 1
25  # 设置播放结束事件
26  pygame.mixer_music.set_endevent(PLAY_EVENT)
27  allow_event = [QUIT, KEYDOWN]
28  allow_event.append(PLAY_EVENT)
29
30  while 1:
31      screen.blit(bg_sur, (0, 0))
32      # 事件索取，且指定要获取的事件类型
33      for event in pygame.event.get(allow_event):
34          if event.type == QUIT:
35              pygame.quit()
36              exit()
37          # 键盘按下类型事件
38          if event.type == KEYDOWN:
39              if event.mod in [KMOD_LCTRL, KMOD_RCTRL]:
40                  if event.key == K_SLASH:    # 切换切歌类型，左斜杠
41                      switch_status = not switch_status
42                      print(f" 当前切歌类型为：{switch_type[switch_status]}")
43                  if event.key == K_RETURN:   # 输出播放音乐文件名
44                      print(f" 播放的音乐为：{music_list[music_index]}")
45              elif not event.mod:
46                  if event.key == K_RETURN:   # 开始播放（一遍）
47                      pygame.mixer_music.play(1, 0.0)
48              if event.mod in [KMOD_LSHIFT, KMOD_RSHIFT]:
49                  if event.key in [K_LEFT, K_RIGHT]:
50                      if event.key == K_LEFT:# 向左切歌
51                          music_index -= 1
52                          if music_index == -1:
53                              music_index = len(music_list) - 1
54                      else:                   # 向右切歌
55                          music_index += 1
56                          if music_index == len(music_list):
57                              music_index = 0
58                      pygame.mixer_music.load(music_list[music_index])
59                      pygame.mixer_music.play(1, 0.0) # 续播
60          # 音乐播放结束类型事件
61          if event.type == PLAY_EVENT:  # 自动播放，切歌
62              if switch_status:                 # 顺序切歌
63                  music_index += 1
64                  if music_index == len(music_list):
65                      music_index = 0
66                  pygame.mixer_music.load(music_list[music_index])
67              else:                             # 随机切歌
68                  music_index = random.randrange(len(music_list))
69                  pygame.mixer_music.load(music_list[music_index])
70              pygame.mixer_music.play(1, 0.0) # 续播
71      # 清空 pygame 事件队列
72      pygame.event.clear()
```

```
73      clock.tick(FPS)
74      pygame.display.update()
```

程序运行效果如图 9.4 所示。

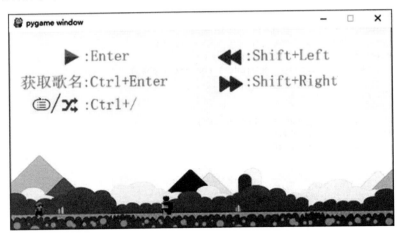

图 9.4　自动切换歌曲

9.3 管理声音

在 pygame 中对声音进行管理，需要使用 pygame.mixer 模块中提供的 Sound 对象和 Channel 对象，其中，Sound 对象用来控制声音，Channel 对象用来控制声音通道。下面分别对这两个对象进行介绍。

9.3.1　Sound 对象

前面提到使用 pygame.mixer_music 模块中的 play() 函数可以控制声音，那么为什么还要使用 Sound 呢？它们有什么区别呢？

使用 Sound 对象控制声音的播放时，它不会在一开始就把整个声音文件全部载入，而是流式载入播放，但它仅支持单声音流，因此，在遇到长时间的单声音播放时，建议使用 pygaeme.mixer_music 子模块来播放，例如背景音乐的播放等；而遇到在多个音频之间频繁切换时，可以使用 Sound 对象控制。

使用 Sound 对象时，可以从一个声音文件、Python 文件句柄或可读的缓冲区对象进行创建该对象，其语法格式如下：

```
# 通过一个文件
pygame.mixer.Sound(filename) ->Sound
pygame.mixer.Sound(file = filename) ->Sound
# 通过一个可读缓冲区
pygame.mixer.Sound(buffer) ->Sound
pygame.mixer.Sound(buffer = filename) ->Sound
# 通过一个对象
pygame.mixer.Sound(object) ->Sound
pygame.mixer.Sound(file = object) ->Sound
```

在上面几种方式中，如果使用的是一个声音文件或一个文件句柄，则该文件必须是 WAV 或 OGG 格式，不能是 MP3 格式！示例代码如下：

```
01 sou_01 = pygame.mixer.Sound("pygame.ogg")
02 obj = open("pygame.ogg", "r")
03 sou_02 = pygame.mixer.Sound(obj)
```

Sound 对象同样提供了 play() 函数，用于声音的播放，其语法格式如下：

```
pygame.mixer.Sound().play(loops=0, maxtime=0, fade_ms=0) ->Channel
```

参数说明如下：

☑ loops：重复的次数（整型）。当 loops 参数为 0 时，表示播放一次；为 1 时，表示除了原本播放的 1 次外，还需要重复播放 1 次；大于 1 时，依次类推。而当小于等于 −1 时，表示无限次重复播放。

☑ maxtime：指定时间停止播放（毫秒）。

☑ fade_ms：从 0 音量开始，指定时间淡入至全音量时间（毫秒）。

☑ 返回值：调用成功返回一个 Channel 对象，否则返回一个 None。

Sound 对象常用函数及说明如表 9.1 所示。

表 9.1 Sound 对象常用函数及说明

函数	说明
play()	播放声音
stop()	停止声音播放
fadeout()	淡出声音，可接受一个数字（毫秒）作为淡出时间
set_volume()	设置此声音的播放音量
get_volume()	获取播放音量
get_num_channels()	计算此声音播放的次数
get_length()	获取声音时长（秒为单位）
get_raw()	返回字节缓冲区副本

实例 9.4　使用 Sound 对象播放声音（实例位置：资源包 \Code\09\04）

编写一个 pygame 程序，其中通过 Sound 对象实现对声音的播放操作，其功能与实例 9.2 类似，不同的是添加了对音量的控制，以及在开始播放时添加了一个淡入的效果。代码如下：

```
01 import pygame
02 from pygame.locals import *
03
04 SIZE = WIDTH, HEIGHT = 640, 339
05 FPS = 60
06
07 pygame.mixer.pre_init(44100, 16, 2, 5012)
08 pygame.init()
09 screen = pygame.display.set_mode(SIZE)
10 clock = pygame.time.Clock()
```

```python
11  # 创建 Sound 对象
12  sou_obj = pygame.mixer.Sound("dance.ogg")
13  bg_sur = pygame.image.load("bg8_4.png").convert_alpha()
14  is_pause = True    # 暂停与继续开关
15  volume_inter = 0.08
16
17  def set_shortcut(event, key, mod_li= (0, )):
18      """ 设置快捷键 """
19      assert isinstance(mod_li, tuple)
20      assert isinstance(key, int)
21      if event.mod in mod_li:
22          if event.key == key:
23              return True
24      return False
25
26  while 1:
27      screen.blit(bg_sur, (0, 0))
28      # 键盘轮询，设置音量时以便可以重复接收按键
29      keys = pygame.key.get_pressed()
30      volume = sou_obj.get_volume()
31      if keys[K_UP]:      # 增加音量
32          volume += volume_inter
33          sou_obj.set_volume(volume)
34      if keys[K_DOWN]:    # 降低音量
35          volume -= volume_inter
36          sou_obj.set_volume(volume)
37      # 事件索取
38      for event in pygame.event.get([QUIT, KEYDOWN]):
39          if event.type == QUIT:
40              pygame.quit()
41              exit()
42          if event.type == KEYDOWN:
43              # 开始播放 1 次
44              if set_shortcut(event, K_RETURN):
45                  sou_obj.play(fade_ms = 3000) # 淡入 3000 毫秒
46                  print(" 开始播放 ")
47              # 无限次播放
48              if set_shortcut(event, K_RETURN, (KMOD_LSHIFT, KMOD_RSHIFT)):
49                  sou_obj.play(-1)
50                  print(" 单曲循环播放 ")
51              # 停止所有播放
52              if set_shortcut(event, K_s, (KMOD_LCTRL, KMOD_RCTRL)):
53                  sou_obj.stop()
54                  print(" 停止播放 ")
55              # 淡出 3000 毫秒停止
56              if set_shortcut(event, K_f, (KMOD_LCTRL, KMOD_RCTRL)):
57                  sou_obj.fadeout(3000)
58              if set_shortcut(event, K_SPACE):
59                  if is_pause:            # 暂停播放
60                      pygame.mixer.pause()
61                      is_pause = False
62                      print(" 暂停播放 ")
63                  else:                   # 继续播放
64                      pygame.mixer.unpause()
65                      is_pause = True
66                      print(" 继续播放 ")
67      # 清空 pygame 事件队列
68      pygame.event.clear()
69      clock.tick(FPS)    # 帧率
70      pygame.display.update()
```

程序运行效果如图 9.5 所示。

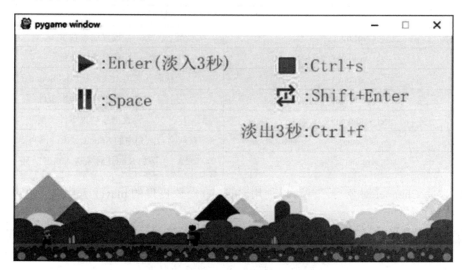

图 9.5　使用 Sound 对象播放声音

9.3.2　Channel 对象

Channel 对象，也被称作通道，用于精确控制每一个 Sound 对象的播放。每一个 Channel 对象都只能控制一个 Sound 对象，并且具体控制哪个 Channel 对象是完全可选的。

创建一个 Channel 对象的语法格式如下：

```
pygame.mixer.Channel(id) ->Channel
```

返回的是一个代表当前某一个声道的 Channel 对象，而参数 id 必须是从 0 到 pygame.mixer.get_num_channels() 返回的值之间的值（从 0 开始）。

 Python 中控制一个游戏中可以同时播放的声音应默认是 8 个，我们可以通过 pygame.mixer.get_num_channels() 方法来获取当前程序中同时播放的音频通道数，一旦超过 8 个，调用 Sound 对象的 play() 函数时就会返回一个 None；而如果需要同时播放很多声音，可以使用 pygame.mixer.set_num_channels() 函数来手动设置通道的数量。

Channel 对象常用函数及其说明如表 9.2 所示。

表 9.2　Channel 对象常用函数及其说明

函数	说明
stop()	停止在通道上的播放
pause()	暂时停止声音的播放
unpause()	恢复声音的播放
get_busy()	检查通道是否处于活跃状态，即是否正在播放
fadeout()	淡出声音播放，可接受一个数字（毫秒）作为淡出时间

续表

函数	说明
set_volume()	设置通道音量
get_volume()	获取通道音量
get_sound()	获取此通道上实际播放的 Sound 对象
get_endevent()	获取播放结束类型事件
set_endevent()	设置播放结束事件类型
get_queue()	获取声音队列中的 Sound 对象，没有则为 None
queue()	添加 Sound 对象进入声音队列

创建完 Channel 对象后，就可以使用 Channel 对象提供的 play() 函数来播放声音了，其语法格式如下：

```
pygame.mixer.Channel().play(Sound,loops=0,maxtime=0,fade_ms=0) ->None
```

参数 Sound 是一个 Sound 对象，表示此通道要播放的具体 Sound 声音对象，而后面 3 个参数的意义与 Sound.play() 函数中参数的意义是一样的。

例如，使用第 3 个声道播放 OGG 格式音频文件，代码如下：

```
01 # 可精确控制声道
02 import pygame
03 pygame.init()
04 screen = pygame.display.set_mode((640, 396))
05 pygame.mixer.set_num_channels(6) # 提前设置 6 个声道
06 sou_obj = pygame.mixer.Sound("pygame.ogg")
07 # 获取第 3 个声道对象，从 0 开始
08 chann_obj = pygame.mixer.Channel(2)
09 # 开始播放，指定要播放哪个 Sound 对象
10 chann_obj.play(sou_obj, 1, fade_ms = 3000)
11 while 1:
12     pass # 此处代码省略
```

上面的代码与完全使用 Sound 对象时自动选择一个声道播放声音的效果是一样的。等效代码如下：

```
01 import pygame
02 pygame.init()
03 screen = pygame.display.set_mode((640, 396))
04 pygame.mixer.set_num_channels(6) # 设置 6 个声道
05 sou_obj = pygame.mixer.Sound("pygame.ogg")
06 # 自动在 0 ～ 6（不包括 6 ）之间选择某一个声道对象播放
07 chan_obj = sou_obj.play(1, fade_ms = 3000)
08 while 1:
09     pass # 此处代码省略
```

（1）左右声道音量的控制

使用 Channel 对象的 set_volume() 函数可以控制播放声音时左右两个声道的音量，其语法格式如下：

```
pygame.mixer.Channel().set_volume(value) ->None
pygame.mixer.Channel().set_volume(left,right) ->None
```

参数说明如下:
☑ value:左右两个声道的音量一样,取值介于 0.0 ~ 1.0(包含)之间。
☑ left:左声道音量,取值介于 0.0 ~ 1.0(包含)之间。
☑ right:右声道音量,取值介于 0.0 ~ 1.0(包含)之间,如果值为 None,则采用 left 参数指定的值。

实例 9.5 音量的分别控制(实例位置:资源包 \Code\09\05)

编写一个 pygame 程序,通过 Channel 对象无限循环播放一个声音,然后通过 set_volume() 函数对正在播放的声音的音量进行控制,代码如下:

```
01 import pygame
02 from pygame.locals import *
03
04 SIZE = WIDTH, HEIGHT = 640, 339
05 FPS = 30
06
07 pygame.init()
08 screen = pygame.display.set_mode(SIZE)
09 clock = pygame.time.Clock()
10 pygame.key.set_repeat(16)
11 pygame.mixer.set_num_channels(6)          # 提前设置 6 个 声道
12 sou_obj = pygame.mixer.Sound("game_snd.ogg")
13 bg_sur = pygame.image.load("bg8_5.png").convert_alpha()
14 # 获取第 1 个声道对象
15 chann_obj = pygame.mixer.Channel(0)
16 # chann_obj = pygame.mixer.Channel(6)     # 报错
17 # 无限循环播放,且指定要播放哪个 Sound 对象
18 chann_obj.play(sou_obj, -1, fade_ms = 3000)
19 volume_inter = 0.012                       # 音量变化量
20 volume_switch = False                      # 音量升降开关
21
22 while 1:
23     screen.blit(bg_sur, (0, 0))
24     sou_volume = sou_obj.get_volume()      # 获取 Sound 总音量
25     chann_volume = chann_obj.get_volume()  # 获取 Channel 总音量
26     single_volume = chann_volume           # 扬声器音量
27     # 打印音量
28     print(f"sou_volume = {sou_volume},------ \
29         chann_volume = {chann_volume}")
30     for event in pygame.event.get():       # 事件索取
31         if event.type == QUIT:             # 判断为程序退出事件
32             pygame.quit()                  # 退出游戏,还原设备
33             exit()                         # 程序退出
34         if event.type == KEYDOWN:
35             if event.key == K_UP:          # 提高
36                 volume_inter = abs(volume_inter)
37                 volume_switch = True
38             if event.key == K_DOWN :       # 降低
39                 volume_inter = -abs(volume_inter)
40                 volume_switch = True
41
42             if volume_switch:
43                 # 改变 Channel 总音量
44                 if event.mod == KMOD_LSHIFT:
45                     chann_volume += volume_inter
46                     chann_obj.set_volume(chann_volume)
```

```
47                # 改变 Channel 左扬声器音量
48                elif event.mod == KMOD_LCTRL:
49                    single_volume += volume_inter
50                    chann_obj.set_volume(single_volume, chann_volume)
51                # 改变 Channel 右扬声器音量
52                elif event.mod == KMOD_LALT:
53                    single_volume += volume_inter
54                    chann_obj.set_volume(chann_volume, single_volume)
55                # 改变 Sound 总音量
56                else:
57                    sou_volume += volume_inter
58                    sou_obj.set_volume(sou_volume)
59                volume_switch = False        # 复位
60        pygame.event.clear()
61        clock.tick(FPS)
62        pygame.display.update()
```

程序运行效果如图 9.6 所示。

图 9.6　音量的分别控制

（2）声音队列的使用

Channel 对象提供了一个 queue() 函数，用来将 Sound 对象添加到一个声音队列中，这样可以保持下一个声音能够自动续播，queue() 函数语法格式如下：

```
queue(Sound) -> None
```

参数一个是 Sound 对象。

使用 Channel 对象添加声音队列后，当声音在频道上排队时，它将在当前声音结束后立即开始播放下一个声音，但每个通道一次只能排队一个声音，排队的声音仅在当前播放自动结束时播放。但如果当前通道调用了 Channel.stop() 或 Channel.play() 函数，则当前通道的声音队列中排队的声音将会被清除。

另外，还可以使用 get_queue() 函数获取声音队列中的 Sound 对象，没有则为 None，其语法格式如下：

```
get_queue() -> Sound
```

例如，下面的代码定义了一个声音列表，然后定义了一个 get_sound() 方法，分别使用声音列表中的文件创建相应的 Sound 对象，最后使用 Channel 对象的 queue() 函数将它们添加到声音队列中，代码如下：

```
01  import pygame
02  AUDIO_LI = ["dance.ogg", "airplane.ogg", "game_snd.ogg"]
03  AUDIO_INDEX = -1                        # 声音文件索引
04  def get_sonnd():
05      """ 专门创建 Sound 对象，并返回 """
06      global AUDIO_INDEX
07      AUDIO_INDEX += 1
08      if AUDIO_INDEX == len(AUDIO_LI):
09          AUDIO_INDEX = 0
10      obj = pygame.mixer.Sound(AUDIO_LI[AUDIO_INDEX])
11      return obj
12  sou_obj = pygame.mixer.Sound(AUDIO_LI[AUDIO_INDEX])
13  # 获取第 3 个声道对象
14  chann_obj = pygame.mixer.Channel(2)
15  # 播放一遍，且指定要播放哪个 Sound 对象
16  chann_obj.play(sou_obj, fade_ms = 3000)
17  chann_obj.queue(get_sonnd())           # 添加 Sound 对象到声音队列
```

9.4 综合案例——音乐播放器

使用 pygame 设计一个音乐播放器，主要功能包括：自动搜寻指定目录下所有可用的音乐文件，音乐的播放、暂停、继续，可自动顺序切歌或随机切歌，播放时可快进与快退，可调节音量，可手动切歌。

程序运行效果如图 9.7 所示。

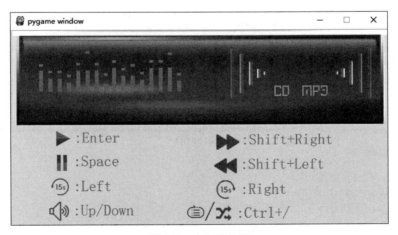

图 9.7 音乐播放器

程序开发步骤如下：

① 在 PyCharm 中创建一个 .py 文件，在其头部导入 pygame 包以及所需的其他 Python 内置模块，并定义需要用到的常量。代码如下：

```
01  import os
02  import random
```

```
03  import sys
04
05  import pygame
06  from pygame.locals import *
07
08  SIZE = WIDTH, HEIGHT = 640, 396
09  FPS = 60
10  BASE_DIR = "."                         # 音乐文件夹目录
11  STATUS = {}                            # 音频文件状态
12  """ is_dir: 命令行是否传递一个参数,且是一个目录
13      files: 目录下所有的音乐文件
14  """
15  AUDIO_TYPE = [".ogg", ".wav"] # 音频文件类型后缀
```

② 自定义 get_audio_files() 方法,用来从指定目录中自动搜寻所有可用的音乐文件,代码如下:

```
01  def get_audio_files():
02      """ 获取音频文件 """
03      global STATUS, BASE_DIR
04      # BASE_DIR = "."
05      STATUS = {"state": False, "files": []}
06      if len(sys.argv) == 2:    # 命令行是否传递一个参数
07          dir = sys.argv[1]
08          # 是目录,且存在
09          if os.path.isdir(dir) and os.path.exists(dir):
10              # 返回 path 最后的文件名。如果 path 以 / 或 \ 结尾,那么就会返回空值
11              if os.path.basename(os.path.abspath(dir)):
12                  BASE_DIR = dir
13              else: # 返回目录名,若以 / 或 \ 结尾,则去除
14                  BASE_DIR = os.path.dirname(dir)
15          else:
16              raise(" 不是一个目录或不存在……")
17      print(f"BASE_DIR = {BASE_DIR}")
18      # 提取目录下所有文件和子目录
19      files = os.listdir(BASE_DIR) # 文件名列表
20      if files: # 是否存在文件
21          for name in files:
22              # 判断文件是否是符合需求的音频文件
23              if os.path.splitext(name)[1] in AUDIO_TYPE:
24                  # 添加的文件需为带路径的音频文件列表
25                  path = os.path.abspath(os.path.abspath(BASE_DIR) + os.sep + name)
26                  STATUS["files"].append(path)
27      else:
28          raise(" 此目录为一个空的目录……")
29      # 判断是否存在有效的音频文件
30      if not STATUS["files"]:
31          raise(" 此目录为无效目录……")
32      else:
33          STATUS["state"] = True
34          print(f"list_files = {STATUS['files']}")
```

③ 初始化并创建 pygame 窗口,并定义程序中需要用到的变量,代码如下:

```
01  pygame.mixer.pre_init(44100, 16, 2, 5012)
02  pygame.init()
03  os.environ['SDL_VIDEO_CENTERED'] = '1'   # 设置窗口居中
04  screen = pygame.display.set_mode(SIZE)    # 创建窗口
05  clock = pygame.time.Clock()               # 创建时钟对象
```

```
06  # 创建并添加播放结束类型事件
07  PLAY_EVENT = USEREVENT + 1
08  pygame.mixer_music.set_endevent(PLAY_EVENT)
09  all_event = list(range(pygame.NOEVENT, pygame.USEREVENT))
10  allow_event = [QUIT, KEYDOWN]
11  block_event = [i for i in all_event if i not in allow_event]
12  # 禁止无关事件进入 pygame 事件队列
13  pygame.event.set_blocked(block_event)
14  allow_event.append(PLAY_EVENT)
15  volume_inter = 0.015        # 音量偏移
16  pos_inter = 2500            # 位置偏移
17  is_pause = True             # 暂停与继续开关
18  pos_switch = False          # 快进开关
19  switch_status = True        # 音乐切换类型
20  switch_type = {True:" 顺序播放 ", False:" 随机播放 "}
21  # 自定义音频文件列表，需在当前工作目录下
22  music_list = ['pygame.ogg', "biaozhang.wav", \
23                "pygame.wav", "ruchang.ogg"]
24  music_index = 0             # 音乐索引
25  get_audio_files()           # 获取音频文件
26  if STATUS["state"]:
27      music_list = STATUS["files"]
28  # 默认加载第一个音乐文件
29  pygame.mixer_music.load(music_list[music_index])
30  bg_sur = pygame.image.load("bg_row.png").convert_alpha()
```

④ 自定义一个 auto_load_music() 方法，其中根据切歌的方式自动加载音乐并播放，该方法中有两个参数，其中，第 1 个参数表示左右切歌的方向，第 2 个参数表示是否为随机切歌。代码如下：

```
01  def auto_load_music(dir, is_random = False):
02      """ 自动加载音乐文件并播放 """
03      global music_index
04      if is_random:           # 随机切歌
05          music_index = random.randrange(len(music_list))
06      elif dir == K_LEFT:     # 向左切歌
07          music_index -= 1
08      elif dir == K_RIGHT:    # 向右切歌
09          music_index += 1
10      music_index %= len(music_list)
11      pygame.mixer_music.load(music_list[music_index])
12      pygame.mixer_music.play(1, 0.0)
13      print(" 加载音乐为: = ", music_list[music_index])
```

⑤ 创建 pygame 主逻辑循环，在其中监听键盘事件，根据不同的按键来执行不同的音乐功能，具体实现时，通过 pygame 事件队列使用了事件索取，目的是在实现快进与快退以及音量的升降功能时，能够与其他不需要重复接收键盘事件的功能代码区分。代码如下：

```
01  while True:
02      screen.blit(bg_sur, (0, 0))
03      # 键盘轮询，设置音量时以便可以重复接收按键
04      keys = pygame.key.get_pressed()
05      mods = pygame.key.get_mods()
06      volume = pygame.mixer_music.get_volume() # 获取音量
07      pos = pygame.mixer_music.get_pos()       # 获取播放位置
08
09      if mods == 0:
10          if keys[K_LEFT]:                    # 快退
```

```python
11              pos_inter = -abs(pos_inter)
12              pos_switch = True
13          if keys[K_RIGHT]:               # 快进
14              pos_inter = abs(pos_inter)
15              pos_switch = True
16          if keys[K_UP]:                  # 增加音量
17              volume += volume_inter
18              pygame.mixer_music.set_volume(volume)
19          if keys[K_DOWN]:                # 降低音量
20              volume -= volume_inter
21              pygame.mixer_music.set_volume(volume)
22      if pos_switch:                      # 快进与快退
23          pos += pos_inter
24          try:
25              pygame.mixer_music.set_pos(pos)
26          except Exception as e:
27              print(" 快退播放出错：", e)
28          pos_switch = False              # 复位
29      # 事件索取
30      for event in pygame.event.get(allow_event):
31          if event.type == QUIT:
32              pygame.quit()
33              exit()
34          # 键盘按下事件
35          if event.type == KEYDOWN:
36              if event.key == K_RETURN:   # 开始播放（一遍）
37                  pygame.mixer_music.play(1, 0.0)
38              if event.key == K_SPACE:
39                  if is_pause:            # 暂停播放
40                      print(" 暂停播放 ")
41                      pygame.mixer_music.pause()
42                      is_pause = False
43                  else:                   # 继续播放
44                      print(" 继续播放 ")
45                      pygame.mixer_music.unpause()
46                      is_pause = True
47              if event.mod in [KMOD_LCTRL, KMOD_RCTRL]:
48                  if event.key == K_SLASH:    # 切换切歌类型 " 斜杠 "
49                      switch_status = not switch_status
50                      print(f" 当前切歌类型为：{switch_type[switch_status]}")
51              if event.mod in [KMOD_LSHIFT, KMOD_RSHIFT]:
52                  if event.key == K_LEFT:     # 向左切歌
53                      auto_load_music(K_LEFT)
54                  elif event.key == K_RIGHT:  # 向右切歌
55                      auto_load_music(K_RIGHT)
56          # 音乐播放结束事件
57          if event.type == PLAY_EVENT:    # 自动播放，切歌
58              if switch_status:           # 顺序切歌，向右
59                  auto_load_music(K_RIGHT)
60              else:                       # 随机切歌
61                  auto_load_music(None, is_random = True)
62      pygame.event.clear() # 清空 pygame 事件队列
63      pygame.display.update()
64      clock.tick(FPS)
```

9.5 实战练习

通过使用 pygame 中的 Channel 对象实现音乐续播的功能（提示：需要用到声音队列），

程序运行效果如图 9.8 所示。

图 9.8　使用 Channel 实现音乐续播

第 2 篇 案例篇

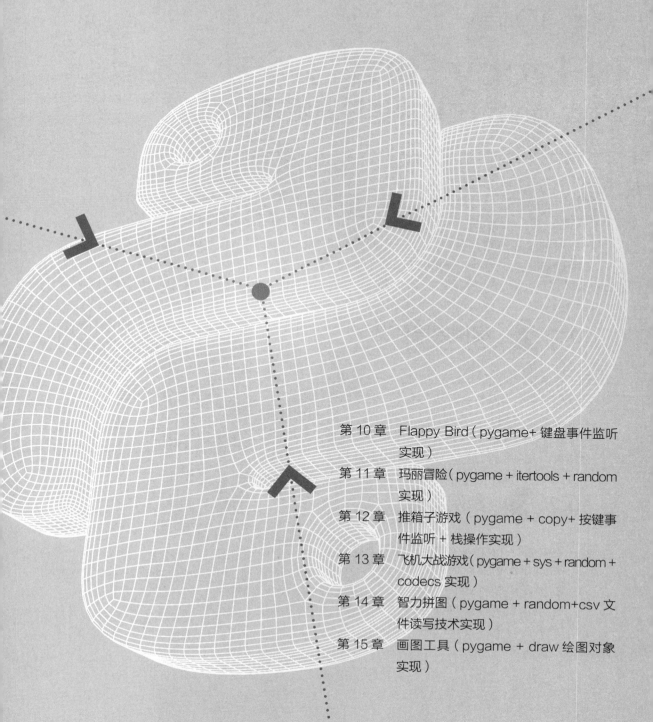

第 10 章　Flappy Bird（pygame+ 键盘事件监听实现）

第 11 章　玛丽冒险（pygame + itertools + random 实现）

第 12 章　推箱子游戏（pygame + copy+ 按键事件监听 + 栈操作实现）

第 13 章　飞机大战游戏（pygame + sys + random + codecs 实现）

第 14 章　智力拼图（pygame + random+csv 文件读写技术实现）

第 15 章　画图工具（pygame + draw 绘图对象实现）

第 10 章
Flappy Bird
（pygame+ 键盘事件监听实现）

扫码免费获取
本书资源

《Flappy Bird》是一款鸟类飞行游戏，由越南河内独立游戏开发者阮哈东（Dong Nguyen）开发。在《Flappy Bird》这款游戏中，玩家只需要用一根手指来操控，单击触摸手机屏幕，小鸟就会往上飞，不断地单击就会不断地往高处飞；放松手指，则会快速下降。所以玩家要控制小鸟一直向前飞行，然后注意躲避途中高低不平的管子。如果小鸟碰到了障碍物，游戏就会结束。每当小鸟飞过一组管道，玩家就会获得 1 分。本章将使用 pygame 开发一个《Flappy Bird》游戏。

10.1　案例效果预览

本案例实现了一个简易版的《Flappy Bird》游戏，运行程序，小鸟默认会自动往下落，但我们可以通过按键盘上的按键使其往高处飞，每当小鸟飞过一组管道，玩家就会获得 1 分；而如果小鸟碰到了障碍物，游戏就会结束，并显示得分。运行结果如图 10.1 所示。

10.2　案例准备

本游戏的开发及运行环境具体如下：

- ☑ 操作系统：Windows 7、Windows 8、Windows 10 等。
- ☑ 开发语言：Python。
- ☑ 开发工具：PyCharm。
- ☑ 第三方模块：pygame。

图 10.1　《Flappy Bird》游戏

10.3 业务流程

在开发《Flappy Bird》游戏前，需要先了解其业务流程，如图10.2所示。

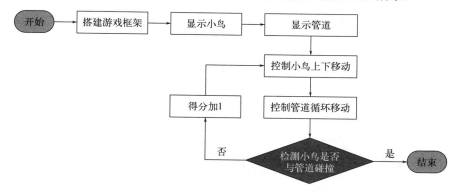

图10.2 业务流程

10.4 实现过程

在《Flappy Bird》游戏中，主要有两个对象：小鸟和管道，可以创建 Bird 类和 Pineline 类来分别表示这两个对象。小鸟可以通过上下移动来躲避管道，所以在 Bird 类中创建一个 birdUpdate() 方法，实现小鸟的上下移动。而为了体现小鸟向前飞行的特征，可以让管道一直向左侧移动，这样在窗口中就好像小鸟在向前飞行，所以，在 Pineline 类中创建一个 updatePipeline() 方法，实现管道的向左移动。此外，还创建了 3 个函数：createMap() 函数用于绘制地图，checkDead() 函数用于判断小鸟的生命状态，getResult() 函数用于获取最终分数。最后在主逻辑中，实例化类并调用相关方法，实现相应功能。下面对《Flappy Bird》游戏的实现过程进行详细讲解。

10.4.1 文件夹组织结构

《Flappy Bird》游戏的文件夹组织结构如图10.3所示。

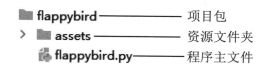

图10.3 项目文件夹组织结构

10.4.2 搭建主框架

通过前面的分析，我们可以搭建起《Flappy Bird》游戏的主框架。《Flappy Bird》游戏有两个对象：小鸟和管道。先来创建这两个类，类中具体的方法可以先使用 pass 语句代替。然后创建一个绘制地图的函数 createMap()。最后，在主逻辑中绘制背景图片。关键代码如下：

```python
01  import pygame
02  import sys
03  import random
04
05  class Bird(object):
06      """ 定义一个鸟类 """
07      def __init__(self):
08          """ 定义初始化方法 """
09          pass
10
11      def birdUpdate(self):
12          pass
13
14  class Pipeline(object):
15      """ 定义一个管道类 """
16      def __init__(self):
17          """ 定义初始化方法 """
18          pass
19
20      def updatePipeline(self):
21          """ 水平移动 """
22          pass
23
24  def createMap():
25      """ 定义创建地图的方法 """
26      screen.fill((255, 255, 255))                        # 填充颜色
27      screen.blit(background, (0, 0))                     # 填入到背景
28      pygame.display.update()                             # 更新显示
29
30  if __name__ == '__main__':
31      """ 主程序 """
32      pygame.init()                                        # 初始化 pygame
33      size = width, height = 400, 720                      # 设置窗口
34      screen = pygame.display.set_mode(size)               # 显示窗口
35      clock  = pygame.time.Clock()                         # 设置时钟
36      Pipeline = Pipeline()                                # 实例化管道类
37      Bird = Bird()                                        # 实例化鸟类
38      while True:
39          clock.tick(60)                                   # 每秒执行 60 次
40          # 轮询事件
41          for event in pygame.event.get():
42              if event.type == pygame.QUIT:
43                  sys.exit()
44
45          background = pygame.image.load("assets/background.png")   # 加载背景图片
46          createMap()                                      # 绘制地图
47      pygame.quit()                                        # 退出
```

运行结果如图 10.4 所示。

10.4.3 创建小鸟类

下面来创建小鸟类。该类需要初始化很多参数，所以定义一个 __init__() 方法，用来初始化各种参数，包括鸟的飞行的几种状态、飞行的速度、跳跃的高度等。然后定义 birdUpdate() 方法，该方法用于实现小鸟的跳跃和坠落。接下来，在主逻辑的轮询事件中添加键盘按下事件或鼠标单击事件，如按下鼠标，使小鸟上升等。最后，在 createMap() 方法中，显示小鸟的图像。关键代码如下：

图 10.4　游戏主框架运行结果

```
01  import pygame
02  import sys
03  import random
04
05  class Bird(object):
06      """ 定义一个鸟类 """
07      def __init__(self):
08          """ 定义初始化方法 """
09          self.birdRect = pygame.Rect(65, 50, 50, 50)  # 鸟的矩形
10          # 定义鸟的 3 种状态列表
11          self.birdStatus = [pygame.image.load("assets/1.png"),
12                             pygame.image.load("assets/2.png"),
13                             pygame.image.load("assets/dead.png")]
14          self.status = 0                   # 默认飞行状态
15          self.birdX = 120                  # 鸟所在 X 轴坐标，即向右飞行的速度
16          self.birdY = 350                  # 鸟所在 Y 轴坐标，即上下飞行高度
17          self.jump = False                 # 默认情况小鸟自动降落
18          self.jumpSpeed = 10               # 跳跃高度
19          self.gravity = 5                  # 重力
20          self.dead = False                 # 默认小鸟生命状态为活着
21
22      def birdUpdate(self):
23          if self.jump:
24              # 小鸟跳跃
25              self.jumpSpeed -= 1            # 速度递减，上升越来越慢
26              self.birdY -= self.jumpSpeed   # 鸟 Y 轴坐标减小，小鸟上升
27          else:
28              # 小鸟坠落
29              self.gravity += 0.2            # 重力递增，下降越来越快
30              self.birdY += self.gravity     # 鸟 Y 轴坐标增加，小鸟下降
31          self.birdRect[1] = self.birdY      # 更改 Y 轴位置
32
33  class Pipeline(object):
34      """ 定义一个管道类 """
```

```python
35      def __init__(self):
36          """ 定义初始化方法 """
37          pass
38
39      def updatePipeline(self):
40          """ 水平移动 """
41          pass
42
43  def createMap():
44      """ 定义创建地图的方法 """
45      screen.fill((255, 255, 255))                # 填充颜色
46      screen.blit(background, (0, 0))             # 填入到背景
47      # 显示小鸟
48      if Bird.dead:                                # 撞管道状态
49          Bird.status = 2
50      elif Bird.jump:                              # 起飞状态
51          Bird.status = 1
52      screen.blit(Bird.birdStatus[Bird.status], (Bird.birdX, Bird.birdY))  # 设置小鸟的坐标
53      Bird.birdUpdate()                            # 鸟移动
54      pygame.display.update()                      # 更新显示
55
56  if __name__ == '__main__':
57      """ 主程序 """
58      pygame.init()                                # 初始化 pygame
59      size = width, height = 400, 680              # 设置窗口
60      screen = pygame.display.set_mode(size)       # 显示窗口
61      clock = pygame.time.Clock()                  # 设置时钟
62      Pipeline = Pipeline()                        # 实例化管道类
63      Bird = Bird()                                # 实例化鸟类
64      while True:
65          clock.tick(60)                           # 每秒执行 60 次
66          # 轮询事件
67          for event in pygame.event.get():
68              if event.type == pygame.QUIT:
69                  sys.exit()
70              if (event.type == pygame.KEYDOWN or event.type == pygame.MOUSEBUTTONDOWN) and
71                                                   not Bird.dead:
72                  Bird.jump = True                 # 跳跃
73                  Bird.gravity = 5                 # 重力
74                  Bird.jumpSpeed = 10              # 跳跃速度
75
76          background = pygame.image.load("assets/background.png")  # 加载背景图片
77          createMap()                              # 创建地图
78      pygame.quit()
```

上述代码在 Bird 类中设置了 birdStatus 属性，该属性是一个鸟类图片的列表，列表中存储小鸟 3 种飞行状态，根据小鸟的不同状态加载相应的图片。在 birdUpdate() 方法中，为了达到较好的动画效果，使 jumpSpeed 和 gravity 两个属性逐渐变化。运行上述代码，在窗体内创建一只小鸟，默认情况下小鸟会一直下降。当单击一下鼠标或按一下键盘，小鸟会跳跃一下，高度上升。运行效果如图 10.5 所示。

10.4.4 创建管道类

创建完鸟类后，接下来创建管道类。同样，在 __init__() 方法中初始化各种参数，包括设置管道的坐标，加载上下管道图片等。然后在 updatePipeline() 方法中，定义管道向左移动的速度，并且当管道移出屏幕时，重新绘制下一组管道。最后，在 createMap() 函数中显

图 10.5　添加小鸟后的运行效果

示管道。关键代码如下：

```
01 import pygame
02 import sys
03 import random
04
05 class Bird(object):
06     # 省略部分代码
07
08 class Pipeline(object):
09     """ 定义一个管道类 """
10     def __init__(self):
11         """ 定义初始化方法 """
12         self.wallx    = 400;                                    # 管道所在 X 轴坐标
13         self.pineUp   = pygame.image.load("assets/top.png")     # 加载上管道图片
14         self.pineDown = pygame.image.load("assets/bottom.png")  # 加载下管道图片
15     def updatePipeline(self):
16         """" 管道移动方法 """
17         self.wallx -= 5         # 管道 X 轴坐标递减，即管道向左移动
18         # 当管道运行到一定位置，即小鸟飞越管道，分数加 1，并且重置管道
19         if self.wallx < -80:
20             self.wallx = 400
21
22 def createMap():
23     """ 定义创建地图的方法 """
24     screen.fill((255, 255, 255))            # 填充颜色
25     screen.blit(background, (0, 0))         # 填入到背景
26
27     # 显示管道
28     screen.blit(Pipeline.pineUp,(Pipeline.wallx,-300));     # 上管道坐标位置
29     screen.blit(Pipeline.pineDown,(Pipeline.wallx,500));    # 下管道坐标位置
30     Pipeline.updatePipeline()    # 管道移动
31
32     # 显示小鸟
33     if Bird.dead:                           # 撞管道状态
```

```
34          Bird.status = 2
35      elif Bird.jump:              # 起飞状态
36          Bird.status = 1
37      screen.blit(Bird.birdStatus[Bird.status], (Bird.birdX, Bird.birdY))  # 设置小鸟的坐标
38      Bird.birdUpdate()            # 鸟移动
39
40      pygame.display.update()      # 更新显示
41
42  if __name__ == '__main__':
43      # 省略部分代码
44      while True:
45          clock.tick(60)           # 每秒执行 60 次
46          # 轮询事件
47          for event in pygame.event.get():
48              if event.type == pygame.QUIT:
49                  sys.exit()
50              if (event.type == pygame.KEYDOWN or event.type == pygame.MOUSEBUTTONDOWN) and
51                                          not Bird.dead:
52                  Bird.jump = True         # 跳跃
53                  Bird.gravity = 5         # 重力
54                  Bird.jumpSpeed = 10      # 跳跃速度
55
56          background = pygame.image.load("assets/background.png")  # 加载背景图片
57          createMap()  # 创建地图
58  pygame.quit()
```

上述代码中，在 createMap() 函数内，设置先显示管道，再显示小鸟。这样做的目的是当小鸟与管道图像重合时，小鸟的图像显示在上层，而管道的图像显示在底层。运行结果如图 10.6 所示。

图 10.6　添加管道后的效果

10.4.5　计算得分

当小鸟飞过管道时，玩家得分加 1。这里对于飞过管道的逻辑做了简化处理：当管道移动到窗体左侧一定距离后，默认为小鸟飞过管道，使分数加 1，并显示在屏幕上。在

updatePipeline() 方法中已经实现该功能，关键代码如下：

```python
01 import pygame
02 import sys
03 import random
04
05 class Bird(object):
06     # 省略部分代码
07 class Pipeline(object):
08     # 省略部分代码
09     def updatePipeline(self):
10         """ 管道移动方法 """
11         self.wallx -= 5          # 管道 X 轴坐标递减，即管道向左移动
12         # 当管道运行到一定位置，即小鸟飞越管道，分数加 1，并且重置管道
13         if self.wallx < -80:
14             global score
15             score += 1
16             self.wallx = 400
17
18 def createMap():
19     """ 定义创建地图的方法 """
20     # 省略部分代码
21
22     # 显示分数
23     screen.blit(font.render(str(score),-1,(255, 255, 255)),(200, 50)) # 设置颜色及坐标位置
24     pygame.display.update()      # 更新显示
25
26 if __name__ == '__main__':
27     """ 主程序 """
28     pygame.init()              # 初始化 pygame
29     pygame.font.init()         # 初始化字体
30     font = pygame.font.SysFont(None, 50)    # 设置默认字体和大小
31     size = width, height = 400, 680         # 设置窗口
32     screen = pygame.display.set_mode(size)  # 显示窗口
33     clock = pygame.time.Clock()             # 设置时钟
34     Pipeline = Pipeline()  # 实例化管道类
35     Bird = Bird()          # 实例化鸟类
36     score = 0                               # 初始化分数
37     while True:
38         # 省略部分代码
```

运行效果如图 10.7 所示。

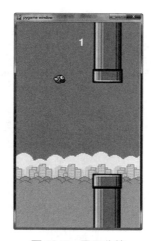

图 10.7　显示分数

10.4.6 碰撞检测

当小鸟与管道相撞时，小鸟颜色变为灰色，游戏结束，并且显示总分数。在 checkDead() 函数中通过 pygame.Rect() 可以分别获取小鸟的矩形区域对象和管道的矩形区域对象，该对象有一个 colliderect() 方法可以判断两个矩形区域是否相撞。如果相撞，设置 Bird.dead 属性为 True。此外，当小鸟飞出窗体时，也设置 Bird.dead 属性为 True。最后，用两行文字显示总得分。关键代码如下：

```
01  import pygame
02  import sys
03  import random
04
05  class Bird(object):
06      # 省略部分代码
07  class Pipeline(object):
08      # 省略部分代码
09  def createMap():
10      # 省略部分代码
11  def checkDead():
12      # 上方管子的矩形位置
13      upRect = pygame.Rect(Pipeline.wallx,-300,
14                           Pipeline.pineUp.get_width() - 10,
15                           Pipeline.pineUp.get_height())
16
17      # 下方管子的矩形位置
18      downRect = pygame.Rect(Pipeline.wallx,500,
19                             Pipeline.pineDown.get_width() - 10,
20                             Pipeline.pineDown.get_height())
21      # 检测小鸟与上下方管子是否碰撞
22      if upRect.colliderect(Bird.birdRect) or downRect.colliderect(Bird.birdRect):
23          Bird.dead = True
24      # 检测小鸟是否飞出上下边界
25      if not 0 < Bird.birdRect[1] < height:
26          Bird.dead = True
27          return True
28      else :
29          return False
30
31  def getResutl():
32      final_text1 = "Game Over"
33      final_text2 = "Your final score is:  " + str(score)
34      ft1_font = pygame.font.SysFont("Arial", 70)           # 设置第一行文字字体
35      ft1_surf = font.render(final_text1, 1, (242,3,36))    # 设置第一行文字颜色
36      ft2_font = pygame.font.SysFont("Arial", 50)           # 设置第二行文字字体
37      ft2_surf = font.render(final_text2, 1, (253, 177, 6)) # 设置第二行文字颜色
38      # 设置第一行文字显示位置
39      screen.blit(ft1_surf, [screen.get_width()/2 - ft1_surf.get_width()/2, 100])
40      # 设置第二行文字显示位置
41      screen.blit(ft2_surf, [screen.get_width()/2 - ft2_surf.get_width()/2, 200])
42      pygame.display.flip()    # 更新整个待显示的 Surface 对象到屏幕上
43
44  if __name__ == '__main__':
45      """ 主程序 """
46      # 省略部分代码
47      while True:
48          # 省略部分代码
49          background = pygame.image.load("assets/background.png") # 加载背景图片
50          if checkDead() : # 检测小鸟生命状态
```

```
51              getResutl()     # 如果小鸟死亡,显示游戏总分数
52          else :
53              createMap()     # 创建地图
54    pygame.quit()
```

上述代码的 checkDead() 方法中,upRect.colliderect(Bird.birdRect) 用于检测小鸟的矩形区域是否与上管道的矩形区域相撞,colliderect() 函数的参数是另一个矩形区域对象。运行结果如图 10.8 所示。

图 10.8　碰到管道后的效果

本案例实现了《Flappy Bird》的基本功能,但还有很多需要完善的地方,如设置游戏的难度,包括设置管道的高度、小鸟的飞行速度等,读者朋友可以尝试完善该游戏。

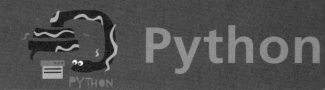

第 11 章
玛丽冒险
（pygame + itertools + random 实现）

扫码免费获取
本书资源

我们小时候玩过很多经典的游戏，例如《魂斗罗》《超级玛丽》等，印象最为深刻的就是《超级玛丽》。该游戏有多个版本，在小霸王游戏机时代我们几乎天天都在玩。本章我们就使用 Python 通过模拟《超级玛丽》实现一个《玛丽冒险》的小游戏。

11.1 案例效果预览

模拟《超级玛丽》实现《玛丽冒险》的小游戏，该游戏具备以下功能。
- ☑ 播放与停止背景音乐；
- ☑ 随机生成管道与导弹障碍；
- ☑ 显示积分；
- ☑ 跳跃躲避障碍；
- ☑ 碰撞障碍；
- ☑ 游戏音效。

《玛丽冒险》游戏主窗体运行效果如图 11.1 所示。

图 11.1 《玛丽冒险》游戏主窗体运行效果

关闭背景音乐运行效果如图 11.2 所示。

图 11.2　关闭背景音乐

单击空格按键，越过障碍的运行效果如图 11.3 所示。

图 11.3　越过障碍

碰撞障碍物的运行效果如图 11.4 所示。

图 11.4　碰撞障碍物

11.2　案例准备

本游戏的开发及运行环境具体如下：
- ☑ 操作系统：Windows 7、Windows 8、Windows 10 等。
- ☑ 开发语言：Python。
- ☑ 开发工具：PyCharm。
- ☑ Python 内置模块：itertools、random。
- ☑ 第三方模块：pygame。

175

11.3 业务流程

在开发《玛丽冒险》游戏前，需要先规划其业务流程，如图 13.5 所示。

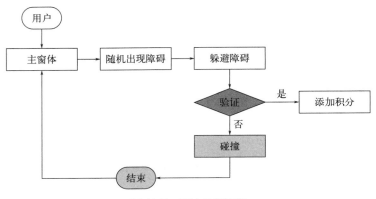

图 11.5　系统业务流程

11.4 实现过程

11.4.1 文件夹组织结构

《玛丽冒险》游戏的文件夹组织结构主要包括 audio（保存音效文件）、image（保存图片）和一个 marie.py 文件，详细结构如图 11.6 所示。

图 11.6　项目文件结构

11.4.2 游戏窗体的实现

在实现游戏窗体时，首先需要定义窗体的宽度与高度，然后通过 pygame 模块中的 init() 方法，实现初始化功能，接下来需要创建循环，在循环中通过 update() 函数不断更新窗体，最后需要判断用户是否单击了关闭窗体的按钮，如果单击了"关闭"按钮，将关闭窗体，否则继续循环显示窗体。

通过 pygame 模块实现《玛丽冒险》游戏主窗体的具体步骤如下：

① 创建名称为 marie_adventure 的项目文件夹，然后在该文件夹中分别创建两个文件夹，一个命名为 audio，用于保存游戏中的音频文件，另一个命名为 image，用于保存游戏中所使用的图片资源。最后在项目文件夹内创建 marie.py 文件，在该文件中实现《玛丽冒险》的游戏代码。

② 导入 pygame 库与 pygame 中的常量，然后定义窗体的宽度与高度，代码如下：

```python
01  import pygame                    # 将 pygame 库导入到 python 程序中
02  from pygame.locals import *      # 导入 pygame 中的常量
03  import sys                       # 导入系统模块
04  
05  SCREENWIDTH = 822                # 窗口宽度
06  SCREENHEIGHT = 199               # 窗口高度
07  FPS = 30                         # 更新画面的时间
```

③ 创建 mainGame() 方法，在该方法中首先进行 pygame 的初始化工作，然后创建时间对象用于更新窗体中的画面，再创建窗体实例并设置窗体的标题文字，最后通过循环实现窗体的显示与刷新。代码如下：

```python
01  def mainGame():
02      score = 0          # 得分
03      over = False       # 游戏结束标记
04      global SCREEN, FPSCLOCK
05      pygame.init()      # 经过初始化以后就可以使用 pygame 了
06      # 使用 pygame 时钟之前，必须先创建 Clock 对象的一个实例，
07      # 控制每个循环多长时间运行一次
08      FPSCLOCK = pygame.time.Clock()
09      # 通常来说需要先创建一个窗体，方便与程序交互
10      SCREEN = pygame.display.set_mode((SCREENWIDTH, SCREENHEIGHT))
11      pygame.display.set_caption('玛丽冒险')  # 设置窗体标题
12      while True:
13          # 获取单击事件
14          for event in pygame.event.get():
15              # 如果单击了关闭窗体就将窗体关闭
16              if event.type == QUIT:
17                  pygame.quit()    # 退出窗口
18                  sys.exit()       # 关闭窗口
19  
20  
21          pygame.display.update()  # 更新整个窗体
22          FPSCLOCK.tick(FPS)       # 循环应该多长时间运行一次
23  
24  
25  if __name__ == '__main__':
26      mainGame()
```

主窗体的运行效果如图 11.7 所示。

图 11.7 主窗体运行效果

11.4.3 地图的加载

在实现一个无限循环移动的地图时，首先需要渲染两张地图的背景图片，然后地图 1 的背景图片展示在窗体当中，而地图 2 的背景图片需要在窗体的外面进行准备，如图 11.8 所示。

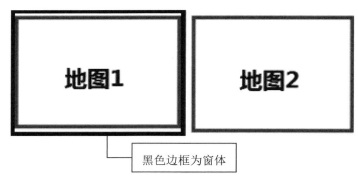

图 11.8　移动地图的准备工作

接下来两张地图同时以相同的速度向左移动，此时窗体外的地图 2 背景图片将跟随地图 1 背景图片进入窗体中，如图 11.9 所示。

图 11.9　地图 2 背景图片进入窗体

当地图 1 完全离开窗体的时候，将该图片的坐标设置为准备状态的坐标位置，如图 11.10 所示。

图 11.10　地图 1 离开窗体后的位置

通过不断地颠倒两张图片位置，然后平移，此时在用户的视觉中就形成了一张不断移动的地图。通过代码实现移动地图的具体步骤如下：

① 创建一个名称为 MyMap 的滚动地图类，然后在该类的初始化方法中加载背景图片与定义 x 与 y 的坐标，代码如下：

```
01  # 定义一个移动地图类
02  class MyMap():
03
04      def __init__(self, x, y):
05          # 加载背景图片
06          self.bg = pygame.image.load("image/bg.png").convert_alpha()
07          self.x = x
08          self.y = y
```

② 在 MyMap 类中创建 map_rolling() 方法，在该方法中根据地图背景图片的 x 坐标判断是否移出窗体，如果移出就给图片设置一个新的坐标点，否则按照每次 5 个像素的跨度向左

移动，代码如下：

```
01 def map_rolling(self):
02     if self.x < -790:    # 小于 -790 说明地图已经完全移动完毕
03         self.x = 800     # 给地图一个新的坐标点
04     else:
05         self.x -= 5      # 5 个像素向左移动
```

③ 在 MyMap 类中创建 map_update() 方法，在该方法中实现地图无限滚动的效果，代码如下：

```
01 # 更新地图
02 def map_update(self):
03     SCREEN.blit(self.bg, (self.x, self.y))
```

④ 在 mainGame() 方法中，设置标题文字代码的下面创建两个背景图片的对象，代码如下：

```
01 # 创建地图对象
02 bg1 = MyMap(0, 0)
03 bg2 = MyMap(800, 0)
```

⑤ 在 mainGame() 方法的循环中，实现无限循环滚动的地图，代码如下：

```
01 if over == False:
02     # 绘制地图起到更新地图的作用
03     bg1.map_update()
04     # 地图移动
05     bg1.map_rolling()
06     bg2.map_update()
07     bg2.map_rolling()
```

移动地图的运行效果如图 11.11 所示。

图 11.11　移动地图的运行效果

11.4.4　玛丽的跳跃功能

在实现玛丽的跳跃功能时，首先需要制定玛丽的固定坐标，也就是默认显示在地图上的固定位置，然后判断是否按下了键盘中的 Space（空格）按键，如果按下了就开启玛丽的跳跃开关，让玛丽以 5 个像素的距离向上移动。当玛丽到达窗体顶部的边缘时，再让玛丽以 5 个像素的距离向下移动，回到地面后关闭跳跃的开关。

实现玛丽跳跃功能的具体的实现步骤如下：

① 导入迭代工具，创建一个名称为 Marie 的玛丽类，然后在该类的初始化方法中首先定

义小玛丽跳跃时所需要的变量，然后加载小玛丽跑动的三张图片，最后加载小玛丽跳跃时的音效并设置小玛丽默认显示的坐标位置，代码如下：

```python
01 from itertools import cycle    # 导入迭代工具
02
03 # 玛丽类
04 class Marie():
05     def __init__(self):
06         # 初始化小玛丽矩形
07         self.rect = pygame.Rect(0, 0, 0, 0)
08         self.jumpState = False    # 跳跃的状态
09         self.jumpHeight = 130     # 跳跃的高度
10         self.lowest_y = 140       # 最低坐标
11         self.jumpValue = 0        # 跳跃增变量
12         # 小玛丽动图索引
13         self.marieIndex = 0
14         self.marieIndexGen = cycle([0, 1, 2])
15         # 加载小玛丽图片
16         self.adventure_img = (
17             pygame.image.load("image/adventure1.png").convert_alpha(),
18             pygame.image.load("image/adventure2.png").convert_alpha(),
19             pygame.image.load("image/adventure3.png").convert_alpha(),
20         )
21         self.jump_audio = pygame.mixer.Sound('audio/jump.wav')  # 跳跃音效
22         self.rect.size = self.adventure_img[0].get_size()
23         self.x = 50;             # 绘制小玛丽的 X 坐标
24         self.y = self.lowest_y;  # 绘制小玛丽的 Y 坐标
25         self.rect.topleft = (self.x, self.y)
```

② 在 Marie 类中创建 jump() 方法，通过该方法实现开启跳跃的开关，代码如下：

```python
01 # 跳状态
02 def jump(self):
03     self.jumpState = True
```

③ 在 Marie 类中创建 move() 方法，在该方法中，首先判断小玛丽的跳跃开关是否开启，如果开启，则判断小玛丽是否在地面上，如果这两个条件同时都满足，则设置小玛丽以 5 个像素的距离向上移动；而当小玛丽到达窗体顶部时，则以 5 个像素的距离向下移动；最后当小玛丽回到地面后，关闭跳跃开关，代码如下：

```python
01 # 小玛丽移动
02 def move(self):
03     if self.jumpState:    # 当起跳的时候
04         if self.rect.y >= self.lowest_y:    # 如果站在地上
05             self.jumpValue = -5    # 以 5 个像素值向上移动
06         if self.rect.y <= self.lowest_y - self.jumpHeight:    # 小玛丽到达顶部回落
07             self.jumpValue = 5    # 以 5 个像素值向下移动
08         self.rect.y += self.jumpValue    # 通过循环改变小玛丽的 Y 坐标
09         if self.rect.y >= self.lowest_y:    # 如果小玛丽回到地面
10             self.jumpState = False    # 关闭跳跃状态
```

④ 在 Marie 类中创建 draw_marie() 方法，在该方法中首先匹配小玛丽跑步的动图，然后进行小玛丽的绘制，代码如下：

```python
01 # 绘制小玛丽
02 def draw_marie(self):
03     # 匹配小玛丽动图
```

```
04      marieIndex = next(self.marieIndexGen)
05      # 绘制小玛丽
06      SCREEN.blit(self.adventure_img[marieIndex],
07                  (self.x, self.rect.y))
```

⑤ 在 mainGame() 方法中,创建小玛丽对象,代码如下:

```
01 # 创建小玛丽对象
02 marie = Marie()
```

⑥ 在 mainGame() 方法的 while 循环中,判断是否按下了键盘中的 Space(空格)按键,如果按下了,则开启小玛丽跳跃开关,并播放跳跃音效,代码如下:

```
01 # 单击键盘空格键,开启跳的状态
02 if event.type == KEYDOWN and event.key == K_SPACE:
03     if marie.rect.y >= marie.lowest_y:  # 如果小玛丽在地面上
04         marie.jump_audio.play()  # 播放小玛丽跳跃音效
05         marie.jump()  # 开启小玛丽跳的状态
```

⑦ 在 mainGame() 方法中实现小玛丽的移动与绘制功能,代码如下:

```
01 # 小玛丽移动
02 marie.move()
03 # 绘制小玛丽
04 marie.draw_marie()
```

按下键盘中的 Space(空格)按键,小玛丽跳跃功能的运行效果如图 11.12 所示。

图 11.12　跳跃的小玛丽

11.4.5　随机出现的障碍

在实现障碍物的出现时,首先需要考虑到障碍物的大小以及障碍物不能相同,如果每次出现的障碍物都是相同的,那么该游戏将失去游戏的乐趣。所以需要加载两个大小不同的障碍物图片,然后随机抽选并显示,还需要通过计算来设置多久出现一个障碍并将障碍物显示在窗体当中。

实现随机出现障碍的具体步骤如下:

① 导入随机数,创建一个名称为 Obstacle 的障碍物类,在该类中定义一个分数,然后在初始化方法中加载障碍物图片、分数图片以及加分音效。创建 0 或 1 的随机数字,根据该数字抽选障碍物是石头还是仙人掌,最后根据图片的宽高创建障碍物矩形的大小并设置障碍物的绘制坐标,代码如下:

```python
01  import random    # 随机数
02  # 障碍物类
03  class Obstacle():
04      score = 1      # 分数
05      move = 5       # 移动距离
06      obstacle_y = 150    # 障碍物y坐标
07      def __init__(self):
08          # 初始化障碍物矩形
09          self.rect = pygame.Rect(0, 0, 0, 0)
10          # 加载障碍物图片
11          self.missile = pygame.image.load("image/missile.png").convert_alpha()
12          self.pipe = pygame.image.load("image/pipe.png").convert_alpha()
13          # 加载分数图片
14          self.numbers = (pygame.image.load('image/0.png').convert_alpha(),
15                          pygame.image.load('image/1.png').convert_alpha(),
16                          pygame.image.load('image/2.png').convert_alpha(),
17                          pygame.image.load('image/3.png').convert_alpha(),
18                          pygame.image.load('image/4.png').convert_alpha(),
19                          pygame.image.load('image/5.png').convert_alpha(),
20                          pygame.image.load('image/6.png').convert_alpha(),
21                          pygame.image.load('image/7.png').convert_alpha(),
22                          pygame.image.load('image/8.png').convert_alpha(),
23                          pygame.image.load('image/9.png').convert_alpha())
24          # 加载加分音效
25          self.score_audio = pygame.mixer.Sound('audio/score.wav')    # 加分
26          # 0 和 1 随机数
27          r = random.randint(0, 1)
28          if r == 0:    # 如果随机数为0，显示障碍物，否则显示管道
29              self.image = self.missile       # 显示障碍物
30              self.move = 15                  # 移动速度加快
31              self.obstacle_y = 100           # 障碍物坐标在顶部
32          else:
33              self.image = self.pipe          # 显示管道障碍
34          # 根据障碍物位图的宽高来设置矩形
35          self.rect.size = self.image.get_size()
36          # 获取位图宽高
37          self.width, self.height = self.rect.size
38          # 障碍物绘制坐标
39          self.x = 800
40          self.y = self.obstacle_y
41          self.rect.center = (self.x, self.y)
```

② 在 Obstacle 类中首先创建 obstacle_move() 方法用于实现障碍物的移动，然后创建 draw_obstacle() 方法用于实现绘制障碍物，代码如下：

```python
01  # 障碍物移动
02  def obstacle_move(self):
03      self.rect.x -= self.move
04  # 绘制障碍物
05  def draw_obstacle(self):
06      SCREEN.blit(self.image, (self.rect.x, self.rect.y))
```

③ 在 mainGame() 方法中创建玛丽对象的代码下面定义添加障碍物的时间与障碍物对象列表，代码如下：

```python
01  addObstacleTimer = 0    # 添加障碍物的时间
02  list = []    # 障碍物对象列表
```

④ 在 mainGame() 方法中绘制玛丽的代码下面，计算障碍物出现的间隔时间，代码如下：

```
01  # 计算障碍物间隔时间
02  if addObstacleTimer >= 1300:
03      r = random.randint(0, 100)
04      if r > 40:
05          # 创建障碍物对象
06          obstacle = Obstacle()
07          # 将障碍物对象添加到列表中
08          list.append(obstacle)
09      # 重置添加障碍物时间
10      addObstacleTimer = 0
```

⑤ 在 mainGame() 方法中计算障碍物间隔时间代码的下面，循环遍历障碍物并进行障碍物的绘制，代码如下：

```
01  # 循环遍历障碍物
02  for i in range(len(list)):
03      # 障碍物移动
04      list[i].obstacle_move()
05      # 绘制障碍物
06      list[i].draw_obstacle()
```

⑥ 在 mainGame() 方法中更新整个窗体代码的上面，增加障碍物时间，代码如下：

```
addObstacleTimer += 20   # 增加障碍物时间
```

障碍物出现的运行效果如图 11.13 所示。

图 11.13　障碍物的出现

11.4.6　背景音乐的播放与停止

在实现背景音乐的播放与停止时，需要在窗体中设置一个按钮，然后单击按钮实现背景音乐的播放与停止功能。

实现背景音乐播放与停止的具体实现步骤如下：

① 创建 Music_Button 类，在该类中首先初始化背景音乐的音效文件与按钮图片，然后创建 is_select() 方法用于判断鼠标是否在按钮范围内。代码如下：

```
01  # 背景音乐按钮
02  class Music_Button():
03      is_open = True       # 背景音乐的标记
04      def __init__(self):
05          self.open_img = pygame.image.load('image/btn_open.png').convert_alpha()
06          self.close_img = pygame.image.load('image/btn_close.png').convert_alpha()
07          self.bg_music = pygame.mixer.Sound('audio/bg_music.wav')   # 加载背景音乐
```

```
08      # 判断鼠标是否在按钮的范围内
09      def is_select(self):
10          # 获取鼠标的坐标
11          point_x, point_y = pygame.mouse.get_pos()
12          w, h = self.open_img.get_size()      # 获取按钮图片的大小
13          # 判断鼠标是否在按钮范围内
14          in_x = point_x > 20 and point_x < 20 + w
15          in_y = point_y > 20 and point_y < 20 + h
16          return in_x and in_y
```

② mainGame() 方法中障碍物对象列表代码的下面，创建背景音乐按钮对象，然后设置按钮默认图片，最后循环播放背景音乐。代码如下：

```
01 music_button = Music_Button()           # 创建背景音乐按钮对象
02 btn_img     = music_button.open_img     # 设置背景音乐按钮的默认图片
03 music_button.bg_music.play(-1)          # 循环播放背景音乐
```

③ 在 mainGame() 方法的 while 循环中，获取单击事件代码的下面实现单击按钮控制背景音乐的播放与停止功能。代码如下：

```
01 if event.type == pygame.MOUSEBUTTONUP:    # 判断鼠标事件
02     if music_button.is_select():          # 判断鼠标是在静音按钮范围
03         if music_button.is_open:          # 判断背景音乐状态
04             btn_img = music_button.close_img  # 单击后显示关闭状态的图片
05             music_button.is_open = False      # 关闭背景音乐状态
06             music_button.bg_music.stop()      # 停止背景音乐的播放
07         else:
08             btn_img = music_button.open_img
09             music_button.is_open = True
10             music_button.bg_music.play(-1)
```

④ 在 mainGame() 方法中添加障碍物时间代码的下面，绘制背景音乐按钮。代码如下：

```
SCREEN.blit(btn_img, (20, 20)) # 绘制背景音乐按钮
```

背景音乐播放时，控制按钮的运行效果如图 11.14 所示。背景音乐停止时，控制按钮的运行效果如图 11.15 所示。

图 11.14　播放背景音乐

图 11.15　停止背景音乐

11.4.7　碰撞和积分的实现

在实现碰撞与积分时，首先需要判断小玛丽与障碍物的两个矩形图片是否发生了碰撞，

如果发生了碰撞就证明该游戏已经结束，否则判断小玛丽是否跃过了障碍物，确认跃过后进行加分操作并将分数显示在窗体顶部右侧的位置。

实现碰撞和积分功能的具体步骤如下：

① 在 Obstacle 类中，draw_obstacle() 方法的下面创建 getScore() 方法，用于获取分数，并播放加分音效；创建 showScore() 方法，用于在窗体顶部右侧的位置显示分数，代码如下：

```
01 # 获取分数
02 def getScore(self):
03     self.score
04     tmp = self.score;
05     if tmp == 1:
06         self.score_audio.play()    # 播放加分音乐
07     self.score = 0;
08     return tmp;
09
10 # 显示分数
11 def showScore(self, score):
12     # 获取得分数字
13     self.scoreDigits = [int(x) for x in list(str(score))]
14     totalWidth = 0   # 要显示的所有数字的总宽度
15     for digit in self.scoreDigits:
16         # 获取积分图片的宽度
17         totalWidth += self.numbers[digit].get_width()
18     # 分数横向位置
19     Xoffset = (SCREENWIDTH - (totalWidth+30))
20     for digit in self.scoreDigits:
21         # 绘制分数
22         SCREEN.blit(self.numbers[digit], (Xoffset, SCREENHEIGHT * 0.1))
23         # 随着数字增加改变位置
24         Xoffset += self.numbers[digit].get_width()
```

② 在 mainGame() 方法的上面最外层创建 game_over() 方法，在该方法中首先需要加载与播放撞击的音效，然后获取窗体的宽度与高度，最后加载游戏结束的图片并将该图片显示在窗体的中间位置，代码如下：

```
01 # 游戏结束的方法
02 def game_over():
03     bump_audio = pygame.mixer.Sound('audio/bump.wav')   # 撞击
04     bump_audio.play()   # 播放撞击音效
05     # 获取窗体宽、高
06     screen_w = pygame.display.Info().current_w
07     screen_h = pygame.display.Info().current_h
08     # 加载游戏结束的图片
09     over_img = pygame.image.load('image/gameover.png').convert_alpha()
10     # 将游戏结束的图片绘制在窗体的中间位置
11     SCREEN.blit(over_img, ((screen_w - over_img.get_width()) / 2,
12                            (screen_h - over_img.get_height()) / 2))
```

③ 在 mainGame() 方法中，绘制障碍物代码的下面判断小玛丽与障碍物是否发生碰撞，如果发生了碰撞，就开启游戏结束的开关，并调用游戏结束的方法显示游戏结束的图片，否则判断小玛丽是否跃过了障碍物，若跃过就增加分数并显示当前得分，代码如下：

```
01 # 判断小玛丽与障碍物是否碰撞
02 if pygame.sprite.collide_rect(marie, list[i]):
03     over = True    # 碰撞后开启结束开关
04     game_over()    # 调用游戏结束的方法
```

```
05      music_button.bg_music.stop()
06 else:
07      # 判断小玛丽是否跃过了障碍物
08      if (list[i].rect.x + list[i].rect.width) < marie.rect.x:
09          score += list[i].getScore()   # 加分
10 # 显示分数
11 list[i].showScore(score)
```

④ 为了实现游戏结束后再次按下键盘 Space（空格）按键时重新启动游戏的功能，需要在 mainGame() 方法中开启小玛丽跳跃状态的代码下面判断游戏结束开关是否开启，如果开启，将调用 mainGame() 方法重新启动游戏，代码如下：

```
01 if over == True:    # 判断游戏结束的开关是否开启
02      mainGame()     # 如果开启将调用 mainGame 方法重新启动游戏
```

碰撞与积分的运行效果如图 11.16 所示。

图 11.16　碰撞与积分

第 12 章
推箱子游戏
（pygame + copy + 按键事件监听 + 栈操作实现）

扫码免费获取
本书资源

推箱子游戏是一个经典的桌面游戏，目的是训练人的逻辑思维能力，其玩法非常简单，要求在一个狭小的仓库中，把木箱放到指定的位置，不小心就会出现箱子无法移动或者通道被堵塞的情况，所以需要巧妙地利用有限的空间和通道，合理安排移动的次序和位置，才能顺利地完成任务。本章将使用 pygame 模块设计一个推箱子游戏。

12.1 需求分析

推箱子游戏主要具备以下功能。
☑ 不同关卡游戏地图的动态绘制；
☑ 在通道内玩家可自由移动；
☑ 玩家可通过推动箱子来向前移动；
☑ 可记录玩家移动步数；
☑ 可重置本关卡重新开始游戏；
☑ 可最多连续撤销玩家之前移动的 5 步；
☑ 多关卡冲关模式。

推箱子游戏的初始页面运行效果如图 12.1 所示。

提示玩家关卡通关的窗体效果如图 12.2 所示。

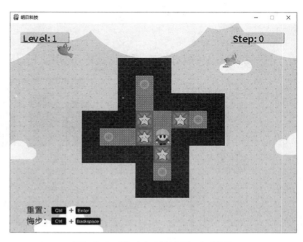

图 12.1　游戏初始页面运行效果

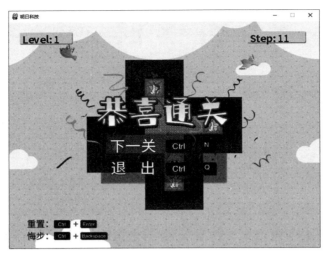

图 12.2　提示玩家通关页面运行效果

12.2 案例准备

本程序的开发及运行环境如下：
- ☑ 操作系统：Windows 7、Windows 8、Windows 10 等。
- ☑ 开发版本：Python。
- ☑ 开发工具：PyCharm。
- ☑ Python 内置模块：sys、time、random、copy。
- ☑ 第三方模块：pygame。

12.3 业务流程

根据推箱子游戏的主要功能设计出如图 12.3 所示的系统业务流程图。

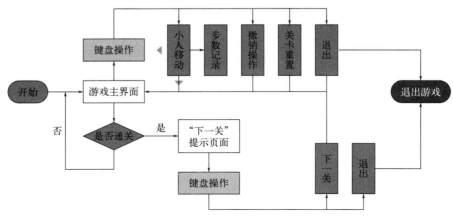

图 12.3　业务流程图

12.4 实现过程

12.4.1 文件夹组织结构

推箱子游戏的文件夹组织结构主要分为 bin（主文件包）、core（业务逻辑包）、font（字体文件包）、img（图片资源包）及项目启动文件 manage.py，详细结构如图 12.4 所示。

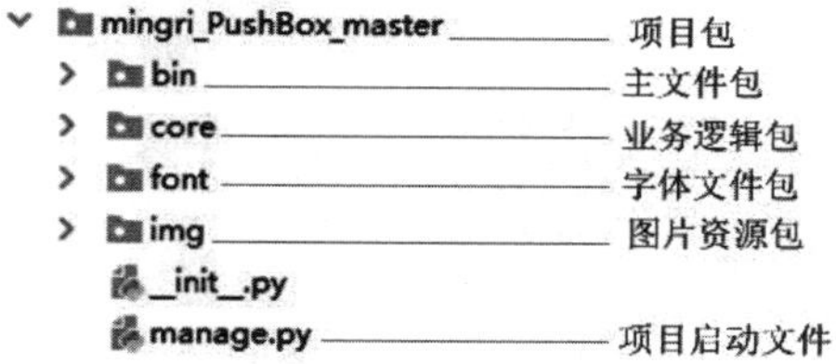

```
▼ mingri_PushBox_master ────── 项目包
  > bin ──────────────────── 主文件包
  > core ─────────────────── 业务逻辑包
  > font ─────────────────── 字体文件包
  > img ──────────────────── 图片资源包
    __init__.py
    manage.py ──────────────── 项目启动文件
```

图 12.4　项目文件结构

12.4.2 搭建主框架

根据开发项目时所遵循的最基本代码目录结构，以及 pygame 的最小框架代码，我们先搭建推箱子游戏的项目主框架，具体操作步骤如下：

① 根据图 12.4 所示的文件夹组织结构在项目目录下依次创建 bin、font、img、core 四个 Python Package。

② 在 bin 包中创建一个名为 main.py 的文件，作为整个项目的主文件，该文件中创建一个名为 main() 的主函数，在这里只需调用封装游戏逻辑代码的不同接口，整合游戏中不同的各个功能，最终实现该游戏的成功运行。在 main.py 文件中粘贴 pygame 最小开发框架代码，具体代码如下：

```python
01  import sys
02  # 导入 pygame 及常量库
03  import pygame
04  from pygame.locals import *
05
06
07  # 主函数
08  def main():
09
10      # 标题
11      title = "明日科技"
12      # 屏幕尺寸（宽，高）
13      __screen_size = WIDTH, HEIGHT =800, 600
14      # 颜色定义
15      bg_color = (54, 59, 64)
16      # 帧率大小
17      FPS = 60
18
19      # 初始化
20      pygame.init()
21      # 创建游戏窗口
22      screen = pygame.display.set_mode(__screen_size)
```

```
23      # 设置窗口标题
24      pygame.display.set_caption(title)
25      # 创建管理时间对象
26      clock = pygame.time.Clock()
27      # 创建字体对象
28      font = pygame.font.Font("font/SourceHanSansSC-Bold.otf", 26)
29
30      # 程序运行主体死循环
31      while 1:
32          # 1. 清屏（窗口纯背景色画纸绘制）
33          screen.fill(bg_color)    # 先准备一块深灰色布
34          # 2. 绘制
35
36          for event in pygame.event.get():    # 事件索取
37              if event.type == QUIT:    # 判断点击窗口右上角"×"
38                  pygame.quit()         # 还原设备
39                  sys.exit()            # 程序退出
40
41          # 3. 刷新
42          pygame.display.update()
43          clock.tick(FPS)
```

③ 在项目根目录下创建一个名为 manage.py 的文件，作为推箱子游戏的启动文件。manage.py 文件完整代码具体如下：

```
01 __auther__ = "SuoSuo"
02 __version__ = "master_v1"
03
04 from bin.main import main
05
06 if __name__ == '__main__':
07     main()
```

④ 在 core 包下创建一个名为 handler.py 的文件，用于存储整个游戏的主要逻辑代码。在 handler.py 文件中创建一个名为 Element 的类，作为在游戏所有页面中绘制图片的精灵，Element 类实现代码如下：

```
01 class Element(pygame.sprite.Sprite):
02     """ 游戏页面图片精灵类 """
03
04     bg = "img/bg.png"
05     blank = "img/blank.png"           # 0
06     block = "img/block.png"           # 1
07     box = "img/box.png"               # 2
08     goal = "img/goal.png"             # 4
09     box_coss = "img/box_coss.png"     # 6
10     # 3, 5
11     per_up, up_g = "img/up.png", "img/up_g.png"
12     per_right, right_g = "img/right.png", "img/right_g.png"
13     per_bottom, bottom_g = "img/bottom.png", "img/bottom_g.png"
14     per_left, left_g = "img/left.png", "img/left_g.png"
15     good = "img/good.png"
16
17     frame_ele = [blank, block, box, [per_up, per_right, per_bottom, per_left], \
18                  goal, [up_g, right_g, bottom_g, left_g], box_coss]
19
20     def __init__(self, path, position):
21         super(Element, self).__init__()
```

```
22              self.image = pygame.image.load(path).convert_alpha()
23              self.rect = self.image.get_rect()
24              self.mask = pygame.mask.from_surface(self.image)
25              self.rect.topleft = position
26
27          # 绘制函数
28          def draw(self, screen):
29              """ 绘制函数 """
30              screen.blit(self.image, self.rect)
```

说明 上述代码中的第 11 行定义了两个变量，分别表示角色处于通道时的向上移动图和角色处于目的地时的向上移动图。第 12、13、14 行代码同理。

12.4.3 绘制游戏地图

推箱子游戏的游戏地图是在一个以二维列表存储的 8×8 的矩阵区域中绘制的，如图 12.5 所示。

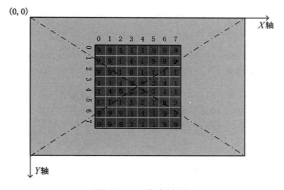

图 12.5 游戏地图

图 12.5 中的灰色区域为 pygame 游戏窗口，处于窗口中心的矩阵区域为所要绘制的游戏地图，矩阵中方格的不同状态值代表了所要绘制的不同的小图片，其中，0 代表通道，1 代表墙，2 代表箱子，3 代表角色（4 个方向 4 张小图片），4 代表目的地，5 代表角色处于目的地（4 个方向 4 张小图片），6 代表箱子处于目的地，9 代表空白。

另外，推箱子游戏中有多个关卡，因此使用一个字典来保存每一关的二维列表矩阵数据，其中，键代表关卡等级，值为此关的一个二维列表矩阵数据。具体代码如下：

```
01  # 关卡字典
02  point = {
03      1 :[
04          [9 ,9 ,1 ,1 ,1 ,9 ,9 ,9],
05          [9 ,9 ,1 ,4 ,1 ,9 ,9 ,9],
06          [9 ,9 ,1 ,0 ,1 ,1 ,1 ,1],
07          [1 ,1 ,1 ,2 ,0 ,2 ,4 ,1],
08          [1 ,4 ,0 ,2 ,3 ,1 ,1 ,1],
09          [1 ,1 ,1 ,1 ,2 ,1 ,9 ,9],
10          [9 ,9 ,9 ,1 ,4 ,1 ,9 ,9],
11          [9 ,9 ,9 ,1 ,1 ,1 ,9 ,9]
```

```
12          ],
13      2: [
14          [9, 9, 1, 1, 1, 1, 9, 9],
15          [9, 9, 1, 4, 4, 1, 9, 9],
16          [9, 1, 1, 0, 4, 1, 1, 9],
17          [9, 1, 0, 0, 2, 4, 1, 9],
18          [1, 1, 0, 2, 3, 0, 1, 1],
19          [1, 0, 0, 1, 2, 2, 0, 1],
20          [1, 0, 0, 0, 0, 0, 0, 1],
21          [1, 1, 1, 1, 1, 1, 1, 1]
22          ],
23      3 :[
24          [9 ,9 ,1 ,1 ,1 ,1 ,9 ,9],
25          [9 ,1 ,1 ,0 ,0 ,1 ,9 ,9],
26          [9 ,1 ,3 ,2 ,0 ,1 ,9 ,9],
27          [9 ,1 ,1 ,2 ,0 ,1 ,1 ,9],
28          [9 ,1 ,1 ,0 ,2 ,0 ,1 ,9],
29          [9 ,1 ,4 ,2 ,0 ,0 ,1 ,9],
30          [9 ,1 ,4 ,4 ,6 ,4 ,1 ,9],
31          [9 ,1 ,1 ,1 ,1 ,1 ,1 ,9]
32
33          ],
34      # 此处关卡省略……
35      8 :[
36          [1 ,1 ,1 ,1 ,1 ,1 ,1 ,9],
37          [1 ,4 ,4 ,2 ,4 ,4 ,1 ,9],
38          [1 ,4 ,4 ,1 ,4 ,4 ,1 ,9],
39          [1 ,0 ,2 ,2 ,2 ,0 ,1 ,9],
40          [1 ,0 ,0 ,2 ,0 ,0 ,1 ,9],
41          [1 ,0 ,2 ,2 ,2 ,0 ,1 ,9],
42          [1 ,0 ,0 ,1 ,3 ,0 ,1 ,9],
43          [1 ,1 ,1 ,1 ,1 ,1 ,1 ,9]
44
45
46          ],
47      9 :[
48          [1 ,1 ,1 ,1 ,1 ,1 ,9 ,9],
49          [1 ,0 ,0 ,0 ,0 ,1 ,9 ,9],
50          [1 ,0 ,4 ,6 ,0 ,1 ,1 ,1],
51          [1 ,0 ,4 ,2 ,4 ,2 ,0 ,1],
52          [1 ,1 ,0 ,2 ,0 ,0 ,0 ,1],
53          [9 ,1 ,1 ,1 ,0 ,3 ,1 ,1],
54          [9 ,9 ,9 ,9 ,1 ,1 ,1 ,1],
55          [9 ,9 ,9 ,9 ,9 ,9 ,9 ,9]
56          ],
57      10 :[
58          [9 ,9 ,1 ,1 ,1 ,1 ,1 ,9 ,9],
59          [9 ,1 ,1 ,0 ,3 ,0 ,1 ,1 ,9],
60          [9 ,1 ,0 ,0 ,6 ,2 ,0 ,1 ,9],
61          [9 ,1 ,2 ,0 ,4 ,0 ,2 ,1 ,9],
62          [9 ,1 ,4 ,4 ,1 ,4 ,4 ,1 ,9],
63          [1 ,1 ,2 ,0 ,6 ,0 ,0 ,1 ,1],
64          [1 ,0 ,2 ,0 ,1 ,0 ,2 ,0 ,1],
65          [1 ,0 ,0 ,0 ,1 ,0 ,0 ,0 ,1],
66          [1 ,1 ,1 ,1 ,1 ,1 ,1 ,1 ,1]
67          ],
68      # 此处关卡省略……
69  }
```

实际上每一关不一定都必须为 8×8 的矩阵，也可以为 9×9、10×10 等，只需要分别计算出当前关卡矩阵处于窗口中心时与窗口 (0,0) 坐标位置时的 X 方向偏移量和 Y 方向偏移量，如图 12.6 所示。

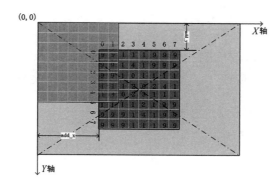

图 12.6 矩阵偏移量图示

图 12.6 中，add_x 为 X 方向偏移量，add_y 为 Y 方向偏移量。

绘制游戏地图的具体实现步骤如下：

① 在 core 包中创建一个名为 level.py 的文件，此类作为游戏关卡管理类，用于维护关卡矩阵中所有图片对于不同游戏操作的具体执行逻辑。level.py 文件代码如下：

```python
01  import copy
02
03  # 关卡
04  class Level:
05      """ 关卡管理类 """
06
07      # 关卡字典
08      point = {
09          # 此处代码省略
10      }
11      # 矩阵元素
12      CHAN, WALL, BOX, PERSON, GOAL, HOME, REPO = 0,1,2,3,4,5,6
13      # 键盘方向键
14      UP, RIGHT, BOTTOM, LEFT = 1, 2, 3, 4
15
16      def __init__(self, screen):
17          self.game_level = 1                          # 当前关卡等级
18          # 当前关卡矩阵
19          self.frame = copy.deepcopy(self.point[self.game_level])
20          self.screen = screen              # 窗口 Surface 对象
21          self.hero_dir = 2                 # 玩家移动的方向索引
22
23      @property
24      def level(self):
25          return self.game_level
26
27      @level.setter
28      def level(self, lev):
29          self.game_level = lev
30          self.frame = copy.deepcopy(self.point[self.game_level])
31
32      # 获取玩家位置
33      @property
34      def person_posi(self):
35          """ 获取玩家位置 """
```

```
36         for row, li in enumerate(self.frame):
37             for col, val in enumerate(li):
38                 if val in [3, 5]:
39                     return (row, col)
```

② 在 core/handler.py 文件中创建一个名为 Manager 的类,该类为游戏全局页面管理类,用于进行页面的绘制、事件的监听,以及实现一些其他游戏的逻辑功能。handler.py 文件代码如下:

```
01 import copy
02 import sys
03
04 import pygame
05 from pygame.locals import *
06
07
08 class Manager:
09     """ 游戏管理类 """
10
11     def __init__(self, screen_size, lev_obj, font):
12         self.size = screen_size                              # 窗口尺寸
13         self.screen = pygame.display.set_mode(screen_size)
14         self.center = self.screen.get_rect().center          # 窗口中心点坐标
15         self.font = font                                     # pygame 字体对象
16         self.game_level = 1                                  # 游戏初始关卡等级
17         self.lev_obj = lev_obj                               # 关卡对象
18         self.frame = self.lev_obj.frame                      # 矩阵元素列表
19         self.row_num = len(self.frame)                       # 矩阵行数
20         self.col_num = len(self.frame[1])                    # 矩阵列数
21         self.frame_ele_len = 50                              # 矩阵元素边长
22
23     # 游戏页面绘制初始化
24     def init_page(self):
25         """ 游戏页面绘制初始化 """
26         Element(Element.bg, (0, 0)).draw(self.screen) # 绘制背景图片
27         for row, li in enumerate(self.frame):
28             for col, val in enumerate(li):
29                 if val == 9:
30                     continue
31                 elif val in [3, 5]:
32                     Element(Element.frame_ele[val][self.lev_obj.hero_dir], self.cell_xy(row, col)).draw(self.screen)
33                 else:
34                     Element(Element.frame_ele[val], self.cell_xy(row, col)).draw(self.screen)
35
36     # 矩阵转坐标
37     def cell_xy(self, row, col):
38         """ 矩阵转坐标 """
39         add_x = self.center[0] - self.col_num // 2 * self.frame_ele_len
40         add_y = self.center[1] - self.row_num // 2 * self.frame_ele_len
41         return (col * self.frame_ele_len + add_x, row * self.frame_ele_len + add_y)
42
43     # 坐标转矩阵
44     def xy_cell(self, x, y):
45         """ 坐标转矩阵 """
46         add_x = self.center[0] - self.col_num // 2 * self.frame_ele_len
```

```
47          add_y = self.center[1] - self.row_num // 2 * self.frame_ele_len
48          return (x - add_x / self.frame_ele_len, y - add_y / self.frame_ele_len)
```

③ 在 bin/main.py 文件中的 main() 游戏主函数中实例化上面创建的两个类，并根据实际需求调用其中的接口。main() 函数修改后的代码如下（加底色的代码为新增代码）：

```
01  import sys
02  # 导入 pygame 及常量库
03  import pygame
04  from pygame.locals import *
05
06  from core.level02 import Level
07  from core.handler02 import Manager
08
09
10  # 主函数
11  def main():
12
13      # 标题
14      title = "明日科技"
15      # 屏幕尺寸（宽，高）
16      __screen_size = WIDTH, HEIGHT = 800, 600
17      # 颜色定义
18      bg_color = (54, 59, 64)
19      # 帧率
20      FPS = 60
21
22      # 初始化
23      pygame.init()
24      # 创建游戏窗口
25      screen = pygame.display.set_mode(__screen_size)
26      # 设置窗口标题
27      pygame.display.set_caption(title)
28      # 创建管理时间对象
29      clock = pygame.time.Clock()
30      # 创建字体对象
31      font = pygame.font.Font("font/SourceHanSansSC-Bold.otf", 26)
32
33      # 实例化游戏模块对象
34      lev = Level(screen)
35      manager = Manager(__screen_size, lev, font)
36
37      # 程序运行主体死循环
38      while 1:
39          # 1. 清屏（窗口纯背景色画纸绘制）
40          screen.fill(bg_color)  # 先准备一块深灰色布
41          # 2. 绘制
42          manager.init_page()
43
44          for event in pygame.event.get():  # 事件索取
45              if event.type == QUIT:  # 判断点击窗口右上角 "×"
46                  pygame.quit()       # 还原设备
47                  sys.exit()          # 程序退出
48
49          # 3. 刷新
50          pygame.display.update()
51          clock.tick(FPS)
```

运行游戏启动文件 manage.py，效果如图 12.7 所示。

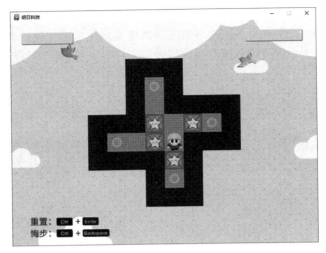

图 12.7　游戏地图效果

12.4.4　用键盘控制角色移动

用键盘控制角色移动是推箱子游戏中的重点和难点，其本质是监听玩家敲击方向键时所产生的键盘事件，然后根据角色移动方向更新游戏矩阵地图中小方格的状态值。由于角色在移动时会遭遇多种情况，而且4个方向原理类似，因此只需要研究一个方向会遇到哪些情况，并归纳出所有的规则和对应的算法，其他3个方向就可以很方便地去实现了。

假设玩家敲击左键，角色移动方向向左，如图 12.8 所示。其中，F1、F2 分别代表了角色左前方的两个小方格，F0 代表角色状态。

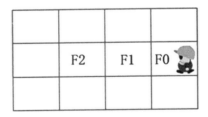

图 12.8　角色假设移动图示

通过分析图 12.8 中 F1、F2 分别可能代表的状态，可知有如下几种情况。

☑ 前方 F1 为墙或边界。

```
if 前方F1为墙或边界:
    退出规则判断，矩阵不做任何改变
```

☑ 前方 F1 为通道。

```
if 前方F1为通道:
    角色进入到F1方格，F0变为通道
```

☑ 前方 F1 为目的地。

```
if 前方F1为目的地：
    F1修改为角色处于目的地状态，F0变为通道
```

☑ 前方 F1 为箱子，F2 为墙或边界。

```
if 前方F1为箱子，F2为墙或边界：
    退出规则判断，矩阵不做任何改变
```

☑ 前方 F1 为箱子，F2 为通道。

```
if 前方F1为箱子，F2为通道：
    先将F2修改为箱子，F1修改为通道；再将F1修改为角色，F0修改为通道
```

☑ 前方 F1 为箱子，F2 为目的地。

```
if 前方F1为箱子，F2为目的地：
    先将F2修改为箱子处于目的地，F1修改为通道；再将F1修改为角色，F0修改为通道
```

☑ 前方 F1 为箱子处于目的地，F2 为墙或边界。

```
if 前方F1为箱子处于目的地，F2为墙或边界：
    退出规则判断，矩阵不做任何改变
```

☑ 前方 F1 为箱子处于目的地，F2 为通道。

```
if 前方F1为箱子处于目的地，F2为通道：
    先将F2修改为箱子，F1修改为目的地；再将F1修改为角色处于目的地，F0修改为通道
```

☑ 前方 F1 为箱子处于目的地，F2 为目的地。

```
if 前方F1为箱子处于目的地，F2为目的地：
    先将F2修改为箱子处于目的地，F1修改为目的地；再将F1修改为角色处于目的地，F0修改为通道
```

通过上面的分析，在推箱子游戏中实现角色移动功能的实现步骤如下：

① 在 core/level.py 文件的 Level 类中定义一个名为 get_before_val() 的方法，用于返回任意一个小方格在某一个方向之前的小方格的状态值，参数为一个方向值常量、小方格的位置（矩阵索引即一个二元二组）。get_before_val() 方法实现代码如下：

```
01  # 获取某一元素对应方向之前的元素的值
02  def get_before_val(self, direction, posi = None):
03      """ 获取某一元素对应方向之前的元素的值 """
04      if not posi:
05          posi = self.person_posi
06      if direction == self.UP:         # 上
07          if posi[0] >= 1:
08              return self.frame[posi[0] - 1][posi[1]]
09      elif direction == self.RIGHT:    # 右
10          if posi[1] < len(self.frame[posi[0]]):
11              return self.frame[posi[0]][posi[1] + 1]
12      elif direction == self.BOTTOM:   # 下
13          if posi[0] < len(self.frame):
14              return self.frame[posi[0] + 1][posi[1]]
15      elif direction == self.LEFT:     # 左
16          if posi[1] >= 1:
17              return self.frame[posi[0]][posi[1] - 1]
18      return None
```

② 在 Level 类中定义一个名为 set_before_val() 的方法，用来对任意一个小方格在某一个方向之前的状态进行赋值，参数为一个方向常量值和小方格的位置。set_before_val() 方法实现代码如下：

```python
# 对某一元素对应方向之前的元素赋值
def set_before_val(self, direction, posi):
    """ 对某一元素对应方向之前的元素赋值 """
    now = self.frame[posi[0]][posi[1]]                  # 当前值
    before = self.get_before_val(direction, posi)       # 前一个方格的值
    before_val = None
    if before == self.GOAL and now == self.PERSON:      # 人进目的地
        before_val = self.HOME
    elif before == self.GOAL and now == self.BOX:       # 箱子进目的地
        before_val = self.REPO
    elif now == self.HOME:                              # 人出目的地
        if before == self.GOAL:                         # 又进目的地
            before_val = self.HOME
        else:
            before_val = self.PERSON
    elif now == self.REPO:                              # 箱子出目的地
        if before == self.GOAL:                         # 又进目的地
            before_val = self.REPO
        else:
            before_val = self.BOX
    else:
        before_val = now

    if direction == self.UP:                            # 上
        self.frame[posi[0] - 1][posi[1]] = before_val
    elif direction == self.RIGHT:                       # 右
        self.frame[posi[0]][posi[1] + 1] = before_val
    elif direction == self.BOTTOM:                      # 下
        self.frame[posi[0] + 1][posi[1]] = before_val
    elif direction == self.LEFT:                        # 左
        self.frame[posi[0]][posi[1] - 1] = before_val
```

③ 在 Level 类中定义一个名为 move_ele() 的方法，实现在矩阵中将任意一个小方格状态移动到任意一个方向之前的小方格中，且根据不同情况对两个小方格的状态进行赋值，参数为一个方向常量值和要移动的小方格的位置。move_ele() 方法实现代码如下：

```python
# 移动矩阵元素
def move_ele(self, direction, posi = None):
    """ 移动矩阵元素 """
    if not posi:
        posi = self.person_posi
    now = self.frame[posi[0]][posi[1]] # 当前值
    before = self.get_before_val(direction, posi)
    # 对前一个位置赋值
    self.set_before_val(direction, posi)
    # 对原先的位置赋值
    if now == self.HOME or now == self.REPO: # 人出目的地和箱子出目的地
        self.frame[posi[0]][posi[1]] = self.GOAL
    elif before == self.GOAL:                           # 人进目的地
        if now == self.HOME:                            # 从家进的
            self.frame[posi[0]][posi[1]] = self.GOAL
        else:
            self.frame[posi[0]][posi[1]] = self.CHAN
    elif before == self.GOAL:                           # 箱子进目的地
```

```
19        if now == self.REPO:                    # 从仓库进的
20            self.frame[posi[0]][posi[1]] = self.GOAL
21        else:
22            self.frame[posi[0]][posi[1]] = self.CHAN
23    else:
24        self.frame[posi[0]][posi[1]] = before    # 通道
```

④ 在 Level 类中定义一个名为 operate() 的方法，用来作为键盘操作角色的接口，该方法只有一个参数，表示角色的移动方向常量值。operate() 方法实现代码如下：

```
01 # 矩阵操作维护
02 def operate(self, direction,):
03     """ 矩阵操作维护 """
04     self.hero_dir = direction - 1  # 改变玩家的方向
05     if direction == self.UP:        # 上
06         before = (self.person_posi[0] - 1, self.person_posi[1])
07     elif direction == self.RIGHT:   # 右
08         before = (self.person_posi[0], self.person_posi[1] + 1)
09     elif direction == self.BOTTOM:  # 下
10         before = (self.person_posi[0] + 1, self.person_posi[1])
11     elif direction == self.LEFT:    # 左
12         before = (self.person_posi[0], self.person_posi[1] - 1)
13     # 开始判断然后相应移动
14     if self.get_before_val(direction) == self.WALL:     # 墙
15         pass
16     elif self.get_before_val(direction) == self.CHAN:   # 通道
17         self.move_ele(direction)
18     elif self.get_before_val(direction) == self.GOAL:   # 目的地
19         self.move_ele(direction)
20     elif self.get_before_val(direction) in [self.BOX, self.REPO]:  # 箱子和仓库
21         if self.get_before_val(direction, before) == self.WALL:    # 墙
22             pass
23         elif self.get_before_val(direction, before) == self.CHAN:  # 通道
24             self.move_ele(direction, before)
25             self.move_ele(direction)
26         elif self.get_before_val(direction, before) == self.GOAL:  # 目的地
27             self.move_ele(direction, before)
28             self.move_ele(direction)
```

⑤ 在 core/handler.py 文件中的 Manager 类中定义一个名为 listen_event() 的方法，用于监听玩家产生的键盘事件，该方法中，根据不同的移动方向调用 Level 类中的 operate() 方法，实现对角色移动后的关卡矩阵数据进行实时更新。listen_event() 方法实现代码如下：

```
01 # 事件监听
02 def listen_event(self, event):
03     """ 事件监听 """
04     if event.type == KEYDOWN:
05         if event.key == K_ESCAPE:
06             sys.exit()
07         """ {上：1, 右:2, 下:3, 左:4 } """
08         if event.key in [K_UP, K_w, K_w - 62]:
09             self.lev_obj.operate(1)
10         if event.key in [K_RIGHT, K_d, K_d - 62]:
11             self.lev_obj.operate(2)
12         if event.key in [K_DOWN, K_s, K_s - 62]:
13             self.lev_obj.operate(3)
14         if event.key in [K_LEFT, K_a, K_a - 62]:
15             self.lev_obj.operate(4)
```

⑥ 在游戏主函数中的 pygame 主逻辑循环中获取 pygame 事件，并调用 Manager 类中的事件监听方法 listen_event()。main() 函数修改后的代码如下（加底色的代码为新增代码）：

```
01  # 主函数
02  def main():
03
04      # 标题
05      title = "明日科技"
06      # 屏幕尺寸（宽，高）
07      __screen_size = WIDTH, HEIGHT =800, 600
08      # 颜色定义
09      bg_color = (54, 59, 64)
10      # 帧率
11      FPS = 60
12
13      # 初始化
14      pygame.init()
15      # 创建游戏窗口
16      screen = pygame.display.set_mode(__screen_size)
17      # 设置窗口标题
18      pygame.display.set_caption(title)
19      # 创建管理时间对象
20      clock = pygame.time.Clock()
21      # 创建字体对象
22      font = pygame.font.Font("font/SourceHanSansSC-Bold.otf", 26)
23
24      # 实例化游戏模块对象
25      lev = Level(screen)
26      manager = Manager(__screen_size, lev, font)
27
28      # 程序运行主体死循环
29      while 1:
30          # 1. 清屏（窗口纯背景色画纸绘制）
31          screen.fill(bg_color)    # 先准备一块深灰色布
32          # 2. 绘制
33          manager.init_page()
34
35          for event in pygame.event.get():    # 事件索取
36              if event.type == QUIT:    # 判断点击窗口右上角 "×"
37                  pygame.quit()         # 还原设备
38                  sys.exit()            # 程序退出
39
40              # 监听游戏页面事件
41              manager.listen_event(event)
42
43          # 3.刷新
44          pygame.display.update()
45          clock.tick(FPS)
```

12.4.5 判断游戏是否通关

推箱子游戏中，每个关卡矩阵数据中的箱子与目的地的数量是一样的，因此玩家在通过游戏每一个关卡时，需要将所有箱子都推入目的地中，然后才能进入下一个关卡。由此可知，要检测本关卡是否通关，只需要遍历关卡矩阵中每一个小方格的状态值，只要存在有一个小方格的状态值为箱子，则可直接判定当前关卡未通关。这里将该功能实现逻辑封装在 Level 类的 is_success() 方法中，代码如下：

```
01 # 检查是否通关
02 def is_success(self):
03     """ 检测是否通关 """
04     for row, li in enumerate(self.frame):
05         for col, val in enumerate(li):
06             if val == 2:    # 存在箱子
07                 return False
08     return True
```

12.4.6 记录步数

要实现记录步数的功能,首先需要判断在玩家每一次敲击键盘方向键时角色是否成功移动,如果在移动方向前方是墙或边界,角色步数不变;而如果在移动方向前是通道或目的地,角色会成功移动到前一个小方格中,并且将角色的步数加一。

实现记录角色步数功能的具体步骤如下:

① 分别在 Level 类中的 __init__() 构造方法和 operate() 方法中定义一个名为 old_frame 的实例变量,其初始值为关卡矩阵,用来记录角色在每次移动趋势之前的关卡矩阵二维列表数据,代码如下:

```
self.old_frame = copy.deepcopy(self.frame)   # 在移动之前记录关卡矩阵
```

② 在 Level 类中定义一个 is_move() 方法,用来判断角色是否移动成功,代码如下:

```
01 # 检测是否移动
02 def is_move(self):
03     """ 检测是否移动 """
04     if self.old_frame != self.frame:    # 比较值
05         return True
06     return False
```

③ 在 Level 类中的 __init__() 构造方法中定义一个名为 step 的实例变量,其初始值为零,该变量用来表示角色在本关卡的移动步数。代码如下:

```
self.step = 0                      # 玩家移动步数
```

④ 在 Level 类中定义一个 add_step() 方法,用于更新角色的移动步数,代码如下:

```
01 # 记录玩家移动步数
02 def add_step(self):
03     """ 记录玩家移动步数 """
04     if self.is_move():
05         self.step += 1
```

⑤ 在使角色移动 operate() 方法中调用记录玩家移动步数的 add_step() 方法。

⑥ 将角色的移动步数和当前关卡的等级数实时绘制在游戏窗口中,以便向玩家实时展示游戏数据。在 Manager 类的 init_page() 方法中添加如下代码:

```
01 # 绘制游戏关卡等级
02 self.font = pygame.font.Font("font/SourceHanSansSC-Bold.otf", 26)
03 reset_font = self.font.render("Level: %d" % self.game_level, False, (0, 88, 77))
04 self.screen.blit(reset_font, (35, 24))
05 # 绘制移动步数
```

```
06    step_font = self.font.render(" Step: %d" % self.lev_obj.step, False, (0, 88, 77))
07    self.screen.blit(step_font, (615, 24))
```

12.4.7 撤销角色已移动功能

推箱子游戏的撤销角色已移动功能使用了栈的方法来实现。每当角色移动成功时,将此次移动之前的关卡矩阵二维列表数据进行压栈,而当要撤销时,就将关卡矩阵二维列表数据更换为栈中弹出的矩阵二维列表数据,另外,可以给栈设置一个大小,假设为 5,表示此栈在当前关卡中最多可以保存玩家的连续 5 次移动所形成的矩阵数据。

在推箱子游戏中实现撤销角色已移动功能的步骤如下:

① 在 core 包中新建一个 stack.py 文件,用于存放自定义的撤销栈类,在 stack.py 文件中创建一个名为 Stack 的类,用来封装栈的各种操作。Stack 类代码如下:

```
01 class Stack:
02     """ 自定义栈类 """
03     def __init__(self, limit=5):
04         self.stack = []          # 存放元素
05         self.limit = limit       # 栈容量极限
06
07     # 向栈推送元素
08     def push(self, data):
09         """ 向栈推送元素 """
10         # 判断栈是否溢出
11         if len(self.stack) >= self.limit:
12             del self.stack[0]
13             self.stack.append(data)
14         else:
15             self.stack.append(data)
16
17     # 弹出栈顶元素
18     def pop(self):
19         """ 弹出栈顶元素 """
20         if self.stack:
21             return self.stack.pop()
22         # 空栈不能被弹出
23         else:
24             return None
25
26     # 查看堆栈的顶部的元素
27     def peek(self):
28         """ 查看堆栈的顶部的元素 """
29         if self.stack:
30             return self.stack[-1]
31
32     # 判断栈是否为空
33     def is_empty(self): #
34         """ 判断栈是否为空 """
35         return not bool(self.stack)
36
37     # 判断栈是否满
38     def is_full(self):
39         """ 判断栈是否满 """
40         return len(self.stack) == 5
41
42     # 返回栈的元素数量
```

```
43    def size(self):
44        """ 返回栈的元素数量 """
45        return len(self.stack)
46
47    # 清空栈元素
48    def clear(self):
49        """ 清空栈元素 """
50        self.stack.clear()
```

② 在 level.py 文件头部使用 from 语句导入上面自定义的撤销栈类，代码如下：

```
from core.stack import Stack
```

③ 在 Level 类的 __init__() 构造方法中定义一个名为 undo_stack 的实例变量，使用自定义的 Stack 类对其进行实例化，代码如下：

```
self.undo_stack = Stack(5)      # 撤销栈类实例
```

④ 在 Level 类中定义一个 record_frame() 方法，用于封装每次角色移动成功时，对移动前的矩阵二维列表数据进行压栈的代码逻辑。record_frame() 方法实现代码如下：

```
01 # 记录玩家移动前的矩阵
02 def record_frame(self):
03     """ 记录玩家移动前的矩阵 """
04     if self.is_move():
05         self.undo_stack.push(copy.deepcopy(self.old_frame))
```

⑤ 在使角色移动的 operate() 方法中调用 record_frame() 方法，使其自动进行矩阵数据压栈。

⑥ 在 Manager 类中创建一个 undo_one_step() 方法，用于封装每当触发撤销角色移动操作时，对当前矩阵数据重新赋值的代码逻辑。undo_one_step() 方法实现代码如下：

```
01 # 撤销栈回退一步
02 def undo_one_step(self):
03     """ 撤销栈回退一步 """
04     frame = self.lev_obj.undo_stack.pop()
05     if frame:
06         self.lev_obj.frame[:] = copy.deepcopy(frame) # important
07         self.lev_obj.step -= 1
```

⑦ 当触发撤销操作时，调用 Manager 类中的 undo_one_step() 方法，由于本游戏设计的为按键触发，因此在 Manager 类的事件监听方法 listen_event() 中添加如下代码。

```
01 # 撤销回退一步
02 if event.key == K_BACKSPACE:
03     if event.mod in [KMOD_LCTRL, KMOD_RCTRL]:
04         self.undo_one_step()
```

12.4.8 重玩此关的实现

重玩此关实际上就是将关卡矩阵二维列表数据复位，并且将角色的移动步数和撤销栈清空，其具体实现步骤如下：

① 在 Manager 类中定义一个 again_head() 方法，用于封装当触发重玩操作时的具体逻辑代码。again_head() 方法实现代码如下：

```
01  # 本关重置
02  def again_head(self):
03      """ 本关重置 """
04      self.lev_obj.frame[:] = copy.deepcopy(self.lev_obj.point[self.game_level])
05      self.lev_obj.step = 0            # 步数归零
06      self.lev_obj.undo_stack.clear()  # 清空撤销回退栈
```

② 当监听到触发动作时，调用 again_head() 方法实现重玩功能，由于该功能被设计为按键触发，因此在 Manager 类的事件监听方法 listen_event() 中添加如下代码。

```
01  # 本关卡重置，组合键 (Ctrl + Enter)
02  if event.key == K_KP_ENTER or event.key == K_RETURN:
03      if event.mod in [KMOD_LCTRL, KMOD_RCTRL]:
04          self.again_head()
```

12.4.9 游戏进入下一关

实现游戏是否进入下一关功能时，首先需要判断当前关卡是否通关，其具体实现步骤如下：

① 在 Manager 类的 __init__() 构造方法中定义一个名为 next_frame_switch 的实例变量，表示游戏关卡晋级的开关，其初始值为布尔值 False，代码如下：

```
self.next_frame_switch = False            # 下一关卡开关
```

② 在 Manager 类中定义一个 next_reset() 方法，用于封装当游戏通关时所要执行的逻辑代码，主要包括通关时用于提示玩家此关已成功通关的页面绘制、当玩家触发游戏进入下一关操作时的相关游戏属性的重置与更新，该方法有一个 pygame 事件变量参数，默认为 None。next_reset() 方法实现代码如下：

```
01  # 下一关重置
02  def next_reset(self, event = None):
03      """ 游戏下一关数据重置 """
04      # 绘制下一关提示页面
05      if not event:
06          Element(Element.good, (0, 0)).draw(self.screen)
07      # 下一关页面事件监听
08      else:
09          if event.type == KEYDOWN:
10              # 下一关，组合键 (Ctrl + n)
11              if event.key in [K_n, K_n - 62]:
12                  if event.mod in [KMOD_LCTRL, KMOD_RCTRL]:
13                      self.game_level += 1
14                      self.lev_obj.level = self.game_level
15                      self.frame = self.lev_obj.frame      # 矩阵元素列表
16                      self.next_frame_switch = False
17                      self.row_num = len(self.frame)       # 矩阵行数
18                      self.col_num = len(self.frame[1])    # 矩阵列数
19                      self.ori_frame = copy.deepcopy(self.frame)   # 保存记录本关矩阵元素
20                      self.lev_obj.old_frame = copy.deepcopy(self.frame)   # 在移动之前记录关卡矩阵
21                      self.font = pygame.font.Font("font/SourceHanSansSC-Bold.otf", 30)
22                      self.lev_obj.step = 0                # 步数归零
23                      self.lev_obj.undo_stack.clear()      # 清空撤销回退栈
24
25                  # 退出，组合键 (Ctrl + q)
```

```
26        if event.key in [K_q, K_n - 62]:
27            if event.mod in [KMOD_LCTRL, KMOD_RCTRL]:
28                sys.exit()
```

③ 在 Manager 类的 init_page() 方法中更新游戏进入下一关的开关，并通过判断此开关确定是否需要绘制下一关页面，代码如下：

```
01 # 判断下一关页面是否绘制
02 self.next_frame_switch = self.lev_obj.is_success()
03 if self.next_frame_switch:
04     self.next_reset()
```

④ 在 Manager 类的事件监听方法 listen_event() 中判断游戏的下一关开关，当未通关时，监听游戏冲关页面的事件代码，否则，监听提示玩家进入下一关页面的事件代码。listen_event() 方法修改后的代码如下（加底色的代码为新增代码）：

```
01 # 事件监听
02 def listen_event(self, event):
03     """ 事件监听 """
04     if not self.next_frame_switch:
05         if event.type == KEYDOWN:
06             if event.key == K_ESCAPE:
07                 sys.exit()
08             """ {上：1，右：2，下：3，左：4 } """
09             if event.key in [K_UP, K_w, K_w - 62]:
10                 self.lev_obj.operate(1)
11             if event.key in [K_RIGHT, K_d, K_d - 62]:
12                 self.lev_obj.operate(2)
13             if event.key in [K_DOWN, K_s, K_s - 62]:
14                 self.lev_obj.operate(3)
15             if event.key in [K_LEFT, K_a, K_a - 62]:
16                 self.lev_obj.operate(4)
17             print("manag frame = ", self.frame)
18
19             if event.key in [K_z, K_z - 62]:
20                 if event.mod in [KMOD_LCTRL, KMOD_RCTRL]:
21                     print("level frame = ", self.lev_obj.frame)
22                     print("manag frame = ", self.frame)
23
24             # 撤销回退一步
25             if event.key == K_BACKSPACE:
26                 if event.mod in [KMOD_LCTRL, KMOD_RCTRL]:
27                     self.undo_one_step()
28
29             # 本关卡重置，组合键 (Ctrl + Enter)
30             if event.key == K_KP_ENTER or event.key == K_RETURN:
31                 if event.mod in [KMOD_LCTRL, KMOD_RCTRL]:
32                     self.again_head()
33     else:
34         self.next_reset(event)
```

第 13 章
飞机大战游戏
（pygame + sys + random + codecs 实现）

扫码免费获取
本书资源

微信中的飞机大战游戏引爆全民狂欢，玩家点击并移动自己的大飞机，在躲避迎面而来的其他飞机时，大飞机可以通过发射炮弹打掉其他小飞机来赢取分数。一旦撞上其他飞机，游戏就结束。本案例将通过 pygame 模拟实现一个飞机大战的游戏。

13.1 案例效果预览

本案例实现的飞机大战游戏主要有以下功能：
- ☑ 记录分数；
- ☑ 敌机被击中动画；
- ☑ 玩家飞机爆炸动画；
- ☑ 文件的写入读取。

飞机大战游戏运行效果如图 13.1 所示。玩家飞机与敌机发生碰撞则游戏结束，显示游戏得分以及"排行榜"按钮，游戏结束画面如图 13.2 所示。单击"排行榜"按钮，显示排行榜页面，效果如图 13.3 所示。

13.2 案例准备

本游戏的开发及运行环境如下：
- ☑ 操作系统：Windows 7、Windows 8、Windows 10 等。
- ☑ 开发语言：Python。
- ☑ 开发工具：PyCharm。
- ☑ Python 内置模块：sys、random、codecs。

图 13.1 游戏主页面

图 13.2 游戏结束画面

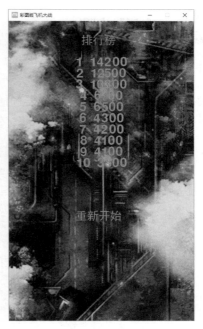
图 13.3 游戏排行榜画面

☑ 第三方模块：pygame。

13.3 业务流程

根据飞机大战游戏的主要功能设计出如图 13.4 所示的系统业务流程图。

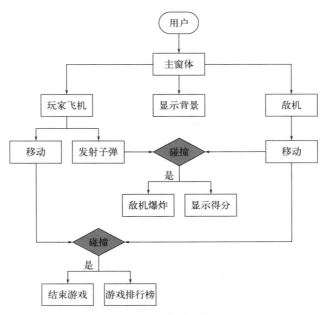

图 13.4 系统业务流程

13.4　实现过程

13.4.1　文件夹组织结构

飞机大战游戏的文件夹组织结构主要包括 resources（资源文件夹）、image（图片文件夹）、score.txt（分数文件）以及 main.py（程序主文件），详细结构如图 13.5 所示。

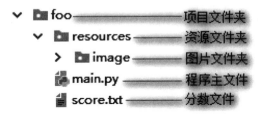

图 13.5　项目文件夹组织结构

13.4.2　主窗体的实现

主窗体实现步骤如下：

① 创建名称为 foo 的文件夹，该文件夹用于保存打飞机游戏的项目文件，然后在该文件夹中创建 resources 文件夹用于保存项目资源，在 resources 文件夹中创建 image 用于保存游戏中所使用的图片资源。最后在 foo 项目文件夹中创建 main.py 文件，在该文件中实现打飞机游戏代码。

② 导入 pygame 库与 pygame 中的常量，然后定义窗体的宽度与高度，代码如下：

```
01 import pygame                    # 导入 pygame 库
02 from pygame.locals import *      # 导入 pygame 库中的一些常量
03 from sys import exit             # 导入 sys 库中的 exit 函数
04 import random
05 import codecs
06
07 # 设置游戏屏幕大小
08 SCREEN_WIDTH = 480
09 SCREEN_HEIGHT = 800
```

③ 接下来进行 pygame 的初始化工作，设置窗体的名称图标，再创建窗体实例并设置窗体的大小以及背景色，最后通过循环实现窗体的显示与刷新。代码如下：

```
01 # 初始化 pygame
02 pygame.init()
03 # 设置游戏界面大小
04 screen = pygame.display.set_mode((SCREEN_WIDTH, SCREEN_HEIGHT))
05 # 游戏界面标题
06 pygame.display.set_caption('彩图版飞机大战')
07 # 设置游戏图标
08 ic_launcher = pygame.image.load('resources/image/ic_launcher.png').convert_alpha()
09 pygame.display.set_icon(ic_launcher)
10 # 背景图
11 background = pygame.image.load('resources/image/background.png').convert_alpha()
12 def startGame():
```

```
13      # 游戏循环帧率设置
14      clock = pygame.time.Clock()
15      # 判断游戏循环退出的参数
16      running = True
17      # 游戏主循环
18      while running:
19          # 绘制背景
20          screen.fill(0)
21          screen.blit(background, (0, 0))
22          # 控制游戏最大帧率为 60
23          clock.tick(60)
24          # 更新屏幕
25          pygame.display.update()
26          # 处理游戏退出
27          for event in pygame.event.get():
28              if event.type == pygame.QUIT:
29                  pygame.quit()
30                  exit()
31  startGame()
```

主窗体的运行效果如图 13.6 所示。

图 13.6　主窗体运行效果

13.4.3　创建游戏精灵

飞机大战游戏中的元素包含玩家飞机、敌机及子弹，用户可以通过键盘移动玩家飞机在屏幕上的位置来打击不同位置的敌机。因此设计 Player、Enemy 和 Bullet 这 3 个类对应 3 种游戏精灵。对于 Player，需要的操作有射击和移动两种，移动又分为上下左右 4 种情况。对于 Enemy，则比较简单，只需要移动即可，从屏幕上方出现并移动到屏幕下方。对于 Bullet，与飞机相同，仅需要以一定速度移动即可。代码如下：

```python
01  # 子弹类
02  class Bullet(pygame.sprite.Sprite):
03      def __init__(self, bullet_img, init_pos):
04          # 调用父类的初始化方法初始化 sprite 的属性
05          pygame.sprite.Sprite.__init__(self)
06          self.image = bullet_img
07          self.rect = self.image.get_rect()
08          self.rect.midbottom = init_pos
09          self.speed = 10
10
11      def move(self):
12          self.rect.top -= self.speed
13
14  # 玩家飞机类
15  class Player(pygame.sprite.Sprite):
16      def __init__(self, player_rect, init_pos):
17          # 调用父类的初始化方法初始化 sprite 的属性
18          pygame.sprite.Sprite.__init__(self)
19          self.image = []    # 用来存储玩家飞机图片的列表
20          for i in range(len(player_rect)):
21              self.image.append(player_rect[i].convert_alpha())
22
23          self.rect = player_rect[0].get_rect()   # 初始化图片所在的矩形
24          self.rect.topleft = init_pos   # 初始化矩形的左上角坐标
25          self.speed = 8    # 初始化玩家飞机速度，这里是一个确定的值
26          self.bullets = pygame.sprite.Group()   # 玩家飞机所发射的子弹的集合
27          self.img_index = 0    # 玩家飞机图片索引
28          self.is_hit = False    # 玩家是否被击中
29
30      # 发射子弹
31      def shoot(self, bullet_img):
32          bullet = Bullet(bullet_img, self.rect.midtop)
33          self.bullets.add(bullet)
34
35      # 向上移动，需要判断边界
36      def moveUp(self):
37          if self.rect.top <= 0:
38              self.rect.top = 0
39          else:
40              self.rect.top -= self.speed
41
42      # 向下移动，需要判断边界
43      def moveDown(self):
44          if self.rect.top >= SCREEN_HEIGHT - self.rect.height:
45              self.rect.top = SCREEN_HEIGHT - self.rect.height
46          else:
47              self.rect.top += self.speed
48
49      # 向左移动，需要判断边界
50      def moveLeft(self):
51          if self.rect.left <= 0:
52              self.rect.left = 0
53          else:
54              self.rect.left -= self.speed
55
56      # 向右移动，需要判断边界
57      def moveRight(self):
58          if self.rect.left >= SCREEN_WIDTH - self.rect.width:
59              self.rect.left = SCREEN_WIDTH - self.rect.width
60          else:
```

第 13 章 飞机大战游戏（pygame + sys + random + codecs 实现）

```
61         self.rect.left += self.speed
62
63 # 敌机类
64 class Enemy(pygame.sprite.Sprite):
65     def __init__(self, enemy_img, enemy_down_imgs, init_pos):
66         # 调用父类的初始化方法初始化 sprite 的属性
67         pygame.sprite.Sprite.__init__(self)
68         self.image = enemy_img
69         self.rect = self.image.get_rect()
70         self.rect.topleft = init_pos
71         self.down_imgs = enemy_down_imgs
72         self.speed = 2
73         self.down_index = 0
74
75     # 敌机移动，边界判断及删除在游戏主循环里处理
76     def move(self):
77         self.rect.top += self.speed
```

13.4.4　游戏核心逻辑

游戏的核心逻辑为玩家飞机的移动和发射子弹、敌机的生成和移动，以及敌机和子弹、敌机和玩家飞机的碰撞检测。具体的实现步骤如下：

① 引用图片资源方便引用，代码如下：

```
01 # 游戏结束背景图
02 game_over = pygame.image.load('resources/image/gameover.png')
03 # 子弹图片
04 plane_bullet = pygame.image.load('resources/image/bullet.png')
05 # 飞机图片
06 player_img1= pygame.image.load('resources/image/player1.png')
07 player_img2= pygame.image.load('resources/image/player2.png')
08 player_img3= pygame.image.load('resources/image/player_off1.png')
09 player_img4= pygame.image.load('resources/image/player_off2.png')
10 player_img5= pygame.image.load('resources/image/player_off3.png')
11 # 敌机图片
12 enemy_img1= pygame.image.load('resources/image/enemy1.png')
13 enemy_img2= pygame.image.load('resources/image/enemy2.png')
14 enemy_img3= pygame.image.load('resources/image/enemy3.png')
15 enemy_img4= pygame.image.load('resources/image/enemy4.png')
```

② 在开始游戏 startGame() 方法中初始化玩家飞机、敌机、子弹图片和分数等资源，代码如下：

```
01 # 设置玩家飞机不同状态的图片列表，多张图片展示为动画效果
02 player_rect = []
03 # 玩家飞机图片
04 player_rect.append(player_img1)
05 player_rect.append(player_img2)
06 # 玩家爆炸图片
07 player_rect.append(player_img2)
08 player_rect.append(player_img3)
09 player_rect.append(player_img4)
10 player_rect.append(player_img5)
11 player_pos = [200, 600]
12 # 初始化玩家飞机
13 player = Player(player_rect, player_pos)
14 # 子弹图片
```

```
15 bullet_img = plane_bullet
16 # 敌机不同状态的图片列表，多张图片展示为动画效果
17 enemy1_img = enemy_img1
18 enemy1_rect=enemy1_img.get_rect()
19 enemy1_down_imgs = []
20 enemy1_down_imgs.append(enemy_img1)
21 enemy1_down_imgs.append(enemy_img2)
22 enemy1_down_imgs.append(enemy_img3)
23 enemy1_down_imgs.append(enemy_img4)
24 # 储存敌机
25 enemies1 = pygame.sprite.Group()
26 # 存储被击毁的飞机，用来渲染击毁动画
27 enemies_down = pygame.sprite.Group()
28 # 初始化射击及敌机移动频率
29 shoot_frequency = 0
30 enemy_frequency = 0
31 # 玩家飞机被击中后的效果处理
32 player_down_index = 16
33 # 初始化分数
34 score = 0
```

③ 在开始游戏 startGame() 方法中的游戏主循环中，完成玩家飞机、敌机、子弹的逻辑处理、碰撞处理，代码如下：

```
01 # 生成子弹，需要控制发射频率
02 # 首先判断玩家飞机没有被击中
03 if not player.is_hit:
04     if shoot_frequency % 15 == 0:
05         player.shoot(bullet_img)
06     shoot_frequency += 1
07     if shoot_frequency >= 15:
08         shoot_frequency = 0
09 for bullet in player.bullets:
10     # 以固定速度移动子弹
11     bullet.move()
12     # 移动出屏幕后删除子弹
13     if bullet.rect.bottom < 0:
14         player.bullets.remove(bullet)
15 # 显示子弹
16 player.bullets.draw(screen)
17 # 生成敌机，需要控制生成频率
18 if enemy_frequency % 50 == 0:
19     enemy1_pos = [random.randint(0, SCREEN_WIDTH - enemy1_rect.width), 0]
20     enemy1 = Enemy(enemy1_img, enemy1_down_imgs, enemy1_pos)
21     enemies1.add(enemy1)
22 enemy_frequency += 1
23 if enemy_frequency >= 100:
24     enemy_frequency = 0
25 for enemy in enemies1:
26     # 移动敌机
27     enemy.move()
28     # 敌机与玩家飞机碰撞效果处理，两个精灵之间的圆检测
29     if pygame.sprite.collide_circle(enemy, player):
30         enemies_down.add(enemy)
31         enemies1.remove(enemy)
32         player.is_hit = True
33         break
34     # 移动出屏幕后删除飞机
35     if enemy.rect.top < 0:
```

```
36          enemies1.remove(enemy)
37 # 敌机被子弹击中效果处理
38 # 将被击中的敌机对象添加到击毁敌机 Group 中，用来渲染击毁动画
39 # 方法 groupcollide() 是检测两个精灵组中精灵们的矩形冲突
40 enemies1_down = pygame.sprite.groupcollide(enemies1, player.bullets, 1, 1)
41
42 for enemy_down in enemies1_down:
43     # 点击销毁的敌机到列表
44     enemies_down.add(enemy_down)
45 # 绘制玩家飞机
46 if not player.is_hit:
47     screen.blit(player.image[player.img_index], player.rect)
48     # 更换图片索引使飞机有动画效果
49     player.img_index = shoot_frequency // 8
50 else:
51     # 玩家飞机被击中后的效果处理
52     player.img_index = player_down_index // 8
53     screen.blit(player.image[player.img_index], player.rect)
54     player_down_index += 1
55     if player_down_index > 47:
56         # 击中效果处理完成后游戏结束
57         running = False
58 # 敌机被子弹击中效果显示
59 for enemy_down in enemies_down:
60     if enemy_down.down_index == 0:
61         pass
62     if enemy_down.down_index > 7:
63         enemies_down.remove(enemy_down)
64         score += 100
65         continue
66     # 显示碰撞图片
67     screen.blit(enemy_down.down_imgs[enemy_down.down_index // 2], enemy_down.rect)
68     enemy_down.down_index += 1
69 # 显示精灵
70 enemies1.draw(screen)
71 # 绘制当前得分
72 score_font = pygame.font.Font(None, 36)
73 score_text = score_font.render(str(score), True, (255, 255, 255))
74 text_rect = score_text.get_rect()
75 text_rect.topleft = [10, 10]
76 screen.blit(score_text, text_rect)
```

④ 处理玩家飞机移动，当玩家在键盘上按相应的按键后，使玩家飞机相应地进行上下左右移动，该功能需要在游戏主循环中进行处理，代码如下：

```
01 # 获取键盘事件（上、下、左、右按键）
02 key_pressed = pygame.key.get_pressed()
03 # 处理键盘事件（移动飞机的位置）
04 if key_pressed[K_w] or key_pressed[K_UP]:
05     player.moveUp()
06 if key_pressed[K_s] or key_pressed[K_DOWN]:
07     player.moveDown()
08 if key_pressed[K_a] or key_pressed[K_LEFT]:
09     player.moveLeft()
10 if key_pressed[K_d] or key_pressed[K_RIGHT]:
11     player.moveRight()
```

运行程序，效果如图 13.7 所示。

图 13.7　游戏核心逻辑完成运行效果

13.4.5　游戏排行榜

在游戏结束后会出现游戏排行榜，游戏排行榜记录了游戏最高分的前 10 名。具体实现步骤如下：

① 在 foo 项目文件夹中创建 score.txt 文件，用于保存用户分数，该文件可以直接导入，也可以自己手动创建，但需要写入"0mr0mr0mr0mr0mr0mr0mr0mr0mr0"，其中 mr 用于方便代码中对分数进行分割处理。

② 在 main.py 项目主文件中创建 write_txt()、read_txt() 方法，用于对 score.txt 文件进行写入与读取处理，代码如下：

```
01 """
02 对文件的操作
03 写入文本：
04 传入参数为 content，strim，path；content 为需要写入的内容，数据类型为字符串
05 path 为写入的位置，数据类型为字符串。strim 写入方式
06 传入的 path 需如下定义：path= r' D:\text.txt'
07 f = codecs.open(path, strim, 'utf8') 中，codecs 为包，需要用 impor 引入
08 strim='a' 表示追加写入 txt，可以换成 'w'，表示覆盖写入
09 'utf8' 表述写入的编码，可以换成 'utf16' 等。
10 """
11 def write_txt(content, strim, path):
12     f = codecs.open(path, strim, 'utf8')
13     f.write(str(content))
14     f.close()
15 """
16 读取 txt：
17 表示按行读取 txt 文件，utf8 表示读取编码为 utf8 的文件，可以根据需求改成 utf16 或者 GBK 等
18 返回的为数组，每一个数组的元素代表一行
19 若想返回字符串格式，可以改写成 return '\n'.join(lines)
20 """
21 def read_txt(path):
22     with open(path, 'r', encoding='utf8') as f:
23         lines = f.readlines()
24     return lines
```

③ 创建 gameRanking() 方法，用于显示排行榜页面，其中主要通过读取分数文件获取分数，并显示到排行榜页面，代码如下：

```
01  # 排行榜
02  def gameRanking():
03      screen2 = pygame.display.set_mode((SCREEN_WIDTH, SCREEN_HEIGHT))
04      # 绘制背景
05      screen2.fill(0)
06      screen2.blit(background, (0, 0))
07      # 使用系统字体
08      xtfont = pygame.font.SysFont('SimHei', 30)
09      # 排行榜按钮
10      textstart = xtfont.render(' 排行榜 ', True, (255, 0, 0))
11      text_rect = textstart.get_rect()
12      text_rect.centerx = screen.get_rect().centerx
13      text_rect.centery = 50
14      screen.blit(textstart, text_rect)
15      # 重新开始按钮
16      textstart = xtfont.render(' 重新开始 ', True, (255, 0, 0))
17      text_rect = textstart.get_rect()
18      text_rect.centerx = screen.get_rect().centerx
19      text_rect.centery = screen.get_rect().centery + 120
20      screen2.blit(textstart, text_rect)
21      # 获取排行文档内容
22      arrayscore = read_txt(r'score.txt')[0].split('mr')
23      #  循环排行榜文件显示排行
24      for i in range(0, len(arrayscore)):
25          # 游戏 Game Over 后显示最终得分
26          font = pygame.font.Font(None, 48)
27          # 排名从 1 到 10
28          k=i+1
29          text = font.render(str(k) +"   " +arrayscore[i], True, (255, 0, 0))
30          text_rect = text.get_rect()
31          text_rect.centerx = screen2.get_rect().centerx
32          text_rect.centery = 80 + 30*k
33          # 绘制分数内容
34          screen2.blit(text, text_rect)
```

排行榜页面显示效果如图 13.8 所示。

图 13.8　游戏排行榜页面

第 14 章
智力拼图
（pygame + random+csv 文件读写技术实现）

扫码免费获取
本书资源

　　拼图游戏是一种深受大众欢迎的智力游戏，在游戏中每个图形都有它特定的位置，我们需要将它放在专属的地方，最终会拼成一个完整的图案。本章将使用 pygame 来制作一个拼图游戏，可以使用键盘或者鼠标来交换相邻方格中的图片，而且，本游戏中可以将任意一张符合尺寸要求的图片当作游戏素材。

14.1　案例效果预览

本案例实现的智力拼图游戏主要包括以下功能。
- ☑ 游戏地图的绘制；
- ☑ 空白方格拼图块的移动；
- ☑ 空白方格移动步数的统计；
- ☑ 游戏暂停和继续的实现；
- ☑ 游戏拼图成功的判断；
- ☑ 游戏冲关时间的统计；
- ☑ 多关卡冲关模式；
- ☑ 游戏数据在 csv 文件中的读取和写入；
- ☑ 成绩窗体的绘制历史最高得分的显示。

拼图游戏主窗体运行如图 14.1 所示。
拼图成功时的窗体运行效果如图 14.2 所示。
游戏结束时的窗体运行效果如图 14.3 所示。

第 14 章　智力拼图（pygame + random+csv 文件读写技术实现）

图 14.1　拼图游戏主窗体运行效果

图 14.2　拼图成功窗体运行效果

图 14.3　游戏结束窗体运行效果

14.2 案例准备

本程序的开发及运行环境如下：
- ☑ 操作系统：Windows 7、Windows 8、Window 10 等。
- ☑ 开发版本：Python。
- ☑ 开发工具：PyCharm。
- ☑ Python 内置模块：sys、os、time、csv、random、copy、math。
- ☑ 第三方模块：pygame。

14.3 业务流程

根据拼图游戏的主要功能设计出如图 14.4 所示的系统业务流程图。

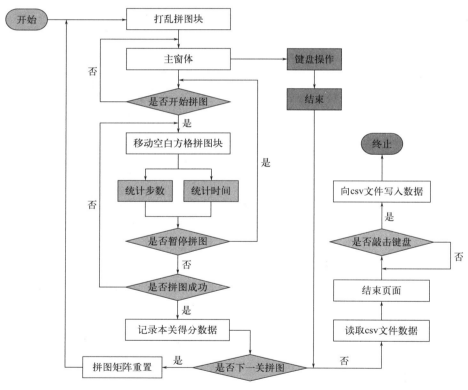

图 14.4　系统业务流程

14.4 实现过程

14.4.1 文件夹组织结构

拼图游戏的文件夹组织结构主要包括 bin（主文件包）、conf（配置文件包）、core（业务逻辑包)、static（静态资源包）及启动文件 manage.py，详细结构如图 14.5 所示。

```
▼ Mingri_PinTu_Master ────────── 项目包
    ▶ bin ──────────────────────── 主文件包
    ▶ conf ─────────────────────── 配置文件包
    ▶ core ─────────────────────── 业务逻辑包
    ▼ static ───────────────────── 静态资源包
        ▶ font ─────────────────── 字体文件包
        ▶ img ──────────────────── 图片文件包
        __init__.py
    __init__.py
    manage.py ─────────────────── 启动文件
```

图 14.5　项目文件夹组织结构

14.4.2　搭建主框架

根据开发项目时所遵循的最基本代码目录结构，以及 pygame 的最小框架代码，我们先搭建智力拼图游戏的项目主框架，具体操作步骤如下：

① 根据图 14.5 所示的文件夹组织结构，在 PyCharm 中创建一个 Mingri_PinTu_Master 项目，并在该项目中依次创建 bin、conf、core 和 static 这 4 个 Python Package，然后在 static 包中依次创建 font、img 这两个 Python Package。

② 在 conf 包中创建一个 settings.py 文件，作为整个游戏项目的常量库，代码如下：

```
01  # 导入 pygame 常量库
02  from pygame.locals import *
03
04  FPS = 60                              # 帧率
05  TITLE = "拼图游戏_施伟"
06  INIT_ROW_NUM = 2                      # 初始矩阵行数
07  INIT_COL_NUM = 2                      # 初始矩阵列数
08  # 设置游戏难度系数
09  AUTO_RUN_STEP = 3000                  # 自动移动步数
10
11  # 游戏所要拼接的图片
12  PUZZLE_IMG = "static/img/game.jpg"
13  # 恭喜通关所要显示的图片
14  GOOD_IMG = "static/img/good.png"
15  # 主窗体背景图片
16  BG_IMG = "static/img/bg.png"
17  # 结束窗体背景图片
18  GRADE_IMG = "static/img/grade.png"
19  # 等级步数背景图片
20  CONTROL_IMG = "static/img/control.png"
21
22  # 游戏字体文件
23  FONT_FILE = "static/font/SourceHanSansSC-Bold.otf"
24
25  # 拼接图片的宽度，也为原始拼接图片的最小宽度
26  IMG_WIDTH = 700
27  # 背景颜色
28  BG_COLOR = (239, 239, 239)
```

③ 在 bin 包中创建一个 main.py 文件，作为整个项目的主文件，在此文件中创建 main() 主函数，主要在其中调用实现不同游戏逻辑的不同接口方法。main.py 文件代码如下：

```
01  import sys
02
03  # 导入 pygame 及常量库
04  import pygame
05  from conf.settings import *
06
07
08  # 主函数
09  def main():
10
11      # 标题
12      title = TITLE
13      # 颜色定义
14      bg_color = BG_COLOR
15      # 屏幕尺寸(宽,高)
16      __screen_size = WIDTH, HEIGHT = 1010, 570
17
18      # 初始化
19      pygame.init()
20      # 创建游戏窗口
21      screen = pygame.display.set_mode(__screen_size)
22      # 设置窗口标题
23      pygame.display.set_caption(title)
24      # 创建管理时间对象
25      clock = pygame.time.Clock()
26      # 创建字体对象
27      font = pygame.font.Font(FONT_FILE, 26)
28      # 游戏运行开关
29      running = True
30
31      # 程序运行主体循环
32      while running:
33          # 1. 清屏(窗口纯背景色画纸绘制)
34          screen.fill(bg_color)    # 先准备一块深灰色布
35          # 2. 绘制
36
37          for event in pygame.event.get():    # 事件索取
38              if event.type == QUIT:          # 判断点击窗口右上角 "×"
39                  pygame.quit()               # 退出游戏,还原设备
40                  sys.exit()                  # 程序退出
41
42          # 3. 刷新
43          pygame.display.update()
44          # 设置帧数
45          clock.tick(FPS)
46      # 循环结束后,退出游戏
47      pygame.quit()
```

④ 在 core 包中创建一个 handler.py 文件,用于存储整个游戏中的主要逻辑代码。

⑤ 作为项目启动文件的 manage.py 文件的完整代码如下:

```
01  __auther__ = "SuoSuo"
02  __version__ = "master_v1"
03
04  from bin.main import main
05
06  if __name__ == '__main__':
07      main()
```

14.4.3 绘制游戏主窗体

在绘制主窗体之前，首先确定在主窗体上要展示哪些内容，并确定各部分内容以及窗体的最终尺寸大小。本案例实现时，对于所要拼接的图片实现了高度可配置，只需要在游戏配置文件 conf/settings.py 文件中修改表示游戏拼接图片的常量（PUZZLE_IMG）即可，图片的尺寸要求为：Width>=700px，Height>455px。游戏主窗体布局如图 14.6 所示。

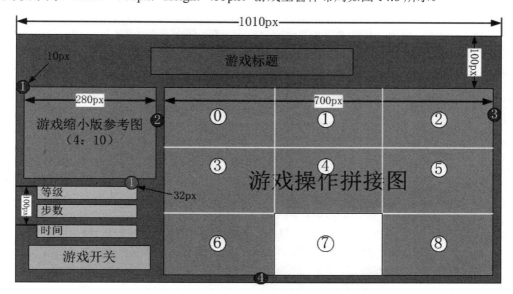

图 14.6　主窗体布局

通过 pygame 模块实现绘制拼图游戏主窗体的步骤如下：

① 在 core 包中创建一个 level.py 文件，用于管理游戏拼接图，该文件中创建一个名为 Level 的游戏等级类，该类中定义并初始化了游戏矩阵列表、游戏等级、行数、列数、矩阵方格数、方格宽度、方格高度和交换次数，并且初始化了方格的位置。level.py 文件代码如下：

```
01 import copy
02 import math
03 import random
04
05 from conf.settings import *
06
07 class Level:
08     """ 游戏等级类 """
09
10     def __init__(self,):
11         self.frame = []                          # 游戏矩阵列表
12         self.game_level = 0                      # 游戏等级
13         self.row_num = INIT_ROW_NUM - 1          # 行数
14         self.col_num = INIT_COL_NUM - 1          # 列数
15         self.grid_num = 0                        # 矩阵方格数
16         self.grid_width = 0                      # 方格宽
17         self.grid_height = 0                     # 方格高
18         self.step = 0                            # 交换次数
19
20     def frame_init(self, manager):
21         """ 矩阵初始化 """
```

```
22          self.game_level += 1
23          self.row_num += 1
24          self.col_num += 1
25          self.step = 0
26          self.manager = manager
27          self.grid_num = self.row_num * self.col_num
28          self.frame = [[(i + j * self.col_num) for i in range(self.col_num)] for j in range(self.row_num)]
29          self.grid_width = manager.game_rect.width // self.col_num
30          self.grid_height = manager.game_rect.height // self.row_num
31          # 初始空白方格位置
32          self.blank = [random.randint(0, self.row_num - 1), random.randint(0, self.col_num - 1)]
33          self.frame[self.blank[0]][self.blank[1]] = -1
34          self.manager.success_switch = False
```

> **说明** 上面的代码中，第 22 行代码用来将游戏等级加 1；第 23、24 行代码分别对拼图矩阵行与列数加 1；第 25 行代码将空白方格移动步数重置为零；第 27 行代码用来对小方格数量总和进行计算；第 28 行代码通过 Python 列表推导式语法对代表拼接图中所有小方格的二维矩阵中存储的标号进行了初始化赋值；第 29 和 30 行代码分别计算了平均每个小方格的宽度和高度，并对其做了除法向上取整；第 32 行代码用 Python 随机数模块 random 在二维矩阵中随机选择了一个元素及空白小方格的标号，然后将此空白小方格在矩阵中的行与列索引存储在了 self.blank 变量中，留待后续功能实现使用；第 33 行代码则对新的游戏二维矩阵中的空白小方格标号进行了重新赋值标记，供拼图绘制使用。

② 在 core 包中创建一个名 handler.py 文件，用于存放游戏窗口主逻辑代码，在该文件中创建一个游戏管理类，类名定义为 Manager，在其中对游戏主窗体的基本设置进行初始化。handler.py 文件代码如下：

```
01 import math
02 import os
03 import sys
04 import time
05
06 import pygame
07 from conf.settings import *
08
09
10 class Manager:
11     """ 游戏管理类 """
12
13     def __init__(self, lev_obj):
14
15         self.clock = pygame.time.Clock()         # 时间管理对象
16         self.running = True                       # 游戏运行开关
17         self.img_init()                           # 图片初始化
18         self.lev_obj = lev_obj                    # 游戏等级类对象
19         # {0: 终止状态，1: " 运行状态 ", 2: " 暂停状态 "}
20         self.state = 1                            # 游戏状态
21
22     def img_init(self):
23         """ 全局设置 """
24         self.image = pygame.image.load(PUZZLE_IMG)
```

第 14 章 智力拼图（pygame + random+csv 文件读写技术实现）

```
25          # 拼接图
26          if self.image.get_width() >= IMG_WIDTH and self.image.get_height() > IMG_WIDTH * 0.65:
27              self.game_img = pygame.transform.scale(self.image, \
28                                  (IMG_WIDTH, math.ceil(self.image.get_height() * (IMG_WIDTH / self.image.get_width()))))
29              self.show_img = pygame.transform.scale(self.image, \
30                                  (math.ceil(IMG_WIDTH * 0.4), \
31                                  math.ceil(self.game_img.get_height() * 0.4)))
32          else:
33              raise("This picture is too small (W >= " + str(IMG_WIDTH) + ", H > " + \
34                  str(IMG_WIDTH * 0.65) + ")!  Please get me a bigger one .....")
35          self.game_rect = self.game_img.get_rect()
36          self.show_rect = self.show_img.get_rect()
37          self.show_rect.topleft = (10, 100)
38          self.game_rect.topleft = (self.show_rect.width + 20, 100)
39          # 窗口
40          self.screen_size = (self.game_rect.width + self.show_rect.width + 30, \
41                              self.game_rect.height + 110)
42          self.screen = pygame.display.set_mode(self.screen_size)
43          self.screen_rect = self.screen.get_rect()
44          # 主窗体背景图
45          self.background_sur = pygame.image.load(BG_IMG)
46          # 等级步数背景图
47          self.control_sur = pygame.image.load(CONTROL_IMG)
48
49          # 通关图
50          self.success_sur = pygame.image.load(GOOD_IMG)
51          self.success_rec = self.success_sur.get_rect()
52          self.success_rec.center = self.screen_rect.center
53          # 结束窗体背景图
54          self.over_sur = pygame.image.load(GRADE_IMG)
55
56      def draw_text(self, text, size, color, x, y, center = False):
57          """ 文本绘制 """
58          font = pygame.font.Font(FONT_FILE, size)
59          text_surface = font.render(text, True, color)
60          text_rect = text_surface.get_rect()
61          if center:
62              text_rect.topleft = (x // 2 - text_rect.width // 2, y)
63          else:
64              text_rect.topleft = (x, y)
65          self.screen.blit(text_surface, text_rect)
```

上面的代码中，第 19 行代码展示了本游戏的不同游戏状态所表示的不同数值。第 20 行代码用来初始化游戏运行状态。第 24 行代码用来执行加载原图功能。第 26 行代码中判断图片尺寸是否符合游戏设计规定，如果符合规定，则分别创建游戏参考图 Surface 对象和拼接图 Surface 对象；如果不符合规定，则显式地使用 raise() 方法抛出一个程序错误，并告知玩家所要拼接的图片不符合规定以及图片的具体尺寸大小要求等信息。

③ 在 Manager 类中定义一个 init_page() 方法，用来初始化游戏主窗体的绘制，代码如下：

```
01 # 游戏窗体绘制初始化
02 def init_page(self):
03      """ 游戏窗体绘制初始化 """
```

```
04          # 绘制背景图
05          self.screen.blit(self.background_sur, (0, 0))
06          # 绘制等级步数背景图
07          self.screen.blit(self.control_sur, (10, self.show_rect.bottom))
08          # 绘制标题
09          self.draw_text("简 易 拼 图 游 戏", 44, (0, 0, 0), self.screen_rect.width, 15,
True)
10          # 绘制参考图
11          self.screen.blit(self.show_img, self.show_rect)
12          # 绘制矩阵拼接图
13          for row, li in enumerate(self.lev_obj.frame):
14              for col, val in enumerate(li):
15                  posi = (col * self.lev_obj.grid_width + self.game_rect[0], \
16                          row * self.lev_obj.grid_height + self.game_rect[1])
17                  if val == -1:
18                      pygame.draw.rect(self.screen, (255, 255, 255), \
19                                       (posi[0], posi[1], self.lev_obj.grid_width, \
20                                        self.lev_obj.grid_height))
21                  sub_row = self.lev_obj.frame[row][col] // self.lev_obj.col_num
22                  sub_col = self.lev_obj.frame[row][col] % self.lev_obj.col_num
23                  sub_posi = (sub_col * self.lev_obj.grid_width, sub_row * self.lev_obj.grid_
height, \
24                              self.lev_obj.grid_width, self.lev_obj.grid_height)
25                  self.screen.blit(self.game_img, posi, sub_posi)
26          # 绘制分隔线横线
27          for i in range(self.lev_obj.row_num + 1):
28              start_pos = [self.game_rect[0], self.game_rect[1] + i * self.lev_obj.grid_
height]
29              end_pos = [self.game_rect[0] + self.game_rect.width, self.game_rect[1] + \
30                         i * self.lev_obj.grid_height]
31              pygame.draw.line(self.screen, (0, 0, 0.5), start_pos, end_pos, 1)
32          # 绘制分隔线竖线
33          for i in range(self.lev_obj.col_num + 1):
34              start_pos = [self.game_rect[0] + i * self.lev_obj.grid_width, self.game_
rect[1]]
35              end_pos = [self.game_rect[0] + i * self.lev_obj.grid_width, self.game_rect[1] + \
36                         self.game_rect.height]
37              pygame.draw.line(self.screen, (0, 0, 0.5), start_pos, end_pos, 1)
38          # 绘制等级
39          self.draw_text("等 级：%d"% self.lev_obj.game_level, 26, (255, 255, 255), \
40                         self.show_rect.width, self.show_rect.bottom + 32, True)
41          # 绘制步数
42          self.draw_text("步 数：%d"% self.lev_obj.step, 26, (255, 255, 255), \
43                         self.show_rect.width, self.show_rect.bottom + 82, True)
44          # 绘制时间
45          self.draw_text("时 间：0 s", 26, (255, 255, 255), \
46                         self.show_rect.width, self.show_rect.bottom + 132, True)
47          pygame.draw.rect(self.screen, (255, 255, 255), (0, self.screen_rect.bottom - 10, \
48                                                          self.screen_rect.width, 10))
```

上面的代码中，在第 13 行使用 for 语句块绘制游戏拼接图时，首先遍历游戏二维矩阵中的每一行元素列表，然后遍历每一行元素列表中的每一个代表原图中游戏小方格的标号，在获取到某一方格所表示的标号之后，在其中绘制具体的拼图块，步骤为：通过此小方格在拼接图中的当前位置（在游戏二维矩阵中的行与列索引号）计算出小方格在整个游戏窗口中左上顶点坐标的位置（即第 15 行代码），然后通过获取到的小方格标号计算出此小方格相对于游戏拼接总图的相对位置坐标（即第 23 行代码），具体释义如图 14.7 所示。当知道任意一个小方格在 pygame 窗口中的坐标位置和在拼接图中的相对位置坐标之后，就可以通过

pygame 显示 Surface 对象中的 blit() 方法，在 pygame 窗口中剪裁绘制游戏拼接图 Surface 对象中的某一部分矩形区域图像（即第 25 行代码）。根据该原理即可根据每一个小方格存储在二维矩阵中的标号来绘制每一个小方格上应显示的小拼图块图像。

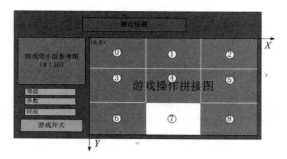

图 14.7　小方格相对位置图示

④ 在 main.py 文件中实例化游戏管理类 Manager 和游戏等级类 Level，然后调用 Level 类中的 frame_init() 方法初始化游戏拼接图二维矩阵，并将 Manager 类中定义窗口尺寸大小的参数 screen_size 传至 pygame.display.set_mode() 方法中，用来创建 pygame 窗体，最后在程序主循环中调用 Manager 类中 init_page() 方法实现窗体的绘制。main.py 文件修改后的代码如下（加底色的代码为新增代码）：

```
01  import sys
02
03  # 导入 pygame 及常量库
04  import pygame
05  from conf.settings import *
06
07  from core.handler import Manager
08  from core.level import Level
09
10
11  # 主函数
12  def main():
13
14      # 标题
15      title = TITLE
16      # 颜色定义
17      bg_color = BG_COLOR
18
19      # 初始化
20      pygame.init()
21      # 创建管理时间对象
22      clock = pygame.time.Clock()
23
24      # 实例化游戏管理类对象
25      level = Level()
26      manager = Manager(level)
27      level.frame_init(manager)
28
29      # 屏幕尺寸（宽，高）
30      __screen_size = WIDTH, HEIGHT = manager.screen_size
```

```
31        # 创建游戏窗口
32        screen = pygame.display.set_mode(__screen_size)
33        # 设置窗口标题
34        pygame.display.set_caption(title)
35        # 创建字体对象
36        font = pygame.font.Font(FONT_FILE, 26)
37        # 游戏运行开关
38        running = True
39
40        # 程序运行主体循环
41        while running:
42            # 1. 清屏（窗口纯背景色画纸绘制）
43            screen.fill(bg_color)   # 先准备一块深灰色布
44            # 2. 绘制
45            manager.init_page()
46
47            for event in pygame.event.get():   # 事件索取
48                if event.type == QUIT:   # 判断点击窗口右上角"×"
49                    pygame.quit()         # 退出游戏，还原设备
50                    sys.exit()            # 程序退出
51
52            # 3. 刷新
53            pygame.display.update()
54            # 设置帧数
55            clock.tick(FPS)
56        # 循环结束后，退出游戏
57        pygame.quit()
```

游戏主窗体运行效果如图 14.8 所示。

图 14.8　游戏主窗体运行效果

 主窗体中的游戏开关按钮，笔者在此项目中将其设计为了一个单独的模块。

14.4.4　移动游戏空白方格拼图块

要实现空白小方格与周围相邻的某一个拼图块交换的功能，只需交换这两个小方格在二

维矩阵存储的标号即可。实现移动游戏空白方格功能的步骤如下：

① 在 Level 类中定义一个 exchange() 方法，用来实现空白方格能够分别向 4 个方向移动的算法，即交换任意两个小方格在游戏二维矩阵中所代表的标号。然后在 Level 类中定义一个 operate() 方法，用来对游戏二维矩阵进行操作，该方法有两个参数，第 1 个参数表示移动方向，第 2 个参数表示玩家操作，默认为 True。exchange() 方法和 operate() 方法实现代码如下：

```
01 def exchange(self, one, two):
02     """ 方格交换 """
03     self.frame[one[0]][one[1]], self.frame[two[0]][two[1]] = \
04         self.frame[two[0]][two[1]], self.frame[one[0]][one[1]]
05
06 def operate(self, direction, manual = True):
07     """ 矩阵操作维护 """
08     if direction == BOTTOM:
09         if self.blank[0] >= 1:
10             self.exchange(self.blank,(self.blank[0]-1, self.blank[1]))
11             self.blank[0] -= 1
12     elif direction == LEFT:
13         if self.blank[1] <= self.col_num - 2:
14             self.exchange(self.blank, [self.blank[0], self.blank[1] + 1])
15             self.blank[1] += 1
16     elif direction == UP:
17         if self.blank[0] <= self.row_num - 2:
18             self.exchange(self.blank,(self.blank[0]+1, self.blank[1]))
19             self.blank[0] += 1
20     elif direction == RIGHT:
21         if self.blank[1] >= 1:
22             self.exchange(self.blank, (self.blank[0], self.blank[1] - 1))
23             self.blank[1] -= 1
```

说明　上面的代码中，第 11、15、19、23 行代码用来对记录空白方格在二维矩阵中的行与列索引号的变量值进行实时更新。

② 在 Level 类中创建一个 auto_run() 方法，在其中封装使其空白方格随机移动的算法。该方法中，实现使用列表推导式生成了一个代表每次移动方向（3：上，4：右，1：下，2：左）的随机移动列表序列，序列的长度与游戏等级成正比即此关游戏拼图的难度。然后使用 random 随机模块将其随机打乱，最后调用 operate() 方法使其移动。auto_run() 方法实现代码如下：

```
01 def auto_run(self):
02     """ 图形方格随机移动算法 """
03     li = [i % 5 for i in range(AUTO_RUN_STEP * self.game_level) if i % 5 != 0]
04     random.shuffle(li)
05     for i in li:
06         self.operate(i, False)
```

③ 在 Manager 类中定义一个 listen_event() 方法，用来监听玩家的键盘按下和鼠标单击事件。该方法中，首先对游戏状态进行判断，只有在游戏状态为运行时才可以监听事件使玩家进行操作；然后通过判断玩家按下的键，计算其所单击的小方格在二维矩阵中的行与列索引号，并分别计算所点击方格与空白方格的列索引差与行索引差；最后判断玩家所点击方格是否与空白方格相邻，相邻则交换，否则为无效操作。listen_event() 方法实现代码如下：

```
01  # 矩阵事件监听
02  def listen_event(self, event):
03      """ 事件监听 """
04      # 矩阵事件监听
05      if self.state == 1:
06          # 键盘事件
07          if event.type == KEYDOWN:
08              if event.key == K_ESCAPE:
09                  sys.exit()
10              """ {上：1, 右:2, 下:3, 左:4 } """
11              if event.key in [K_UP, K_w, K_w - 62]:
12                  self.lev_obj.operate(1)
13              elif event.key in [K_RIGHT, K_d, K_d - 62]:
14                  self.lev_obj.operate(2)
15              elif event.key in [K_DOWN, K_s, K_s - 62]:
16                  self.lev_obj.operate(3)
17              elif event.key in [K_LEFT, K_a, K_a - 62]:
18                  self.lev_obj.operate(4)
19          # 鼠标按下事件
20          if event.type == MOUSEBUTTONDOWN and event.button == 1:
21              mouse_x, mouse_y = event.pos
22              row=int(mouse_y-self.game_rect[1])//self.lev_obj.grid_height
23              col=int(mouse_x-self.game_rect[0])//self.lev_obj.grid_width
24              row_diff = row - self.lev_obj.blank[0]
25              col_diff = col - self.lev_obj.blank[1]
26              if  row_diff == 1 and col_diff == 0:
27                  self.lev_obj.operate(1)
28              elif row_diff == -1 and col_diff == 0:
29                  self.lev_obj.operate(3)
30              elif row_diff == 0 and col_diff == 1:
31                  self.lev_obj.operate(4)
32              elif row_diff == 0 and col_diff == -1:
33                  self.lev_obj.operate(2)
```

④ 在 main() 方法的程序主循环中，找到处理事件的代码，并在此处调用 Manager 类中监听用户事件的 listen_event() 方法，从而接收外界用户输入。修改后的 main() 方法完整代码如下（加底色的代码为新增代码）：

```
01  # 主函数
02  def main():
03
04      # 标题
05      title = TITLE
06      # 颜色定义
07      bg_color = BG_COLOR
08
09      # 初始化
10      pygame.init()
11      # 创建管理时间对象
12      clock = pygame.time.Clock()
13
14      # 实例化游戏管理类对象
15      level = Level()
16      manager = Manager(level)
17      level.frame_init(manager)
18
19      # 屏幕尺寸（宽，高）
20      screen_size = WIDTH, HEIGHT = manager.screen_size
21      # 创建游戏窗口
```

```
22     screen = pygame.display.set_mode(__screen_size)
23     # 设置窗口标题
24     pygame.display.set_caption(title)
25     # 创建字体对象
26     font = pygame.font.Font(FONT_FILE, 26)
27     # 游戏运行开关
28     running = True
29
30     # 程序运行主体循环
31     while running:
32         # 1. 清屏（窗口纯背景色画纸绘制）
33         screen.fill(bg_color)    # 先准备一块深灰色布
34         # 2. 绘制
35         manager.init_page()
36
37         for event in pygame.event.get():    # 事件索取
38             if event.type == QUIT:    # 判断点击窗口右上角"×"
39                 pygame.quit()         # 退出游戏，还原设备
40                 sys.exit()            # 程序退出
41             # 监听游戏窗体事件
42             manager.listen_event(event)
43
44         # 3. 刷新
45         pygame.display.update()
46         # 设置帧数
47         clock.tick(FPS)
48     # 循环结束后，退出游戏
49     pygame.quit()
```

14.4.5　统计空白方格拼图块移动步数

统计空白方格的移动步数，需要在游戏为运行状态且玩家进行有效操作的前提下进行，其具体实现步骤如下：

① 在 Level 类的初始化 __init__() 方法中定义一个 old_frame 变量，初始化为游戏二维矩阵变量 self.frame，该变量用于存储空白小方格每次有效移动之前的游戏二维矩阵数据。代码如下：

```
self.old_frame = self.frame    # 记录二维矩阵
```

② 在 Level 类的矩阵操作方法 operate() 中实时更新 self.old_frame 变量，代码如下：

```
01 # 记录矩阵
02 if manual:
03     self.old_frame = copy.deepcopy(self.frame)
```

③ 在 Level 类中定义一个 is_move() 方法，用于判断空白方格是否移动，代码如下：

```
01 # 检测是否移动
02 def is_move(self):
03     """ 检测是否移动 """
04     if self.manager.state == 1:
05         if self.old_frame != self.frame:    # 比较值
06             return True
07     return False
```

④ 在 Level 类中定义一个 add_step() 方法，用于对 step 步数变量的值进行实时更新，代

码如下:

```
01  # 记录玩家移动步数
02  def add_step(self):
03      """ 记录玩家移动步数 """
04      if self.is_move():
05          self.step += 1
```

14.4.6 判断拼图是否成功

判断拼图是否成功,只需判断游戏二维矩阵中的所有方格的标号是否与最初初始化时的顺序一致,如果一致,则判定拼图成功,否则游戏继续。实现判断拼图是否成功的步骤如下:

① 首先定义一个拼图是否成功的开关,初始值赋值为 False。在 Manager 类的初始化 __init__() 方法中定义一个 success_switch 变量,代码如下:

```
self.success_switch = False              # 拼图成功开关
```

② 在游戏二维矩阵管理类 Level 中定义一个 is_success() 方法,用于对游戏二维矩阵进行判断,代码如下:

```
01  def is_success(self):
02      """ 拼图成功判断 """
03      self.ori_frame = [[(i + j * self.col_num) for i in range(self.col_num)] for j in range(self.row_num)]
04      self.ori_frame[self.blank[0]][self.blank[1]] = -1
05      if self.frame == self.ori_frame:
06          return True
07      return False
```

③ 在 Manager 类中定义一个 page_reset() 方法,用于在拼图成功时重置游戏窗体中的数据,代码如下:

```
01  def page_reset(self):
02      """ 窗体数据重置 """
03      self.state = 0                       # 设游戏为终止状态
04      self.success_switch = True           # 打开拼图成功开关
```

④ 在 Manager 类中的主窗体绘制方法 init_page() 中添加判断拼图是否成功的代码,代码如下:

```
01  # 拼图成功判断
02  if not self.success_switch:
03      if self.lev_obj.is_success():
04          self.page_reset()
```

⑤ 在 Manager 类中定义一个 success_page() 方法,用来在拼图成功时绘制玩家通关图。该方法有一个默认参数值为 False,表示当调用此方法无任何形参时,执行方法内的窗体绘制代码,而如果传入一个布尔值为 True,则执行此方法内的事件监听代码,这里先用 pass 语句代替。success_page() 方法实现代码如下:

```
01  def success_page(self, event = False):
```

第 14 章 智力拼图（pygame + random+csv 文件读写技术实现）

```
02      """ 恭喜通关窗体的事件监听与绘制 """
03      # 事件监听
04      if event:
05          pass
06      # 窗体绘制
07      else:
08          # 绘制恭喜通关图
09          self.screen.blit(self.success_sur, self.success_rec)
```

⑥ 最后一步则是判断拼图开关，若为 True，表示拼图成功，这时调用 success_page() 方法绘制恭喜玩家通关的图片，代码如下：

```
01 # 绘制成功窗体
02 if self.success_switch:
03     self.success_page()
```

⑦ 当拼图成功时，拼接图中的空白方格应该恢复为原有的拼图块，且拼接图之上也不应该再继续绘制分隔线，因此需要对拼接图的绘制方法 init_page() 中的代码进行修改，即在其中绘制分隔线的代码处添加一条判断是否拼图成功的 if 语句，判断在拼图成功时不进行分隔线的绘制即可。修改后的 Manager 类中的 init_page() 方法代码如下（加底色的代码为新增代码）：

```
01 # 游戏窗体绘制初始化
02 def init_page(self):
03     """ 游戏窗体绘制初始化 """
04
05     # 拼图成功判断
06     if not self.success_switch:
07         if self.lev_obj.is_success():
08             self.page_reset()
09     # 绘制背景图
10     self.screen.blit(self.background_sur, (0, 0))
11     # 绘制等级步数背景图
12     self.screen.blit(self.control_sur, (10, self.show_rect.bottom))
13     # 绘制标题
14     self.draw_text(" 简  易  拼  图  游  戏 ", 44, (0, 0, 0), self.screen_rect.width, 15, True)
15     # 绘制参考图
16     self.screen.blit(self.show_img, self.show_rect)
17     # 绘制矩阵拼图
18     for row, li in enumerate(self.lev_obj.frame):
19         for col, val in enumerate(li):
20             posi = (col * self.lev_obj.grid_width + self.game_rect[0], \
21                     row * self.lev_obj.grid_height + self.game_rect[1])
22             if val == -1:
23                 if not self.success_switch:
24                     pygame.draw.rect(self.screen, (255, 255, 255), \
25                                      (posi[0], posi[1], self.lev_obj.grid_width, \
26                                       self.lev_obj.grid_height))
27             else:
28                 self.lev_obj.frame[row][col] = self.lev_obj.blank[0] * \
29                                                 self.lev_obj.col_num + self.lev_obj.blank[1]
30                 sub_row = self.lev_obj.frame[row][col] // self.lev_obj.col_num
31                 sub_col = self.lev_obj.frame[row][col] % self.lev_obj.col_num
32                 sub_posi = (sub_col * self.lev_obj.grid_width, sub_row * self.lev_obj.grid_height, \
```

```
33                      self.lev_obj.grid_width, self.lev_obj.grid_height)
34              self.screen.blit(self.game_img, posi, sub_posi)
35      if not self.success_switch:
36          # 绘制分隔线横线
37          for i in range(self.lev_obj.row_num + 1):
38              start_pos = [self.game_rect[0], self.game_rect[1] + i * self.lev_obj.grid_
height]
39              end_pos = [self.game_rect[0] + self.game_rect.width, self.game_rect[1] + \
40                        i * self.lev_obj.grid_height]
41              pygame.draw.line(self.screen, (0, 0, 0.5), start_pos, end_pos, 1)
42          # 绘制分隔线竖线
43          for i in range(self.lev_obj.col_num + 1):
44              start_pos = [self.game_rect[0] + i * self.lev_obj.grid_width, self.game_
rect[1]]
45              end_pos = [self.game_rect[0] + i * self.lev_obj.grid_width, self.game_
rect[1] + \
46                        self.game_rect.height]
47              pygame.draw.line(self.screen, (0, 0, 0.5), start_pos, end_pos, 1)
48          # 绘制等级
49          self.draw_text("等 级:%d"% self.lev_obj.game_level, 26, (255, 255, 255), \
50                         self.show_rect.width, self.show_rect.bottom + 32, True)
51          # 绘制步数
52          self.draw_text("步 数:%d"% self.lev_obj.step, 26, (255, 255, 255), \
53                         self.show_rect.width, self.show_rect.bottom + 82, True)
54          # 绘制时间
55          self.draw_text("时 间: 0 s", 26, (255, 255, 255), \
56                         self.show_rect.width, self.show_rect.bottom + 132, True)
57          pygame.draw.rect(self.screen, (255, 255, 255), (0, self.screen_rect.bottom - 10, \
58                           self.screen_rect.width, 10))
59          # 绘制成功窗体
60      if self.success_switch:
61          self.success_page()
```

运行程序，当拼图成功时，效果如图 14.9 所示。

图 14.9 拼图成功效果

14.4.7 使用 csv 文件存取游戏数据

由于在游戏结束窗体中需要对玩家所玩的每一关卡的得分进行判断是否创造纪录，因此需要保存每一关卡的最高得分纪录。拼图游戏中将每一关卡的最高得分纪录保存在了 csv 文件中。实现在拼图游戏中通过 csv 文件中读取和写入游戏关卡得分的具体步骤如下：

① 在 Manager 类的 __init__() 方法中添加一个 self.dir 变量，用来指定保存游戏数据的 csv 文件的文件夹路径。代码如下：

```
self.dir = os.path.abspath(os.path.dirname(__file__))
```

② 在 Manager 类中创建一个 load_data() 方法，用来对 csv 文件进行数据读取操作，代码如下：

```
01 def load_data(self):
02     """ 加载数据 """
03     file_path = os.path.join(self.dir, "grade.csv")
04     res = {}
05     if not os.path.exists(file_path):
06         raise (file_path, " 文件不存在，读取数据失败！ ")
07     # 使用 PythonV 上下文管理协议，自动回收文件句柄资源
08     with open(file_path, 'r') as f:
09         reader = csv.reader(f)
10         data_list = list(reader)
11         if data_list:
12             for li in list(reader):
13                 res[int(li[0])] = {}
14                 res[int(li[0])]["time"] = int(li[1])
15                 res[int(li[0])]["step"] = int(li[2])
16             return res
17         return {}
```

③ 在 Manager 类中创建一个 write_data() 方法，用来对 csv 文件进行写入数据操作，代码如下：

```
01 def write_data(self, data):
02     """ 向文件写入数据 """
03     if type(data) != dict:
04         raise(" 写入文件数据 :", data, " 类型不为字典 .......")
05     file_path = os.path.join(self.dir, "grade.csv")
06     with open(file_path, 'w', newline='') as f:
07         writer = csv.writer(f)
08         if data:
09             for lev, dic in data.items():
10                 writer.writerow([str(lev), str(dic["time"]), \
11                                  str(dic["step"])])
```

14.4.8 绘制游戏结束窗体

拼图游戏结束或中途退出时会显示游戏结束窗体，在游戏结束窗体中首先需要绘制窗体背景，并读取显示 csv 文件中的最高得分纪录；然后需要绘制玩家数据，并且判断玩家是否创造了；最后判断是否关闭游戏窗口，并向 csv 文件中写入游戏最新的最高得分纪录数据。

游戏结束窗体的具体实现步骤如下：

① 在 Manager 类的 __init__() 方法中创建 self.score_dict 和 self.high_score_dict 变量，用

来存储游戏得分数据。代码如下:

```
01 self.score_dict = {}                  # 得分字典
02 self.high_score_dict = {}             # 最高得分字典
```

② 在 Manager 类中创建一个 record_grade() 方法,用来记录玩家每个关卡的得分数据,代码如下:

```
01 def record_grade(self):
02     """ 记录得分 """
03     self.score_dict[self.lev_obj.game_level] = {}
04     self.score_dict[self.lev_obj.game_level]["time"] = self.button.cul_time()
05     self.score_dict[self.lev_obj.game_level]["step"] = self.lev_obj.step
```

③ 在 Manager 类的 page_reset() 方法中调用 record_grade() 方法记录关卡得分,代码如下:

```
self.record_grade()                      # 记录得分
```

④ 修改游戏主方法 main() 中主逻辑循环 while 的条件变量为 Manager 类初始化方法中定义的 self.running,用于控制游戏是否结束。main() 方法修改后的代码如下(加底色的代码为新增代码):

```
01 # 主函数
02 def main():
03
04     # 标题
05     title = TITLE
06     # 颜色定义
07     bg_color = BG_COLOR
08
09     # 初始化
10     pygame.init()
11     # 创建管理时间对象
12     clock = pygame.time.Clock()
13
14     # 实例化游戏管理类对象
15     level = Level()
16     manager = Manager(level)
17     level.frame_init(manager)
18
19     # 屏幕尺寸(宽,高)
20     __screen_size = WIDTH, HEIGHT = manager.screen_size
21     # 创建游戏窗口
22     screen = pygame.display.set_mode(__screen_size)
23     # 设置窗口标题
24     pygame.display.set_caption(title)
25     # 创建字体对象
26     font = pygame.font.Font(FONT_FILE, 26)
27
28     # 程序运行主体循环
29     while manager.running:
30         # 1. 清屏(窗口纯背景色画纸绘制)
31         screen.fill(bg_color)       # 先准备一块深灰色布
32         # 2. 绘制
33         manager.init_page()
34
35         for event in pygame.event.get():       # 事件索取
36             if event.type == QUIT:             # 判断点击窗口右上角 "×"
37                 pygame.quit()                  # 退出游戏,还原设备
```

```
38                    sys.exit()            # 程序退出
39                # 监听游戏窗体事件
40                manager.listen_event(event)
41            manager.button.cul_time()    # 计算时间
42            # 3.刷新
43            pygame.display.update()
44            # 设置帧数
45            clock.tick(FPS)
46    # 循环结束后，退出游戏
47    pygame.quit()
```

⑤ 在 Manager 类中创建一个 show_quit_screen() 方法，用于绘制游戏结束窗体；创建一个 wait_for_key() 方法，用于监听玩家是否执行了关闭游戏窗口的操作。代码如下：

```
01  def show_quit_screen(self):
02      """ 游戏退出窗体 """
03      self.screen.fill((54, 59, 64))
04      # 绘制背景图
05      self.screen.blit(self.over_sur, (0, 0))
06      # 读取最高分文件数据
07      self.high_score_dict = self.load_data()
08      line = 1
09      # 只展示最后 8 关的游戏数据
10      if len(self.score_dict) > 8:
11          for i in range(1, len(self.score_dict) - 8 + 1):
12              self.score_dict.pop(i)
13      # 绘制各关卡游戏数据
14      for lev, dic in self.score_dict.items():
15          now = dic["time"] * 0.4 + dic["step"] * 0.6
16          try:
17              if self.high_score_dict[lev]:
18                  ago = self.high_score_dict[lev]["time"] * 0.4 + \
19                        self.high_score_dict[lev]["step"] * 0.6
20          except Exception as e:
21              ago = 0
22              self.high_score_dict[lev] = {}
23              self.high_score_dict[lev]["time"] = dic["time"]
24              self.high_score_dict[lev]["step"] = dic["step"]
25          time_list = time.ctime(round(dic["time"] / 1000)).split(" ")[4].split(":")
26          time_list[0] = str(int(time_list[0]) - 8)
27          time_str = ":".join(time_list).center(22)
28          # 创造历史
29          if now < ago or ago == 0:
30              self.draw_text(str(lev).center(26) + time_str + \
31                              str(dic["step"]).center(22) + "Yes".center(44), \
32                              26, (255, 0, 0), 150, 155 + 40 * line)
33              # 如果得分出现新纪录，保存下来
34              if ago != 0:
35                  self.high_score_dict[lev]["time"] = dic["time"]
36                  self.high_score_dict[lev]["step"] = dic["step"]
37          else:
38              self.draw_text(str(lev).center(26) + time_str + \
39                              str(dic["step"]).center(22) + "No".center(44), \
40                              26, (0, 0, 0), 150, 155 + 40 * line)
41          line += 1
42      self.draw_text("Press a key to play again", 30, \
43                      (255, 255, 255), self.screen_rect.width, \
44                      self.screen_rect.bottom - 60, True)
45      pygame.display.update()
```

```
46            self.wait_for_key()
47
48    def wait_for_key(self):
49        """ 程序退出循环 """
50        waiting = True
51        while waiting:
52            for event in pygame.event.get():
53                if event.type in [KEYDOWN, QUIT]:
54                    # 将最好成绩记录
55                    self.write_data(self.high_score_dict)
56                    waiting = False
57                    # 退出游戏主逻辑循环
58                    self.running = False
59            self.clock.tick(FPS)
```

在项目代码中任何需要使程序进入游戏结束窗体的位置调用上面定义的 show_quit_screen() 方法即可。例如，在游戏通关后进入游戏结束窗体，则修改 Manager 类的 success_page() 方法，修改后的代码如下（加底色的代码为新增代码）：

```
01  def success_page(self, event = False):
02      """ 恭喜通关窗体的事件监听与绘制 """
03      # 事件监听
04      if event:
05          if event.type == KEYDOWN:
06              # 下一关，组合键 (Ctrl + n)
07              if event.key in [K_n, K_n - 62]:
08                  if event.mod in [KMOD_LCTRL, KMOD_RCTRL]:
09                      self.lev_obj.frame_init(self)
10              # 退出，进入游戏结束窗体，组合键 (Ctrl + q)
11              if event.key in [K_q, K_n - 62]:
12                  if event.mod in [KMOD_LCTRL, KMOD_RCTRL]:
13                      self.show_quit_screen()
14          if event.type == MOUSEBUTTONDOWN and event.button == 1:
15              mouse_x, mouse_y = event.pos
16              if (mouse_x - self.success_rec.left) in range(60, 320):
17                  # 下一关
18                  if (mouse_y - self.success_rec.top) in range(210, 260):
19                      self.lev_obj.frame_init(self)
20                  # 退出
21                  if (mouse_y - self.success_rec.top) in range(260, 310):
22                      self.show_quit_screen()
23      # 窗体绘制
24      else:
25          # 绘制恭喜通关图
26          self.screen.blit(self.success_sur, self.success_rec)
```

在中途退出游戏时进入游戏结束窗体，则修改 Button 类的 listen_event_button() 方法，修改后的代码如下（加底色的代码为新增代码）：

```
01  def listen_event_button(self, event):
02      """ 事件监听 """
03      # 键盘按下
04      if event.type == KEYDOWN:
05          # 强制游戏退出
06          if event.key == K_ESCAPE:
07              self.manager.running = False
```

第 14 章 智力拼图（pygame + random+csv 文件读写技术实现）

```
08              # 改变按钮状态
09              if event.key == K_KP_ENTER or event.key == K_RETURN:
10                  if event.mod in [KMOD_LCTRL, KMOD_RCTRL]:
11                      self.state_change()        # 修改游戏状态
12                      self.color_change()        # 修改按钮颜色
13              # 退出，进入游戏结束窗体，组合键 (Ctrl + q)
14              if event.key in [K_q, K_n - 62,]:
15                  if event.mod in [KMOD_LCTRL, KMOD_RCTRL]:
16                      self.manager.show_quit_screen()
17              # 鼠标按下
18              if event.type == MOUSEBUTTONDOWN and event.button == 1:
19                  # 改变按钮状态
20                  if self.button_bg_switch:
21                      self.is_down = True
22                      self.state_change()        # 修改游戏状态
23              # 鼠标释放
24              if event.type == MOUSEBUTTONUP and event.button == 1:
25                  if self.button_bg_switch:
26                      self.is_down = False
27              # 鼠标移动事件
28              if event.type == MOUSEMOTION:
29                  mouse_x, mouse_y = pygame.mouse.get_pos()
30                  if self.button_rect.left < mouse_x < self.button_rect.right and  self.button_
                  rect.top < mouse_y < self.button_rect.bottom:
31                      self.button_bg_switch = True
32                  else:
33                      self.button_bg_switch = False
```

游戏结束窗体效果如图 14.10 所示。

图 14.10　游戏结束窗体

第 15 章
画图工具
（pygame + draw 绘图对象实现）

扫码免费获取
本书资源

微软的 Windows 自带一款"画图"工具，它有绘制图案、设置颜色等众多功能，用户可以使用鼠标在画板中画画。本章将使用 Python 中的 pygame 模块开发一个类似于 Windows 画图工具的软件，使用该软件，可以设置画笔的颜色、粗细，并能够在画板中随意绘制自己想要的内容；另外，该软件还提供橡皮功能，可以使用该功能擦除已经绘制的内容。

15.1 案例预览效果

根据对 Windows 画图工具主要功能的分析提取，要求画图工具应该具备以下功能。
- ☑ 可以选择画笔或者橡皮；
- ☑ 可以设置画笔的颜色；
- ☑ 可以设置画笔的粗细（即尺寸）；
- ☑ 能够使用橡皮擦除绘制的图形；
- ☑ 可以清除整个屏幕；
- ☑ 良好的人机交互界面。

画图工具的主要功能都集中在一个窗口上实现，在这个窗口中，默认选择的是画笔，用户在设置画笔颜色和尺寸时，可以在窗口左侧的矩形框中显示预览效果，选择完成后，即可在右侧画板中绘制图形；而如果选择橡皮，则可以擦除已经绘制的图形，另外，还可以按键盘上的 <Esc> 键，清空右侧的画板。画图工具主窗口效果如图 15.1 所示。

15.2 案例准备

本案例的软件开发及运行环境具体如下：

第 15 章　画图工具（pygame + draw 绘图对象实现）

图 15.1　画图工具主窗口效果

☑ 操作系统：Windows 7、Windows 8、Windows 10 等。
☑ Python 版本：Python。
☑ 开发工具：PyCharm。
☑ Python 内置模块：os、sys、time、math。
☑ 第三方模块：pygame。

15.3　业务流程

在开发画图工具前，需要先了解软件的业务流程。根据画图工具的主要功能，设计出如图 15.2 所示的系统业务流程图。

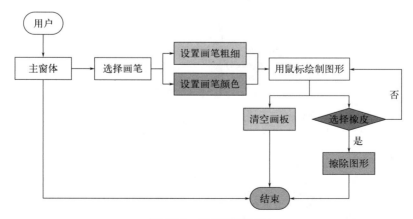

图 15.2　系统业务流程

239

15.4 实现过程

15.4.1 文件夹组织结构

画图工具的文件夹结构比较简单，主要包含一个用来存储资源图片的 img 文件夹和两个 .py 文件，其中 main.py 文件为主类文件，用来显示画图工具窗口；tools.py 文件为功能类文件，用来封装菜单类、画笔类和窗口绘制类。画图工具项目详细结构如图 15.3 所示。

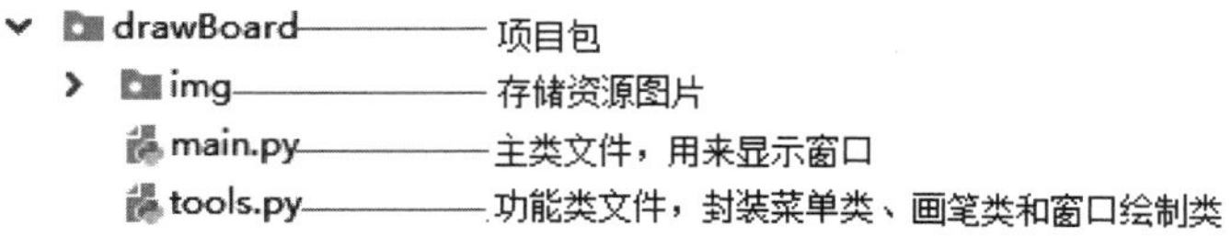

```
▼ 📁 drawBoard ——————— 项目包
  ▶ 📁 img ——————————— 存储资源图片
    📄 main.py ————————— 主类文件，用来显示窗口
    📄 tools.py ————————— 功能类文件，封装菜单类、画笔类和窗口绘制类
```

图 15.3　文件夹组织结构

15.4.2 菜单类设计

菜单类的实现步骤如下：

① 画图工具中的菜单主要包括画笔图标、橡皮图标、增加或者减少画笔尺寸的图标、颜色块等，因此首先在 tools.py 功能类文件中创建一个 Menu 类，该类中，首先在 __init__ 构造方法中对菜单进行初始化，代码如下：

```python
01  def __init__(self, screen):
02      self.screen = screen    # 初始化窗口
03      self.brush = None
04      self.colors = [    # 颜色表
05          (0xff, 0x00, 0xff), (0x80, 0x00, 0x80),
06          (0x00, 0x00, 0xff), (0x00, 0x00, 0x80),
07          (0x00, 0xff, 0xff), (0x00, 0x80, 0x80),
08          (0x00, 0xff, 0x00), (0x00, 0x80, 0x00),
09          (0xff, 0xff, 0x00), (0x80, 0x80, 0x00),
10          (0xff, 0x00, 0x00), (0x80, 0x00, 0x00),
11          (0xc0, 0xc0, 0xc0), (0x00, 0x00, 0x00),
12          (0x80, 0x80, 0x80), (0x00, 0xc0, 0x80),
13      ]
14      self.eraser_color = (0xff, 0xff, 0xff)   # 初始颜色
15      # 计算每个色块在画板中的坐标值，便于绘制
16      self.colors_rect = []
17      for (i, rgb) in enumerate(self.colors):    # 方块颜色表
18          rect = pygame.Rect(10 + i % 2 * 32, 254 + i / 2 * 32, 32, 32)
19          self.colors_rect.append(rect)
20      self.pens = [    # 画笔图片
21          pygame.image.load("img/pen.png").convert_alpha(),
22      ]
23      self.erasers = [    # 橡皮图片
24          pygame.image.load("img/eraser.png").convert_alpha(),
25      ]
26      self.erasers_rect = []
27      for (i, img) in enumerate(self.erasers):    # 橡皮列表
28          rect = pygame.Rect(10, 10 + (i + 1) * 64, 64, 64)
29          self.erasers_rect.append(rect)
30      self.pens_rect = []
31      for (i, img) in enumerate(self.pens):    # 画笔列表
```

```
32          rect = pygame.Rect(10, 10 + i * 64, 64, 64)
33          self.pens_rect.append(rect)
34      self.sizes = [                    # 加减号图片
35          pygame.image.load("img/plus.png").convert_alpha(),
36          pygame.image.load("img/minus.png").convert_alpha()
37      ]
38      # 计算坐标，便于绘制
39      self.sizes_rect = []
40      for (i, img) in enumerate(self.sizes):
41          rect = pygame.Rect(10 + i * 32, 138, 32, 32)
42          self.sizes_rect.append(rect)
```

② 定义一个 set_brush() 函数，用来设置当前画笔对象，代码如下：

```
01 def set_brush(self, brush):          # 设置画笔对象
02     self.brush = brush
```

③ 定义一个 draw() 函数，用来实现绘制菜单栏的功能。该函数中，首先使用 screen 对象的 blit() 函数绘制画笔图标、橡皮图标和 +/- 图标；然后使用 pygame.draw 对象的 rect() 函数分别绘制画笔预览窗口及颜色块。draw() 函数实现代码如下：

```
01 def draw(self):      # 绘制菜单栏
02     for (i, img) in enumerate(self.pens):     # 绘制画笔样式按钮
03         self.screen.blit(img, self.pens_rect[i].topleft)
04     for (i, img) in enumerate(self.erasers):  # 绘制橡皮按钮
05         self.screen.blit(img, self.erasers_rect[i].topleft)
06     for (i, img) in enumerate(self.sizes):    # 绘制 +/- 按钮
07         self.screen.blit(img, self.sizes_rect[i].topleft)
08     # 绘制用于实时展示画笔的小窗口
09     self.screen.fill((255, 255, 255), (10, 180, 64, 64))
10     pygame.draw.rect(self.screen, (0, 0, 0), (10, 180, 64, 64), 1)
11     size = self.brush.get_size()
12     x = 10 + 32
13     y = 180 + 32
14     # 在窗口中展示画笔
15     pygame.draw.circle(self.screen, self.brush.get_color(), (x, y), int(size))
16     for (i, rgb) in enumerate(self.colors):   # 绘制色块
17         pygame.draw.rect(self.screen, rgb, self.colors_rect[i])
```

④ 在 Menu 菜单类中定义一个 click_button 函数，主要用来为菜单栏中的各个图标按钮管理事件，以便在单击相应的图标按钮时执行相应的操作。click_button 函数实现代码如下：

```
01 def click_button(self, pos):
02     # 点击画笔按钮事件
03     # 点击加减号事件
04     for (i, rect) in enumerate(self.sizes_rect):
05         if rect.collidepoint(pos):
06             if i:       # i == 1, size down
07                 self.brush.set_size(self.brush.get_size() - 0.5)
08             else:
09                 self.brush.set_size(self.brush.get_size() + 0.5)
10             return True
11     # 点击颜色按钮事件
12     for (i, rect) in enumerate(self.colors_rect):
13         if rect.collidepoint(pos):
14             self.brush.set_color(self.colors[i])
15             return True
16     # 点击橡皮按钮事件
```

```
17    for (i, rect) in enumerate(self.erasers_rect):
18        if rect.collidepoint(pos):
19            self.brush.set_color(self.eraser_color)
20            return True
21    return False
```

15.4.3 画笔类设计

画笔类的实现步骤如下:

① 创建一个 Brush 类,作为画笔类,该类的 __init__ 构造方法中,首先设置屏幕对象,然后对画笔的颜色、大小、位置、图标等信息进行初始化,代码如下:

```
01 def __init__(self, screen):
02     self.screen = screen    # 屏幕对象
03     self.color = (0, 0, 0)  # 颜色
04     self.size = 1   # 大小
05     self.drawing = False  # 是否绘画
06     self.last_pos = None  # 鼠标滑过最后的位置
07     self.space = 1
08     self.brush = pygame.image.load("img/pen.png").convert_alpha()  # 画笔图片
09     self.brush_now = self.brush.subsurface((0, 0), (1, 1))  # 初始化画笔对象
```

② 由于在画图工具中同时提供了画笔和橡皮,因此,在进行图形绘制时,首先需要判断是否选择了画笔,这里可以通过一个全局变量 self.drawing 进行标识,而如果已经开始绘制,则需要记录鼠标最后经过的坐标位置。代码如下:

```
01 # 开始绘画
02 def start_draw(self, pos):
03     self.drawing = True
04     self.last_pos = pos  # 记录鼠标最后位置
05 # 结束绘画
06 def end_draw(self):
07     self.drawing = False
```

③ 定义一个 get_current_brush() 函数,用来获取当前使用的画笔对象,代码如下:

```
01 # 获取当前使用画笔
02 def get_current_brush(self):
03     return self.brush_now  # 获取当前使用的画笔对象
```

④ 定义一个 set_size() 函数,用来设置画笔的尺寸大小,其中,控制画笔的尺寸最小为 0.5,最大为 32。set_size() 函数实现代码如下:

```
01 def set_size(self, size):   # 设置画笔大小
02     if size < 0.5:  # 判断画笔尺寸小于 0.5
03         size = 0.5  # 设置画笔最小尺寸为 0.5
04     elif size > 32:  # 判断画笔尺寸大于 32
05         size = 32   # 设置画笔最大尺寸为 32
06     self.size = size  # 设置画笔尺寸
07     # 生成画笔对象
08     self.brush_now = self.brush.subsurface((0, 0), (size * 2, size * 2))
```

⑤ 定义一个 get_size() 函数,用来获取画笔的尺寸大小,代码如下:

```
01 # 获取画笔大小
```

```
02 def get_size(self):
03     return self.size
```

⑥ 定义一个 set_color() 函数，用来设置画笔的颜色，具体实现时，首先记录选择的颜色，然后根据画笔的宽度和高度，使用选择的颜色显示画笔。set_color() 函数实现代码如下：

```
01 # 设置画笔颜色
02 def set_color(self, color):
03     self.color = color # 记录选择的颜色
04     for i in range(self.brush.get_width()):  # 获取画笔的宽度
05         for j in range(self.brush.get_height()):  # 获取画笔的高度
06             # 以指定颜色显示画笔
07             self.brush.set_at((i, j), color + (self.brush.get_at((i, j)).a,))
```

⑦ 定义一个 get_color() 函数，用来获取画笔的颜色，代码如下：

```
01 # 获取画笔颜色
02 def get_color(self):
03     return self.color
```

⑧ 定义一个 _get_points() 函数，该函数通过对鼠标坐标前一次记录点与当前记录点之间进行线性插值，从而获得一系列点的坐标，从而使得绘制出来的画笔痕迹更加平滑自然。_get_points() 函数实现代码如下：

```
01 # 获取两点之间所有的点位
02 def _get_points(self, pos):
03     points = [(self.last_pos[0], self.last_pos[1])]
04     len_x = pos[0] - self.last_pos[0]
05     len_y = pos[1] - self.last_pos[1]
06     length = math.sqrt(len_x ** 2 + len_y ** 2)
07     step_x = len_x / length
08     step_y = len_y / length
09     for i in range(int(length)):
10         points.append(
11             (points[-1][0] + step_x, points[-1][1] + step_y))
12     # 对 points 中的点坐标进行四舍五入取整
13     points = map(lambda x: (int(0.5 + x[0]), int(0.5 + x[1])), points)
14     return list(set(points)) # 去除坐标相同的点
15
```

⑨ 定义一个 draw() 函数，用来执行绘制操作，该函数中，首先通过 self.drawing 判断是否开始绘画，如果值为 True，则遍历鼠标开始位置和当前位置之间的所有点，使用 pygame.draw 对象的 circle() 实现绘制图形的功能，最后记录画笔最后的位置。draw() 函数实现代码如下：

```
01 # 绘制动作
02 def draw(self, pos):
03     if self.drawing: # 判断是否开始绘画
04         for p in self._get_points(pos):
05             # 在两点之间的每个点上都画上实心点
06             pygame.draw.circle(self.screen, self.color, p, int(self.size))
07     self.last_pos = pos # 记录画笔最后位置
```

15.4.4 窗口绘制类设计

窗口绘制类的实现步骤如下：

① 创建一个 Paint 类，作为窗口绘制类，该类的 __init__ 构造方法中，首先设置窗口大小和标题，然后分别通过 Brush 类和 Menu 类的构造方法创建画刷对象和窗口菜单，最后调用 Menu 对象中的 set_brush() 函数设置默认画刷。Paint 类的 __init__ 构造方法代码如下：

```python
01 def __init__(self):
02     self.screen = pygame.display.set_mode((800, 600))  # 显示窗口
03     pygame.display.set_caption(" 画图工具 ")  # 设置窗口标题
04     self.clock = pygame.time.Clock()  # 控制速率
05     self.brush = Brush(self.screen)  # 创建画刷对象
06     self.menu = Menu(self.screen)  # 创建窗口菜单
07     self.menu.set_brush(self.brush)  # 设置默认画刷
```

② 在画图工具的主窗口中绘制完图形之后，按键盘上的 <Esc> 键，可以清空画板，该功能主要通过自定义的 clear_screen() 函数实现，该函数中，使用 screen 对象的 fill() 函数以白色填充画板，从而实现清空画板的效果。clear_screen() 函数实现代码如下：

```python
01 def clear_screen(self):
02     self.screen.fill((255, 255, 255))  # 填充空白
```

③ 在 Paint 窗口绘制类中自定义一个 run() 函数，用来启动初始化之后的超级面板主窗口。该函数中，首先清空画板，然后以每秒执行 30 次的频率对画板进行更新，以便能够实时显示用户在画板中的操作；最后遍历所有事件，并根据触发的事件类型执行相应的操作。run() 函数实现代码如下：

```python
01 def run(self):
02     self.clear_screen()  # 清除屏幕
03     while True:
04         # 设置 fps，表示每秒执行 30 次（注意：30 不是毫秒数）
05         self.clock.tick(30)
06         for event in pygame.event.get():  # 遍历所有事件
07             if event.type == QUIT:  # 退出事件
08                 return
09             elif event.type == KEYDOWN:  # 按键事件
10                 # 按 Esc 键清空画板
11                 if event.key == K_ESCAPE:  # Esc 按键事件
12                     self.clear_screen()
13             elif event.type == MOUSEBUTTONDOWN:  # 鼠标左键按下事件
14                 # 未点击画板按钮
15                 if ((event.pos)[0] <= 74 and self.menu.click_button(event.pos)):
16                     pass
17                 else:
18                     self.brush.start_draw(event.pos)  # 开始绘画
19             elif event.type == MOUSEMOTION:  # 鼠标移动事件
20                 self.brush.draw(event.pos)  # 绘画动作
21             elif event.type == MOUSEBUTTONUP:  # 鼠标左键松开事件
22                 self.brush.end_draw()  # 停止绘画
23         self.menu.draw()
24         pygame.display.update()  # 更新画板
```

说明　上面的代码中用到了鼠标相关的事件，因此需要先从 pygame 模块中导入事件，代码如下。

```python
from pygame.locals import QUIT, KEYDOWN, K_ESCAPE, MOUSEBUTTONDOWN, MOUSEMOTION, MOUSEBUTTONUP  # 导入事件
```

15.4.5 画图工具主类设计

画图工具主类的实现步骤如下：

① 创建一个 main.py 文件，作为项目的主类文件，该文件中，为了省去用户手动安装 pygame 模块的麻烦，直接在代码中执行安装 pygame 模块的命令。具体实现时，首先导入 pygame 模块，如果没有发现该模块，则使用 os 模块的 system() 函数执行安装 pygame 模块的命令进行安装；然后导入 tools 模块，代码如下：

```
01  # 导入 pygame
02  try:
03      import pygame
04  except ModuleNotFoundError:
05      print('正在安装 pygame，请稍等...')
06      os.system('pip install pygame')  # 安装 pygame 模块
07  import tools  # 导入 tools 模块
```

② 为了能够更好地运行画图工具程序，在 main.py 主类文件中实现了检测 Python 版本号的功能，首先使用 sys 模块的 version_info 属性获取到本机安装的 Python 版本号，判断主版本号是否小于 3，如果小于，则打印提示信息，并退出程序。代码如下：

```
01  # 检测 Python 版本号
02  __MAJOR, __MINOR, __MICRO = sys.version_info[0], sys.version_info[1], sys.version_info[2]
03  if __MAJOR < 3:
04      print('Python 版本号过低，当前版本为 %d.%d.%d，请重装 Python 解释器' % (__MAJOR, __MINOR, __MICRO))
05      time.sleep(2)
06      exit()
```

③ 在 main.py 类文件的主函数中，创建 Paint 窗口绘制类的一个对象，然后使用该对象调用 run() 函数，即可显示画图工具的主窗口，代码如下：

```
01  if __name__ == '__main__':
02      # 创建 Paint 类的对象
03      paint = tools.Paint()
04      try:
05          paint.run()  # 启动主窗口
06      except Exception as e:
07          print(e)
```

第 3 篇
项目篇

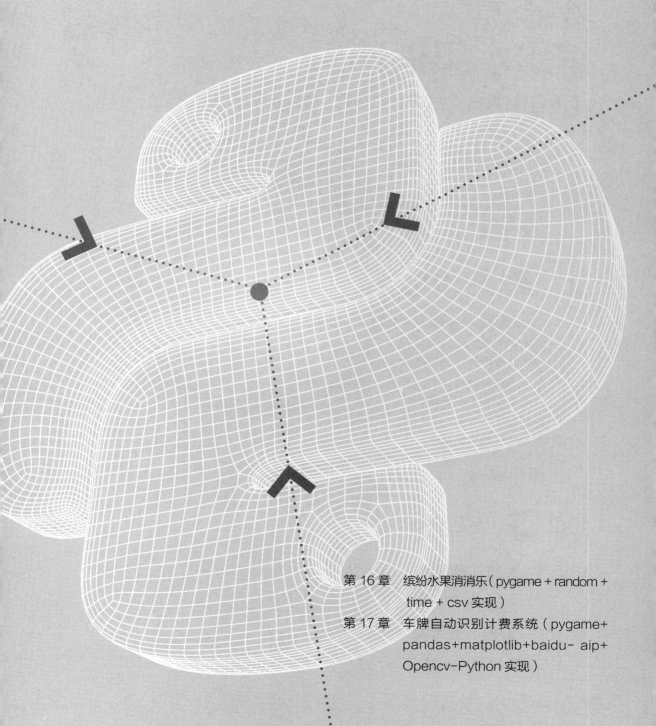

第 16 章　缤纷水果消消乐（pygame + random + time + csv 实现）

第 17 章　车牌自动识别计费系统（pygame+ pandas+matplotlib+baidu- aip+ Opencv-Python 实现）

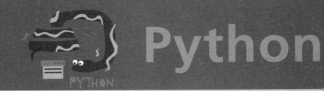

第 16 章
缤纷水果消消乐
（pygame + random + time + csv 实现）

扫码免费获取
本书资源

风靡一时的消消乐游戏，想必大家都不陌生吧！它操作简单，且不分男女老少、工薪白领，是一款百玩不厌、适合大众的经典休闲小游戏。本章我们将使用 Python+pygame 模块实现一个消消乐游戏，消除的元素为水果，具体规则为：在规定的时间内，玩家需要把至少 3 个相同的水果方块放置在一起，才可以消除得分。

16.1 需求分析

本章实现的缤纷水果消消乐游戏主要应该具备以下功能。
- ☑ 方块中水果的随机生成；
- ☑ 可消除水果的标记与清除；
- ☑ 水果的自动掉落；
- ☑ 点击相邻水果的切换；
- ☑ 积分的统计和显示；
- ☑ 积分排行榜的实现；
- ☑ 游戏中无可消除水果时的判断；
- ☑ 倒计时的实现。

16.2 系统设计

16.2.1 系统功能结构

缤纷水果消消乐游戏的系统功能结构如图 16.1 所示。

16.2.2 系统业务流程

根据该游戏的需求分析以及功能结构，设计出如图 16.2 所示的系统业务流程图。

第 16 章　缤纷水果消消乐（pygame + random + time + csv 实现）

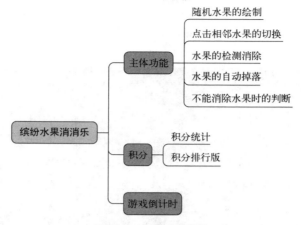

图 16.1　系统功能结构

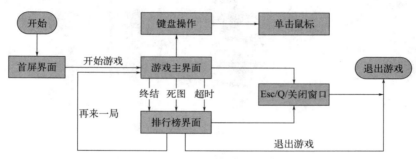

图 16.2　系统业务流程图

16.2.3　系统预览

缤纷水果消消乐游戏首屏页面如图 16.3 所示。

图 16.3　游戏首屏页面

在游戏主页面中点击相邻的水果方块（红框）切换位置，当至少 3 个一样的水果连在一起时，连在一块的水果（蓝框）即可消除，如图 16.4 所示。

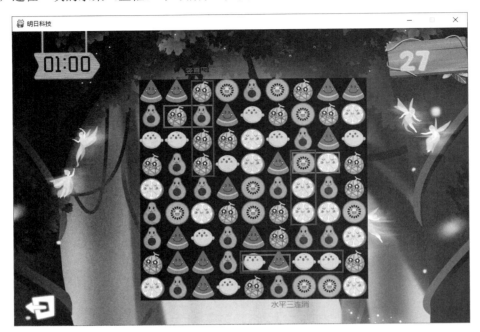

图 16.4　点击相邻水果交换位置

当单次水果消除获得一定的分数时，显示鼓励性的提示，如图 16.5 所示。

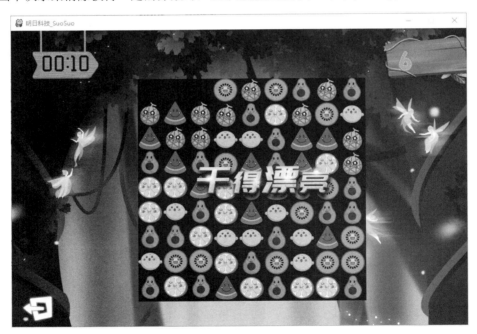

图 16.5　显示鼓励性提示

当点击游戏结束或游戏规定时间到时，游戏进入排行榜页面，如图 16.6 所示。

第 16 章 缤纷水果消消乐（pygame + random + time + csv 实现）

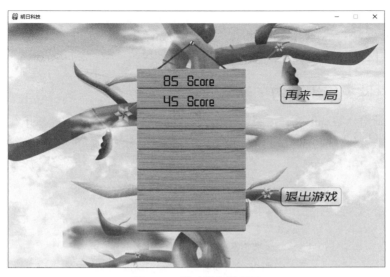

图 16.6 游戏排行榜页面

当无法通过点击相邻水果使其交换位置而达到消除水果的目的时，游戏效果如图 16.7 所示。

图 16.7 无可消除水果时的状态

16.3 系统开发必备

16.3.1 开发工具准备

本程序的开发及运行环境如下：
☑ 操作系统：Windows 7、Windows 8、Window 10 等。
☑ 开发版本：Python。

251

- ☑ 开发工具：PyCharm。
- ☑ Python 内置模块：sys、os、time、csv、random、copy、math。
- ☑ 第三方模块：pygame。

16.3.2 文件夹组织结构

缤纷水果消消乐游戏的文件夹组织结构主要包括 bin（主文件包）、conf（配置文件包）、core（业务逻辑包）、static（静态资源文件包）及游戏启动文件 manage.py，详细结构如图 16.8 所示。

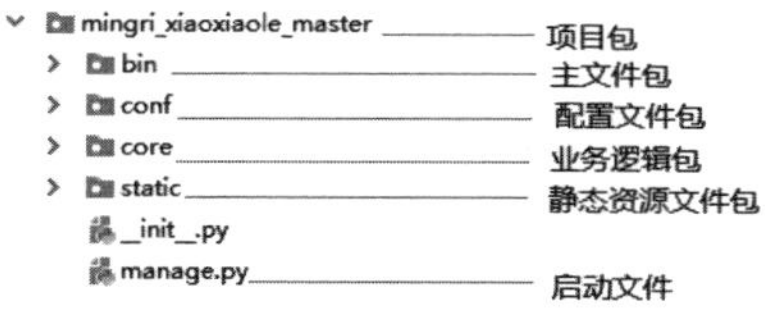

```
▼ mingri_xiaoxiaole_master          ——项目包
  ▶ bin                             ——主文件包
  ▶ conf                            ——配置文件包
  ▶ core                            ——业务逻辑包
  ▶ static                          ——静态资源文件包
    __init__.py
    manage.py                       ——启动文件
```

图 16.8　项目文件夹组织结构

16.4　消消乐游戏的实现

16.4.1　搭建游戏主框架

开发缤纷水果消消乐游戏之前，首先搭建游戏的主框架，步骤如下：

① 在项目目录下依次创建 bin、core、conf 和 static 这 4 个 Python Package，然后在 static 包中创建 img 和 font 这两个 Python Package，用于存放整个项目所需要使用到的图片和字体文件。

② 在 bin 包中创建一个 main.py 文件，作为整个项目的主文件，该文件中创建 main() 主函数，主要用来调用实现游戏各个功能逻辑的不同接口。

③ 在项目目录下创建一个 manage.py 文件，作为整个消消乐游戏的启动文件，该文件代码如下：

```
01  __auther__ = "明日科技"
02  __version__ = "master_v1"
03
04  from bin.main import main
05
06  if __name__ == '__main__':
07      main()              # 游戏主函数
```

④ 在 core 包中创建一个 base.py 文件，并在其中创建 Base 类，该类中定义一个 status 类变量，默认值为 0，代表首屏状态，若为 1，代表主页面状态，若为 2，代表积分排行榜状态；然后通过此类的 __init__() 初始化方法执行窗口的初始化工作，如窗口的尺寸、窗口对象的实例化、窗口标题的设置等。base.py 文件代码如下：

```
01  import pygame
02
03  class Base:
04      """
05      一些公共变量的管理
```

```
06        """
07
08        clock = pygame.time.Clock()     # 创建一个对象来帮助跟踪时间
09        _screen_size = (900, 600)       # 屏幕的大小
10        status = 0   # 0：游戏首屏状态；   1：游戏主页面状态；2：排行榜状态
11
12        def __init__(self):
13            self.screen = pygame.display.set_mode(self._screen_size)
14            pygame.display.set_caption(" 明日科技 ")
```

⑤ 在 main.py 主文件中，实现 pygame 程序循环，在其中绘制页面、监听事件，并基于事件改变游戏状态，从而执行不同的操作，示意图如图 16.9 所示。

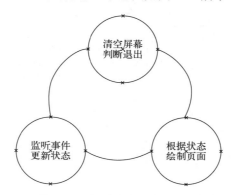

图 16.9　主程序循环逻辑示意图

main.py 主文件初始代码如下：

```
01 import pygame
02 from pygame.locals import *
03 import sys
04
05
06 def main():
07     """
08     消消乐游戏主函数
09     :return:
10     """
11     pygame.init()              # 设备的检测
12     pygame.font.init()         # 字体文件的初始化
13
14     # 在这里创建每一个页面类的对象
15
16     while 1:                   # 游戏主循环
17
18         # 在这里判断不同的游戏状态，从而执行不同的具体操作
19
20         for event in pygame.event.get():   # 事件的监听与循环
21             # 用户敲击键盘的键盘事件判断
22             if event.type == KEYDOWN:
23                 # 用户按下 Q 键或者 Esc 键
24                 if event.key == K_q or event.key == K_ESCAPE:
25                     sys.exit()
26             # 用户关闭游戏窗口的鼠标事件判断
27             if event.type == QUIT:
28                 sys.exit()
```

16.4.2 创建精灵类

在缤纷水果消消乐游戏中使用精灵的步骤如下：

① 在 core 包中创建一个 entity.py 文件，作为消消乐游戏中的精灵类。在 entity.py 文件中创建一个 Element 类，继承自 pygame.sprite.Sprite 类，该类主要用来绘制游戏中用到的图片，其实现代码如下：

```python
01  class Element(pygame.sprite.Sprite):
02      """
03      绘制图片类
04      """
05      bg_open_image = "static/img/tree.png"
06      bg_choice_image = "static/img/bs.png"
07      bg_start_image = "static/img/bg.png"
08      game_start_button_image = "static/img/game_start_button.png"
09      game_start_button_posi = (300, 250)      # 开始游戏按钮的坐标
10      start_button = (300, 120)                # 开始游戏按钮的大小
11      speed = [0, 0]
12      stop = 'static/img/exit.png'             # 暂停键
13      stop_position = (20, 530)                # 暂停键坐标
14      frame_image = "static/img/frame.png"     # 选中框
15
16      board_score = "static/img/task.png"      # 分数显示板
17      score_posi = (736, 15)                   # 分数显示板的坐标
18      brick = 'static/img/brick.png'           # cell 的背景
19      # 图标元组，包括 6 个水果
20      animal = ('static/img/lemon.png', 'static/img/watermelon.png', \
21               'static/img/Grapefruit.png', 'static/img/Kiwifruit.png', \
22               'static/img/Nettedmelon.png', 'static/img/Avocado.png')
23      # 消除动画图片
24      bling = ("static/img/bling1.png", "static/img/bling2.png", \
25              "static/img/bling3.png", "static/img/bling4.png", \
26              "static/img/bling5.png", "static/img/bling6.png", \
27              "static/img/bling7.png", "static/img/bling8.png", \
28              "static/img/bling9.png")
29      # 鼓励话语图片
30      single_score = ('static/img/good.png', 'static/img/great.png', \
31                     'static/img/amazing.png', 'static/img/excellent.png', \
32                     'static/img/unbelievable.png')
33      # 0 ~ 9 数字图片
34      score = ('static/img/0.png', 'static/img/1.png', 'static/img/2.png', \
35              'static/img/3.png', 'static/img/4.png', 'static/img/5.png', \
36              'static/img/6.png', 'static/img/7.png', 'static/img/8.png', \
37              'static/img/9.png',)
38      none_animal = 'static/img/noneanimal.png'   # 无可消除水果
39      none_animal_posi = (230, 150)               # 无可消除水果表示的坐标
40      destory_animal_num = [0, 0, 0, 0, 0]        # 消除各水果的个数
41      mouse_replace_image = 'static/img/mouse.png'  # 鼠标替换图片
42
43      time_is_over_image = "static/img/time_is_over.png"   # 游戏时间超时的图片
44      time_is_over_posi = (233, 50)
45
46      score_order_rect = (320, 125, 230, 400)     # 积分排行榜的 rect 对象
47
48      def __init__(self, image_file, posi):
49          """
50          初始化
51          """
```

```
52
53              super(Element, self).__init__()
54              self.image = pygame.image.load(image_file).convert_alpha()
55              self.rect = self.image.get_rect()
56              self.rect.topleft = posi  # 左上角坐标
57              self.speed = [0, 0]
58              self.init_position = posi # 记录原始位置
59
60          def draw(self, screen):
61              """
62              在窗口位图图形上进行绘制
63              """
64              screen.blit(self.image, self.rect)
65
66          def move(self, speed):
67              """
68              移动
69              """
70              # 加快移动速度
71              if speed[1] == 1:    # 下
72                  speed[1] += 1
73              elif speed[0] == 1: # 右
74                  speed[0] += 1
75              elif speed[0] == -1:# 左
76                  speed[0] += -1
77              self.speed = speed
78              self.rect.move_ip(*self.speed)
79              if self.speed[0] != 0:  # 如果左右移动
80                  # 左右相邻，移动的距离正好为一个水果方块的宽度
81                  if abs(self.rect.left - self.init_position[0]) - 1 == self.rect[2]:
82                      self.init_position = self.rect.topleft
83                      self.speed = [0, 0]   #
84              else:   # 上下移动
85                  # 上下相邻
86                  if abs(self.rect.top - self.init_position[1]) - 1 == self.rect[3]:
87                      self.init_position = self.rect.topleft
88                      self.speed = [0, 0]
```

② 在 entity.py 文件中创建一个 Font_Fact 类，继承自 pygame.sprite.Sprite 类，该类用来渲染游戏页面中用到的文本，其实现代码如下：

```
01 class Font_Fact(pygame.sprite.Sprite):
02      """ 绘制文字精灵组件类 """
03
04      again_game_posi = (620, 160)    # "再来一局"文本坐标位置
05      quit_game_posi = (620, 400)     # "退出游戏"文本坐标位置
06      show_time_posi = (59, 46)        # 倒计时时间文本坐标位置
07
08      def __init__(self, text, posi, txt_size=13, txt_color=(255, 255, 255)):
09          """
10          文本初始化方法
11          :param text: 要往页面中渲染的文本
12          :param posi: 文本的位置（左上顶点）
13          :param txt_size:   文本的字体大小
14          :param txt_color:  文本的颜色
15          """
16          super(Font_Fact, self).__init__()
17          self.posi = posi
18          self.image = pygame.font.Font("static/font/zhengqingke.ttf", txt_size)
```

```
19            self.image = self.image.render(text, False, txt_color)
20            self.rect = self.image.get_rect()
21            self.rect.topleft = posi
22
23        def draw(self, screen):
24            """ 绘制方法 """
25            screen.blit(self.image, self.rect)
```

16.4.3 游戏首屏页面的实现

实现缤纷消消乐游戏首屏页面的业务流程图如图 16.10 所示。

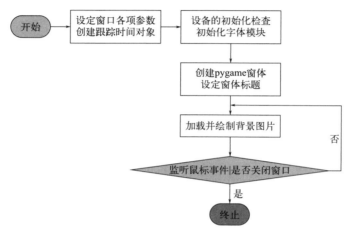

图 16.10 首屏页面实现流程图

具体步骤如下：

① 在 core 包中创建一个 first_eye.py 文件，其中首先导入 pygame 库，以及 entity.py 文件中的精灵类，代码如下：

```
01 import pygame
02
03 from .base import Base
04 from .entity import Element, Font_Fact
05 from .handler import Manager
```

说明　"from .base import Base" 中的 "." 表示当前文件所在的目录。

② 在 first_eye.py 文件中创建一个 Screen_Manager 类，并继承自 base.py 文件中的 Base 类，在该类的 __init__() 构造方法中，使用 super 关键字执行父类的同名构造方法，以进行窗体的初始化操作。代码如下：

```
01 def __init__(self):
02     # 执行父类的初始化构造方法
03     super(Screen_Manager, self).__init__()
```

③ 创建 open_game_init() 方法，用来绘制首页的背景图片和 "开始游戏" 按钮图片，代码如下：

```
01 def open_game_init(self):
02     """ 游戏首屏页面初始化 """
03     # 绘制首屏的背景图片
04     Element(Element.bg_open_image, (0, 0)).draw(self.screen)
05     # 开始按钮的绘制
06     Element(Element.game_start_button_image, Element.game_start_button_posi).draw(self.screen)
07     pygame.display.flip()
```

④ 创建 mouse_select() 方法，用来监听用户的鼠标单击事件，并根据"开始游戏"按钮的左上角坐标判断点击的是否是"开始游戏"按钮，如果是，则改变游戏的 status 状态值为 1，使游戏进入主页面。mouse_select() 方法实现代码如下：

```
01 def mouse_select(self, event):
02     """ 游戏首屏事件监听 """
03     if self.status == 0:
04         if event.type == pygame.MOUSEBUTTONDOWN:
05             mouse_x, mouse_y = event.pos
06             # 开始游戏按钮监听
07             if Element.game_start_button_posi[0] < mouse_x < \
08                 Element.game_start_button_posi[0] + \
09                 Element.start_button[0] and \
10                 Element.game_start_button_posi[1] < mouse_y < \
11                 Element.game_start_button_posi[1] + \
12                 Element.start_button[1]:
13                 Base.status = 1           # 更改游戏的状态
```

⑤ 在游戏主函数 main() 中实例化 first_eye.py 文件中的 Screen_Manager 类，并在主逻辑循环中调用首屏页面的绘制方法和事件监听方法。main.py 文件修改后的代码如下（加底色的代码为新增代码）：

```
01 import sys
02 import pygame
03 from pygame.locals import *
04 from core.first_eye03 import Screen_Manager
05
06 def main():
07     """
08     消消乐游戏主函数
09     """
10     pygame.init()              # 设备的检测
11     pygame.font.init()         # 字体文件的初始化
12
13     # 在这里创建每一个页面类的对象
14     mr = Screen_Manager()      # 实例化首屏页面管理对象
15
16     while 1:  #
17         # 在这里判断不同的游戏状态，从而执行不同的具体操作
18         if mr.status == 0:              # 游戏首屏状态
19             mr.open_game_init()
20
21         for event in pygame.event.get():   # 事件的监听与循环
22             if event.type == KEYDOWN:
23                 if event.key == K_q or event.key == K_ESCAPE:
24                     sys.exit()
```

```
25            if event.type == QUIT:
26                sys.exit()
27            # 在这里进行不同页面的事件监听，从而改变游戏状态
28            mr.mouse_select(event)    # 对游戏首屏的事件监听
```

16.4.4 游戏主页面的实现

　　游戏主页面中主要是对主页面中的元素进行初始化，比如背景图片、退出主页面按钮、显示积分面板，以及游戏运行时用到的水果等，其中，游戏中的水果设计为9×9矩阵的形式，每一个水果占据一个规格为50×50（单位：像素）的小方块，另外，一共有6种水果，用数字（0～5）表示，它们在矩阵中随机分布。实现游戏主页面的步骤如下：

　　① 在 core 包中创建一个 handler.py 文件，并在其中导入 pygame 模块、pygame 常量库、精灵类、time、random、base.py 文件中的 Base 类等。代码如下：

```
01 import pygame
02 from pygame.locals import *
03 import time
04 import random
05 from functools import lru_cache    # 缓存相关
06
07 from .base import Base
08 from .entity import Element, Font_Fact
```

　　② 在 handler.py 文件中创建一个 Manager 类，使其继承自 base.py 文件中的 Base 类，在该类的初始化方法 __init__() 中定义水果矩阵，用于记录不同水果的二维列表变量。代码如下：

```
01 class Manager(Base):
02     """
03     游戏主页面的管理
04     """
05     stop_width = 63              # 正方形退出按钮的边长
06     reset_layout = True          # 重新布局元素的标志
07     cur_sel = [-1, -1]           # 当前选中的小方块，值为矩阵索引
08     score = 0                    # 游戏得分
09
10     def __init__(self):
11         super(Manager, self).__init__()
12         # 水果矩阵：存储每个小方块中所要绘制的水果的编号（0～5）
13         # -1 代表不画，-2 代表将要消除
14         self.animal = [[-1 for i in range(self._width)] for j in range(self._height)]
```

　　③ 在 base.py 文件中的 Base 类中定义 4 个类变量，用于初始化矩阵参数，代码如下：

```
01 _cell_size = 50              # 矩阵中每个小方块为边长为 50 的正方形
02 _width = 9
03 _height = 9
04 matrix_topleft = (250, 100)  # 矩阵的左上顶点坐标
```

　　④ 在 Manager 类中定义 self.xy_cell(self, x, y) 和 self.cell_xy(self, row, col) 两个方法，分别用来对指定方块在页面中左上顶点的坐标和该方块在矩阵中的索引进行相互转换，代码如下：

```
01 @lru_cache(None)         # 必须要有一个参数，None 代表不限
02 def cell_xy(self, row, col):
```

```
03      """ 矩阵索引转坐标 """
04      return int(Base.matrix_topleft[0] + col * Base._cell_size), \
05             int(Base.matrix_topleft[1] + row * Base._cell_size)
06
07  @lru_cache(None)
08  def xy_cell(self, x, y):
09      """ 坐标转矩阵索引 """
10      return int((y - Base.matrix_topleft[1]) / Base._cell_size), \
11             int((x - Base.matrix_topleft[0]) / Base._cell_size)
```

⑤ 在 Manager 类中创建一个 start_game_init() 方法，用来初始化主页面中的所有图片和文本，另外，该方法需要返回水果矩阵中所有水果的水果精灵组，留待以后使用。start_game_init() 方法代码如下：

```
01  def start_game_init(self):
02      """ 游戏打怪页面绘制 """
03      # 绘制打怪的背景
04      Element(Element.bg_start_image, (0, 0)).draw(self.screen)
05      # 绘制暂停键
06      Element(Element.stop, Element.stop_position).draw(self.screen)
07      # 绘制分数显示板
08      score_board = Element(Element.board_score, Element.score_posi)
09      score_board.draw(self.screen)
10      # 绘制游戏分数
11      str_score = str(self.score)
12      for k, sing in enumerate(str_score):
13          obj = Element(Element.score[int(sing)], (755 + k * 32, 40))
14          obj.draw(self.screen)
15      # 创建小方块背景图片精灵组
16      BrickSpriteGroup = pygame.sprite.Group()
17      # 创建水果精灵组
18      AnimalSpriteGroup = pygame.sprite.Group()
19      # 向精灵组中添加精灵
20      for row in range(self._height):
21          for col in range(self._width):
22              x, y = self.cell_xy(row, col)
23              BrickSpriteGroup.add(Element(Element.brick, (x, y)))
24              if self.animal[row][col] != -2:
25                  obj = Element(Element.animal[self.animal[row][col]], (x, y))
26                  AnimalSpriteGroup.add(obj)
27      # 绘制小方块的背景图
28      BrickSpriteGroup.draw(self.screen)
29      # 绘制小方块中的水果
30      for ani in AnimalSpriteGroup:
31          self.screen.blit(ani.image, ani.rect)
32      # 绘制鼠标所点击的水果的突出显示边框
33      if self.cur_sel != [-1, -1]:
34          posi = self.cell_xy(self.cur_sel[0], self.cur_sel[1])
35          frame_sprite = Element(Element.frame_image, posi)
36          self.screen.blit(frame_sprite.image, frame_sprite.rect)
37
38      pygame.display.flip()    # 更新页面显示，必须添加
39
40      return AnimalSpriteGroup
```

⑥ 在 Manager 类中创建一个 mouse_select() 方法，用于对游戏主页面中的事件进行监听，代码如下：

```
01  def mouse_select(self, event):
```

```
02        """ 游戏事件监听 """
03        if event.type == MOUSEBUTTONDOWN:  # 鼠标按下事件
04            mouse_x, mouse_y = event.pos   # 获取当前鼠标的坐标
05            if self.status == 1:
06                # 判断点击的是水果
07                if self.matrix_topleft[0] < mouse_x < self.matrix_topleft[0] + self._cell_size * self._width \
08                        and self.matrix_topleft[1] < mouse_y < self.matrix_topleft[1] + self._cell_size * self._height:
09                    mouse_selected = self.xy_cell(mouse_x, mouse_y)
10                    # 记录当前鼠标点击的小方块
11                    self.cur_sel = mouse_selected
12
13                # 判断点击的是退出按钮，需注意此退出按钮的坐标为左上角
14                elif Element.stop_position[0] < mouse_x < Element.stop_position[0] + Manager.stop_width \
15                        and Element.stop_position[1] < mouse_y < Element.stop_position[1] + Manager.stop_width:
16                    # 不可为 self.status=2，不理解请移步 Python 面向对象章节
17                    Base.status = 2
18                    self.reset_layout = True   # 布局下一盘游戏的元素
19                else:
20                    self.cur_sel = [-1, -1]   # 处理无效的点击
```

⑦ 在 Manager 类中创建一个 reset_animal() 方法，用于对矩阵中的小方块随机分配水果，代码如下：

```
01 def reset_animal(self):
02     """ 对矩阵中的小方块随机分配水果 """
03     if self.reset_layout:
04         for i in range(self._height):
05             for j in range(self._width):
06                 self.animal[i][j] = random.randint(0, 5)
07         self.reset_layout = False
```

⑧ 在游戏主函数 main() 中实例化 handler.py 文件中的 Manager 类，并在主逻辑循环中调用游戏主页面的绘制方法和事件监听方法。main.py 文件修改后的代码如下（加底色的代码为新增代码）：

```
01 import sys
02 import pygame
03 from pygame.locals import *
04
05 from core.first_eye import Screen_Manager
06 from core.handler import Manager
07
08 def main():
09     """
10     消消乐游戏主函数
11     :return:
12     """
13     pygame.init()                    # 设备的检测
14     pygame.font.init()               # 字体文件的初始化
15
16     # 在这里创建每一个页面类的对象
17     mr = Screen_Manager()            # 实例化首屏页面管理对象
18     mg = Manager()                   # 实例化打怪页面管理对象
```

第 16 章 缤纷水果消消乐（pygame + random + time + csv 实现）

```
19
20      while 1:
21          # 在这里判断不同的游戏状态，从而执行不同的具体操作
22          if mr.status == 0:             # 游戏首屏状态
23              mr.open_game_init()
24
25          if mg.status == 1:             # 游戏打怪状态
26              mg.reset_animal()          # 随机分配元素
27              # 绘制打怪页面
28              AnimalSpriteGroup = mg.start_game_init()
29
30          for event in pygame.event.get():   # 事件的监听与循环
31              if event.type == KEYDOWN:
32                  if event.key == K_q or event.key == K_ESCAPE:
33                      sys.exit()
34              if event.type == QUIT:
35                  sys.exit()
36              # 在这里进行不同页面的事件监听，从而改变游戏状态
37              mg.mouse_select(event)     # 对游戏打怪页面的事件监听
38              mr.mouse_select(event)     # 对游戏首屏的事件监听
```

16.4.5 可消除水果的检测与标记清除

消消乐游戏的规则为，当至少三个相同的水果成一条直线（横竖都可以）或者"L""T"形状时，则消除这些水果，消除每种不同的水果可以获得不同的分数。因此，在实现时，首先需要判断任意一个水果在下、左、右这 3 个方向中的任意一个方向是否有 n（$n \geq 2$）个相同的水果与其自身连成一条直线。

 由于水果的遍历是从（0,0）开始，因此不需要判断上方。

实现可消除水果检测与标记清除的步骤如下：

① 在 core/handler.py 文件的 Manager 类中添加一个 destory_animal_num 变量，用来记录每次游戏中每种水果的消除数量，便于计算分数，代码如下：

```
01 # 消除水果列表：消除各水果的个数
02 destory_animal_num = [0, 0, 0, 0, 0, 0]
```

② 在 core/handler.py 文件的 Manager 类中创建一个 clear_ele() 方法，用于封装水果矩阵列表中可消除水果的检测代码，其具体实现代码如下：

```
01 def clear_ele(self):
02     """ 清除标记元素，且上方元素向下掉落 """
03     single_score = self.score
04     self.change_value_sign = False
05     # 从（0,0）位置遍历水果矩阵
06     for i in range(self._height):
07         for j in range(self._width):
08             # 水平向右五连消
09             if self.exist_right(i, j, 5):
10                 self.change_value_sign = True
11                 # 第三个位置向下又存在竖直三连消
12                 if self.exist_down(i, j + 2, 3):
```

```
13                # 记录消除的水果数量
14                self.destory_animal_num[self.animal[i][j]] += 7
15                # 对矩阵中消除的水果位置标记为 -2 ，代表为消除状态
16                self.change_right(i, j, 5)
17                self.change_down(i, j + 2, 3)
18            else:
19                self.destory_animal_num[self.animal[i][j]] += 5
20                self.change_right(i, j, 5)
21        # 水平四连消
22        elif self.exist_right(i, j, 4):
23            self.change_value_sign = True
24            # 第二个位置向下又存在竖直三连消
25            if self.exist_down(i, j + 1, 3):
26                self.destory_animal_num[self.animal[i][j]] += 6
27                self.change_right(i, j, 4)
28                self.change_down(i, j + 1, 3)
29            # 第一个位置向下又存在竖直三连消
30            elif self.exist_down(i, j, 3):
31                self.destory_animal_num[self.animal[i][j]] += 6
32                self.change_right(i, j, 4)
33                self.change_down(i, j, 3)
34            else:
35                self.destory_animal_num[self.animal[i][j]] += 4
36                self.change_right(i, j, 4)
37        # 水平三连消
38        elif self.exist_right(i, j, 3):
39            self.change_value_sign = True
40            if self.exist_down(i, j, 3):
41                self.destory_animal_num[self.animal[i][j]] += 5
42                self.change_right(i, j, 3)
43                self.change_down(i, j, 3)
44            elif self.exist_down(i, j + 1, 3):
45                self.destory_animal_num[self.animal[i][j]] += 5
46                self.change_right(i, j, 3)
47                self.change_down(i, j + 1, 3)
48            elif self.exist_down(i, j + 2, 3):
49                self.destory_animal_num[self.animal[i][j]] += 5
50                self.change_right(i, j, 3)
51                self.change_down(i, j + 2, 3)
52            else:
53                self.destory_animal_num[self.animal[i][j]] += 3
54                self.change_right(i, j, 3)
55        # 竖直五连消
56        elif self.exist_down(i, j, 5):
57            self.change_value_sign = True
58            # 第三个位置向右又存在三连消
59            if self.exist_right(i + 2, j, 3):
60                self.destory_animal_num[self.animal[i][j]] += 7
61                self.change_down(i, j, 5)
62                self.change_right(i + 2, j, 3)
63            # 第三个位置向左又存在三连消
64            elif self.exist_left(i + 2, j, 3):
65                self.destory_animal_num[self.animal[i][j]] += 7
66                self.change_down(i, j, 5)
67                self.change_left(i + 2, j, 3)
68            else:
69                self.destory_animal_num[self.animal[i][j]] += 5
70                self.change_down(i, j, 5)
71        # 竖直四连消
```

```python
72              elif self.exist_down(i, j, 4):
73                  self.change_value_sign = True
74                  if self.exist_right(i + 1, j, 3):
75                      self.destory_animal_num[self.animal[i][j]] += 6
76                      self.change_down(i, j, 4)
77                      self.change_right(i + 1, j, 3)
78                  elif self.exist_left(i + 1, j, 3):
79                      self.destory_animal_num[self.animal[i][j]] += 6
80                      self.change_down(i, j, 4)
81                      self.change_left(i + 1, j, 3)
82                  elif self.exist_right(i + 2, j, 3):
83                      self.destory_animal_num[self.animal[i][j]] += 6
84                      self.change_down(i, j, 4)
85                      self.change_right(i + 2, j, 3)
86                  elif self.exist_left(i + 2, j, 3):
87                      self.destory_animal_num[self.animal[i][j]] += 6
88                      self.change_down(i, j, 4)
89                      self.change_left(i + 2, j, 3)
90                  else:
91                      self.destory_animal_num[self.animal[i][j]] += 4
92                      self.change_down(i, j, 4)
93              # 竖直三连消
94              elif self.exist_down(i, j, 3):
95                  self.change_value_sign = True
96                  if self.exist_right(i + 1, j, 3):
97                      self.destory_animal_num[self.animal[i][j]] += 5
98                      self.change_down(i, j, 3)
99                      self.change_right(i + 1, j, 3)
100                 elif self.exist_left(i + 1, j, 3):
101                     self.destory_animal_num[self.animal[i][j]] += 5
102                     self.change_down(i, j, 3)
103                     self.change_left(i + 1, j, 3)
104                 elif self.exist_right(i + 2, j, 3):
105                     self.destory_animal_num[self.animal[i][j]] += 5
106                     self.change_down(i, j, 3)
107                     self.change_right(i + 2, j, 3)
108                 elif self.exist_left(i + 2, j, 3):
109                     self.destory_animal_num[self.animal[i][j]] += 5
110                     self.change_down(i, j, 3)
111                     self.change_left(i + 2, j, 3)
112                 elif self.exist_left(i + 2, j, 2) and \
113                         self.exist_right(i + 2, j, 2):
114                     self.destory_animal_num[self.animal[i][j]] += 5
115                     self.change_down(i, j, 3)
116                     self.change_left(i + 2, j, 2)
117                     self.change_right(i + 2, j, 2)
118                 elif self.exist_left(i + 2, j, 2) and \
119                         self.exist_right(i + 2, j, 3):
120                     self.destory_animal_num[self.animal[i][j]] += 6
121                     self.change_down(i, j, 3)
122                     self.change_left(i + 2, j, 2)
123                     self.change_right(i + 2, j, 3)
124                 elif self.exist_left(i + 2, j, 3) and \
125                         self.exist_right(i + 2, j, 2):
126                     self.destory_animal_num[self.animal[i][j]] += 6
127                     self.change_down(i, j, 3)
128                     self.change_left(i + 2, j, 3)
```

```
129                     self.change_right(i + 2, j, 2)
130                 elif self.exist_left(i + 2, j, 3) and \
131                         self.exist_right(i + 2, j, 3):
132                     self.destory_animal_num[self.animal[i][j]] += 7
133                     self.change_down(i, j, 3)
134                     self.change_left(i + 2, j, 3)
135                     self.change_right(i + 2, j, 3)
136                 else:
137                     self.destory_animal_num[self.animal[i][j]] += 3
138                     self.change_down(i, j, 3)
139
140         return self.change_value_sign
```

③ 在 core/handler.py 文件的 Manager 类中定义 3 个方法，分别命名为 exist_right()、exist_down() 和 exist_left()，它们分别用于判断某一个水果的右边、下边、左边是否存在与自身同类型的 num-1 个水果。exist_right()、exist_down() 和 exist_left() 方法的实现代码如下：

```
01  def exist_right(self, row, col, num):
02      """ 判断 self.animal[i][j] 元素右边是否存在与其自身
03          图像相同的 num - 1 个图像 """
04      if col <= self._width - num:
05          for item in range(num):
06              if self.animal[row][col] != self.animal[row][col + item] \
07                      or self.animal[row][col] == -2:
08                  break
09              else:
10                  return True
11          return False
12      else:
13          return False
14
15  def exist_down(self, row, col, num):
16      """ 判断 self.animal[i][j] 元素下方是否存在与其
17          自身图像相同的 num - 1 个图像 """
18      if row <= self._height - num:
19          for item in range(num):
20              if self.animal[row][col] != self.animal[row + item][col] \
21                      or self.animal[row][col] == -2:
22                  break
23              else:
24                  return True
25          return False
26      else:
27          return False
28
29  def exist_left(self, row, col, num):
30      """ 判断 self.animal[i][j] 元素左方是否存在与其
31          自身图像相同的 num - 1 个图像 """
32      if col >= num - 1:
33          for item in range(num):
34              if self.animal[row][col] != self.animal[row][col - item] \
35                      or self.animal[row][col] == -2:
36                  break
37              else:
38                  return True
39          return False
40      else:
41          return False
```

④ 在 core/handler.py 文件的 Manager 类中定义 3 个方法，分别命名为 change_right()、change_down() 和 change_left()，它们分别用于改变某一个水果右边、下边、左边 num 个水果的状态为消除状态。change_right()、change_down() 和 change_left() 方法的实现代码如下：

```
01  def change_right(self, row, col, num):
02      """ 改变当前水果及右边的 num 个水果为消除状态 """
03      for item in range(num):
04          self.animal[row][col + item] = -2
05
06  def change_down(self, row, col, num):
07      for item in range(num):
08          self.animal[row + item][col] = -2
09
10  def change_left(self, row, col, num):
11      for item in range(num):
12          self.animal[row][col - item] = -2
```

⑤ 在游戏主函数 main() 中调用可消除水果的检测方法 clear_ele()，修改后的 main() 方法代码如下（加底色的代码为新增代码）：

```
01  def main():
02      """
03      消消乐游戏主函数
04      :return:
05      """
06      pygame.init()              # 设备的检测
07      pygame.font.init()         # 字体文件的初始化
08
09      # 在这里创建每一个页面类的对象
10      mr = Screen_Manager()      # 实例化首屏页面管理对象
11      mg = Manager()             # 实例化打怪页面管理对象
12
13      while 1:    #
14          # 在这里判断不同的游戏状态，从而执行不同的具体操作
15          if mr.status == 0:              # 游戏首屏状态
16              mr.open_game_init()
17
18          if mg.status == 1:              # 游戏打怪状态
19              mg.reset_animal()           # 随机分配元素
20              # 绘制打怪页面
21              AnimalSpriteGroup = mg.start_game_init()
22              mg.clear_ele()   # 标记清除
23
24          for event in pygame.event.get():   # 事件的监听与循环
25              if event.type == KEYDOWN:
26                  if event.key == K_q or event.key == K_ESCAPE:
27                      sys.exit()
28              if event.type == QUIT:
29                  sys.exit()
30              # 在这里进行不同页面的事件监听，从而改变游戏状态
31              mg.mouse_select(event)       # 对游戏打怪页面的事件监听
32              mr.mouse_select(event)       # 对游戏首屏的事件监听
```

运行程序，点击"开始游戏"按钮进入游戏主页面时，原始水果矩阵列表中默认可消除的水果会自动被消除，效果如图 16.11 所示。

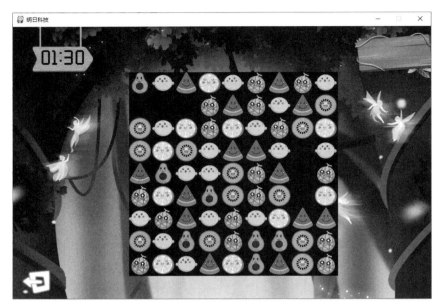

图 16.11　检测消除为空

 由于水果矩阵中的水果是随机分布的，因此读者所运行的效果与图 16.11 中可能会有所差别。

16.4.6　水果的掉落

当水果矩阵列表中有水果被消除时，首先在要消除的水果方块中绘制消除动画，然后将每一个被消除水果所在列的上方所有水果依次向下移动，最终在该列的最上方会产生一个空缺，在此空缺处随机产生一个水果，这样即可进行游戏的下一步。

实现消消乐游戏中水果掉落功能的步骤如下：

① 在 core/handler.py 文件的 Manager 类中创建一个 drop_animal() 方法，用于实现水果掉落的功能，该方法中，首先定义一个 position 列表，用于存储水果矩阵列表中每一个被消除水果所在的小方块的左上角坐标（x, y），然后判断如果 position 列表不为空，则在 position 列表所存储的每一个小方块处绘制消除动画，并按照从上到下的顺序依次移动每一行中被消除水果上方的所有水果。drop_animal() 方法实现代码如下：

```
01  def drop_animal(self):
02      """ 下降函数 """
03      clock = pygame.time.Clock()
04  
05      position = []              # 水果矩阵中要消除的水果列表
06      for i in range(self._width):
07          for j in range(self._height):
08              if self.animal[i][j] == -2:
09                  x, y = self.cell_xy(i, j)
10                  position.append((x, y))
11      # 绘制消除小方块的消除动画效果
12      if position != []:
13          for index in range(0, 9):
```

```
14                # clock.tick(40)
15                for pos in position:
16                    Element(Element.brick, pos).draw(self.screen)
17                    Element(Element.bling[index], (pos[0], pos[1])).draw(self.screen)
18                pygame.display.flip()
19
20        for i in range(self._width):
21            # 此行之上所有要降落的水果的背景图片列表
22            brick_position = []
23            # 此行之上所有要降落的水果列表
24            fall_animal_list = []
25            speed = [0, 1]
26            for j in range(self._height):
27                if self.animal[i][j] == -2:
28                    x, y = self.cell_xy(i, j)
29                    brick_position.append((x, y))
30                    for m in range(i, -1, -1):
31                        if m == 0:  # 此列中最上方的水果（补缺）
32                            self.animal[m][j] = random.randint(0, 5)
33                        else:
34                            x, y = self.cell_xy(m - 1, j)
35                            brick_position.append((x, y))
36                            animal = Element(Element.animal[self.animal[m - 1][j]], (x, y))
37                            fall_animal_list.append(animal)
38                            # 在水果矩阵列表中交换上下两个水果
39                            self.animal[m][j] = self.animal[m - 1][j]
40            # 所消除的小方块的上方的小方块向下移动
41            while speed != [0, 0] and fall_animal_list != []:
42                # 绘制水果的背景图片
43                for position in brick_position:
44                    Element(Element.brick, position).draw(self.screen)
45                # 向下移动水果
46                for animal_sprite in fall_animal_list:
47                    animal_sprite.move(speed)
48                    animal_sprite.draw(self.screen)
49                    speed = animal_sprite.speed
50                pygame.display.flip()
```

② 在可消除水果的检测方法 clear_ele() 中调用 drop_animal() 方法，代码如下：

```
self.drop_animal()            # 下降函数
```

③ 在 Manager 类中定义一个 every_animal_score 列表，用来存储游戏得分规则，代码如下：

```
01 # 计分规则列表：消除每一类水果所得的分数
02 every_animal_score = [1, 2, 1, 1, 2, 1]
```

④ 在 Manager 类中创建一个 cal_score() 方法，用于统计当前获得的分数，代码如下：

```
01 def cal_score(self, destory_animal_num):
02     """ 统计当前分数 """
03     self.score = 0
04     for k, num in enumerate(destory_animal_num):
05         self.score += self.every_animal_score[k] * num
```

⑤ 在 Manager 类的 clear_ele() 方法中调用计算游戏分数的 cul_score() 方法，并在当水果矩阵每次消除完水果后，根据每次消除所得总分数在页面中绘制不同的鼓励性话语。Manager 类中 clear_ele() 方法修改后的代码如下（加底色的代码为新增代码）：

```
01 def clear_ele(self):
02     """ 清除标记元素，且上方元素向下掉落 """
03     single_score = self.score
04     self.change_value_sign = False
05     for i in range(self._height):
06         for j in range(self._width):
07             # 此处代码忽略
08
09     self.drop_animal()   # 下降函数
10
11     self.cal_score(self.destory_animal_num)   # 计算分数
12
13     # 根据此次鼠标点击交换获得的分数绘制不同的鼓励性语句
14     single_score = self.score - single_score
15
16     if single_score < 5:
17         pass
18     elif single_score < 8:   # 绘制 Good
19         Element(Element.single_score[0], (350, 250)).draw(self.screen)
20         pygame.display.flip()
21         pygame.time.delay(500)
22     elif single_score < 10:   # 绘制 Great
23         Element(Element.single_score[1], (350, 250)).draw(self.screen)
24         pygame.display.flip()
25         pygame.time.delay(500)
26     elif single_score < 15:   # 绘制 Amazing
27         Element(Element.single_score[2], (350, 250)).draw(self.screen)
28         pygame.display.flip()
29         pygame.time.delay(500)
30     elif single_score < 20:   # 绘制 Excellent
31         Element(Element.single_score[3], (350, 250)).draw(self.screen)
32         pygame.display.flip()
33         pygame.time.delay(500)
34     elif single_score >= 20:   # 绘制 Unbelievable
35         PlaySound()
36         Element(Element.single_score[4], (350, 250)).draw(self.screen)
37         pygame.display.flip()
38         pygame.time.delay(500)
39
40     return self.change_value_sign
```

16.4.7 点击相邻水果时的交换

实现鼠标点击水果与相邻水果进行交换功能的步骤为：首先定义一个交换开关，每点击一次水果，都记录一下当前点击的水果的矩阵索引；然后与上次点击的水果的矩阵索引进行比较以判断是否相邻，如果相邻，则开启交换开关，交换前后点击的两个水果；否则，更新代表前一次点击的水果的矩阵索引的值指向为当前点击的水果的矩阵索引。

实现相邻两水果交换功能的步骤如下：

① 在 core/handler.py 文件的 Manager 类中定义一个 exchange_status 变量，用来作为交换的开关；定义一个 last_sel 列表，用来记录上一次鼠标点击的水果的矩阵索引。代码如下：

```
01 # 交换的标志：1 代表交换，-1 代表不交换
02 exchange_status = -1
```

```
03    # 上一次选中的水果，值为水果索引
04    last_sel = [-1, -1]
```

② 在游戏主页面的事件监听方法 mouse_select() 中记录当前点击的水果的矩阵索引，并将其与上一次点击的水果的矩阵索引相比较，判断两次点击的水果是否相邻，如果相邻，则更新是否相邻的代码，并更新 exchange_status 变量。Manager 类的 mouse_select() 方法修改后的代码如下（加底色的代码为新增代码）：

```
01  def mouse_select(self, event):
02      """ 游戏打怪状态事件监听 """
03      if event.type == MOUSEBUTTONDOWN:  # 鼠标按下事件
04          mouse_x, mouse_y = event.pos  # 获取当前鼠标的坐标
05          if self.status == 1:
06              # 判断点击的是水果
07              if self.matrix_topleft[0] < mouse_x < \
08                  self.matrix_topleft[0] + self._cell_size * self._width \
09                  and self.matrix_topleft[1] < mouse_y < \
10                  self.matrix_topleft[1] + self._cell_size * self._height:
11                  mouse_selected = self.xy_cell(mouse_x, mouse_y)
12                  # 记录当前鼠标点击的小方块
13                  self.cur_sel = mouse_selected
14
15                  # 判断前后点击的两个水果是否相邻
16                  if (self.last_sel[0] == self.cur_sel[0] and \
17                      abs(self.last_sel[1] - self.cur_sel[1]) == 1) or\
18                      (self.last_sel[1] == self.cur_sel[1] and \
19                      abs(self.last_sel[0] - self.cur_sel[0]) == 1):
20                      self.exchange_status = 1  # 确定相邻，交换值
21
22              # 判断点击的是退出按钮，需注意此退出按钮的坐标为左上角
23              elif Element.stop_position[0] < mouse_x < \
24                  Element.stop_position[0] + Manager.stop_width \
25                  and Element.stop_position[1] < mouse_y < \
26                  Element.stop_position[1] + Manager.stop_width:
27                  # 不可为 self.status = 2, 不理解请移步 Python 面向对象章节
28                  Base.status = 2
29                  self.reset_layout = True  # 布局下一盘游戏的元素
30              else:
31                  self.cur_sel = [-1, -1]  # 处理无效的点击
```

③ 在 Manager 类中创建一个 exchange_ele() 方法，用来实现水果的位置交换功能，该方法有一个参数，表示水果精灵组。具体实现时，当判断交换开关为开启时，首先获取两个水果所在小方块的左上顶点的坐标，根据获取到的坐标值判断相邻的两个水果的相邻方向，遍历精灵组，找到这两个水果的 Surface 对象；然后设置这两个 Surface 对象的 speed 属性，以便移动这两个对象，从而达到交换水果位置的功能。exchange_ele() 方法实现代码如下：

```
01  def exchange_ele(self, AnimalSpriteGroup):
02      """ 交换鼠标前后点击的两个元素 """
03      if self.exchange_status == -1:
04          self.last_sel = self.cur_sel
05      if self.exchange_status == 1:
06          last_x, last_y = self.cell_xy(*self.last_sel)
07          cur_x, cur_y = self.cell_xy(*self.cur_sel)
08          # 左右相邻
09          if self.last_sel[0] == self.cur_sel[0]:  # 比较的是矩阵索引
10              for animal_sur in AnimalSpriteGroup:
```

```
11              if animal_sur.rect.topleft == (last_x, last_y):
12                  last_sprite = animal_sur
13                  last_sprite.speed = [self.cur_sel[1] - \
14                      self.last_sel[1], 0]
15              if animal_sur.rect.topleft == (cur_x, cur_y):
16                  cur_sprite = animal_sur
17                  cur_sprite.speed = [self.last_sel[1] - \
18                      self.cur_sel[1], 0]
19      # 上下相邻
20      elif self.last_sel[1] == self.cur_sel[1]:
21          for animal_sur in AnimalSpriteGroup:
22              if animal_sur.rect.topleft == (last_x, last_y):
23                  last_sprite = animal_sur
24                  last_sprite.speed = [0, self.cur_sel[0] - \
25                      self.last_sel[0]]
26              if animal_sur.rect.topleft == (cur_x, cur_y):
27                  cur_sprite = animal_sur
28                  cur_sprite.speed = [0, self.last_sel[0] - \
29                      self.cur_sel[0]]
30      # 移动水果
31      while last_sprite.speed != [0, 0]:
32          pygame.time.delay(5)
33          Element(Element.brick, (last_x, last_y)).draw(self.screen)
34          Element(Element.brick, (cur_x, cur_y)).draw(self.screen)
35          last_sprite.move(last_sprite.speed)
36          cur_sprite.move(cur_sprite.speed)
37          last_sprite.draw(self.screen)
38          cur_sprite.draw(self.screen)
39          pygame.display.flip()
40
41      self.change_value()              # 交换水果值
42      if not self.clear_ele():         # 交换后若不存在消除，则归位
43          self.change_value()
44      self.exchange_status = -1        # 关闭交换
45      self.cur_sel = [-1, -1]          # 保证每次交换的两个元素不存在交叉
```

④ 上面的代码中用到了一个 change_value() 方法，该方法定义在 Manager 类中，用于交换相邻两个水果的矩阵值，代码如下：

```
01 def change_value(self):
02     """ 交换水果 """
03     temp = self.animal[self.last_sel[0]][self.last_sel[1]]
04     self.animal[self.last_sel[0]][self.last_sel[1]] \
05         = self.animal[self.cur_sel[0]][self.cur_sel[1]]
06     self.animal[self.cur_sel[0]][self.cur_sel[1]] = temp
```

⑤ 在游戏主函数 main() 的游戏主逻辑循环中调用实现相邻两水果交换的 exchange_ele() 方法。修改后的 main() 方法代码如下（加底色的代码为新增代码）：

```
01 def main():
02     """
03     消消乐游戏主函数
04     :return:
05     """
06     pygame.init()                    # 设备的检测
07     pygame.font.init()               # 字体文件的初始化
08
09     # 在这里创建每一个页面类的对象
10     mr = Screen_Manager()            # 实例化首屏页面管理对象
```

```
11    mg = Manager()            # 实例化打怪页面管理对象
12
13    while 1:
14        # 在这里判断不同的游戏状态，从而执行不同的具体操作
15        if mr.status == 0:              # 游戏首屏状态
16            mr.open_game_init()
17
18        if mg.status == 1:              # 游戏打怪状态
19            mg.reset_animal()           # 随机分配元素
20            # 绘制打怪页面
21            AnimalSpriteGroup = mg.start_game_init()
22            mg.clear_ele()    # 标记清除
23            mg.exchange_ele(AnimalSpriteGroup)  # 元素交换
24
25        for event in pygame.event.get():    # 事件的监听与循环
26            if event.type == KEYDOWN:
27                if event.key == K_q or event.key == K_ESCAPE:
28                    sys.exit()
29            if event.type == QUIT:
30                sys.exit()
31            # 在这里进行不同页面的事件监听，从而改变游戏状态
32            mg.mouse_select(event)    # 对游戏打怪页面的事件监听
33            mr.mouse_select(event)    # 对游戏首屏的事件监听
```

16.4.8 游戏积分排行榜页面的实现

当游戏处于主页面时，如果玩家点击了页面左下角的退出按钮，可以使游戏进入排行榜页面，该页面中记录本次游戏的分数，并会在排行榜页面中降序显示。

消消乐游戏排行榜页面的实现步骤如下：

① 在游戏主页面的事件监听方法中判断玩家是否点击了退出按钮，如果已点击，则改变游戏的全局状态变量 Base.status 为 2，并重新布局水果矩阵。

② 在 core/handler.py 文件的 Manager 类中创建一个 score_list 列表，用来记录每场游戏的得分，代码如下：

```
score_list = []          # 排行榜存储分数列表
```

③ 在 Manager 类中创建一个 record_score() 方法，用于在每一局游戏退出时，向分数列表中添加本局游戏的得分。代码如下：

```
01 def record_score(self):
02     """ 记录每场游戏得分 """
03     if self.score != 0:
04         self.score_list.append(self.score)
05         self.destory_animal_num = [0, 0, 0, 0, 0, 0]
06         self.score = 0      # 分数复位归零
```

④ 在 core 包中创建一个 sort_score.py 文件，用于实现游戏排行榜页面的相关功能，该文件中，首先导入 pygame 和 pygame 常量库、sys、精灵组件类以及游戏主页面管理类 Manager，然后创建一个 Score_Manager 类，用于绘制和监听游戏排行榜页面。sort_score.py 文件完整代码如下：

```
01 import sys
02 import pygame
```

```
03
04 from core.base import Base
05 from core.entity import Font_Fact, Element
06 from core.handler import Manager
07
08
09 class Score_Manager(Base):
10     """
11     游戏排行榜页面的管理
12     """
13
14     def __init__(self):
15         super(Score_Manager, self).__init__()
16
17     def choice_game_init(self):
18         """ 游戏排行榜页面的初始化 """
19         if self.status == 2:
20             # 背景的绘制
21             Element(Element.bg_choice_image, (0, 0)).draw(self.screen)
22             li = sorted(Manager.score_list, reverse=True)
23             for k, item in enumerate(li[:8]):
24                 Font_Fact(str(item) + "  Score", \
25                           (Element.score_order_rect[0] + 50, \
26                            Element.score_order_rect[1] + \
27                            k * 50), 35, (0, 0, 0)).draw(self.screen)
28             pygame.display.flip()
29
30     def mouse_select(self, event):
31         """ 游戏排行榜页面的事件监听 """
32         if event.type == pygame.MOUSEBUTTONDOWN:
33             mouse_x, mouse_y = event.pos
34             if self.status == 2:
35                 # "再来一次" 的鼠标监听
36                 if Font_Fact.again_game_posi[0] < mouse_x < \
37                         Font_Fact.again_game_posi[0] + 200 and \
38                         Font_Fact.again_game_posi[1] < mouse_y < \
39                         Font_Fact.again_game_posi[1] + 60:
40                     # 游戏进入打怪状态
41                     Base.status = 1
42                     # 分数置0
43                     Manager.destory_animal_num = [0, 0, 0, 0, 0, 0]
44
45                     # 初始化游戏开始时间
46                     Manager.start_time = pygame.time.get_ticks()
47
48                 # "退出游戏" 的鼠标监听
49                 elif Font_Fact.quit_game_posi[0] < mouse_x < \
50                         Font_Fact.quit_game_posi[0] + 200 and \
51                         Font_Fact.quit_game_posi[1] < mouse_y < \
52                         Font_Fact.quit_game_posi[1] + 60:
53                     sys.exit()
54
55         if event.type == pygame.MOUSEBUTTONUP:
56             pass
```

⑤ 在 bin/main.py 中实例化排行榜页面管理类 Score_Manager，并在游戏主逻辑循环中判断当游戏状态为排行榜页面状态时，调用排行榜页面的初始化函数，并且监听排行榜页面的鼠标事件。修改后的 bin/main.py 文件代码如下（加底色的代码为新增代码）：

```
01 import sys
02 import pygame
```

```
03  from pygame.locals import *
04
05  from core.first_eye import Screen_Manager
06  from core.handler import Manager
07  from core.sort_score import Score_Manager
08
09  def main():
10      """
11      消消乐游戏主函数
12      :return:
13      """
14      pygame.init()                      # 设备的检测
15      pygame.font.init()                 # 字体文件的初始化
16
17      # 在这里创建每一个页面类的对象
18      mr = Screen_Manager()              # 实例化首屏页面管理对象
19      mg = Manager()                     # 实例化打怪页面管理对象
20      ms = Score_Manager()               # 实例化排行榜页面管理对象
21
22      while 1:
23          # 在这里判断不同的游戏状态，从而执行不同的具体操作
24          if mr.status == 0:             # 游戏首屏状态
25              mr.open_game_init()
26
27          if mg.status == 1:             # 游戏打怪状态
28              mg.reset_animal()          # 随机分配元素
29              # 绘制打怪页面
30              AnimalSpriteGroup = mg.start_game_init()
31              mg.clear_ele()  # 标记清除
32              mg.exchange_ele(AnimalSpriteGroup)  # 元素交换
33
34          if ms.status == 2:             # 游戏排行榜状态
35              mg.record_score()          # 记录本场游戏得分，并分数清零
36              ms.choice_game_init()
37
38          for event in pygame.event.get():  # 事件的监听与循环
39              if event.type == KEYDOWN:
40                  if event.key == K_q or event.key == K_ESCAPE:
41                      sys.exit()
42              if event.type == QUIT:
43                  sys.exit()
44              # 在这里进行不同页面的事件监听，从而改变游戏状态
45              mg.mouse_select(event)     # 对游戏打怪页面的事件监听
46              ms.mouse_select(event)     # 对游戏排行榜页面的事件监听
47              mr.mouse_select(event)     # 对游戏首屏的事件监听
```

16.4.9 "死图"的判断

在每次消除完可消除的水果，并且上方的水果降落完后，如果没有水果能够再通过点击交换的方式进行消除，则称为"死图"状态，如果是"死图"状态，当前游戏会自动退出，并进入排行榜页面。

实现消消乐游戏"死图"判断功能的步骤如下：

① 在core/handler.py文件的Manager类中定义一个death_sign变量，用来标识是否为"死图"，初始值为True，标识默认为"死图"。代码如下：

```
death_sign = True          # 死图标识
```

② 在 Manager 类中创建一个 is_death_map() 方法，用于检测水果矩阵当前是否为"死图"，该方法中，只要检测到有可以通过交换相邻水果进行消除的，就关闭"死图"开关。is_death_map() 方法实现代码如下：

```
01  def is_death_map(self):
02      """ 判断当前水果矩阵是否为死图 """
03      for i in range(self._width):
04          for j in range(self._height):
05              # 边界判断
06              if i >= 1 and j >= 1 and i <= 7 and j <= 6:
07                  if self.animal[i][j] == self.animal[i][j + 1]:
08                      """e   b
09                          e e
10                         b     e
11                      """
12                      if (self.animal[i][j] in [self.animal[i - 1][j - 1], \
13                                                self.animal[i + 1][j - 1]] \
14                          and self.animal[i][j - 1] != -1) or \
15                         (self.animal[i][j] in [self.animal[i - 1][j + 2], \
16                                                self.animal[i + 1][j + 2]] \
17                          and self.animal[i][j + 2] != -1):
18                          self.death_sign = False
19                          break
20
21              if i >= 1 and j >= 1 and i <= 6 and j <= 7:
22                  if self.animal[i][j] == self.animal[i + 1][j]:
23                      if (self.animal[i][j] in [self.animal[i - 1][j - 1], \
24                                                self.animal[i - 1][j + 1]] \
25                          and self.animal[i - 1][j] != -1) or \
26                         (self.animal[i][j] in [self.animal[i + 2][j - 1], \
27                                                self.animal[i + 2][j + 1]] \
28                          and self.animal[i + 2][j] != -1):
29                          """e   b
30                              e
31                              e
32                             c    e"""
33                          self.death_sign = False
34                          break
35
36              elif i >= 1 and j >= 1 and i <= 7 and j <= 7:
37                  if self.animal[i - 1][j - 1] == self.animal[i][j]:
38                      if (self.animal[i][j] == self.animal[i - 1][j + 1] \
39                          and self.animal[i - 1][j] != -1) \
40                         or (self.animal[i][j] == self.animal[i + 1][j - 1] \
41                             and self.animal[i][j - 1] != -1):
42                          """e   e    e b
43                              e      e
44                             c    e    """
45                          self.death_sign = False
46                          break
47
48                  if self.animal[i][j] == self.animal[i + 1][j + 1]:
49                      if (self.animal[i][j] == self.animal[i - 1][j + 1] \
50                          and self.animal[i][j + 1] != -1) \
51                         or (self.animal[i][j] == self.animal[i + 1][j - 1] \
52                             and self.animal[i + 1][j] != -1):
53                          """    e      b
54                              e      e
55                             b   e    e  e"""
```

```
56              self.death_sign = False
57              break
```

③ 如果判定为"死图"状态，则结束本场游戏，进入排行榜页面。在 Manager 类中创建一个 stop_game 方法，封装结束本场游戏的相关逻辑，代码如下：

```
01 def stop_game(self):
02     """ 结束本场游戏，进入排行榜的页面 """
03     if self.status == 1:
04         if self.death_sign:
05             pygame.time.delay(500)
06             Element(Element.none_animal,Element.none_animal_posi).draw(self.screen)
07             pygame.display.flip()
08             pygame.time.delay(500)
09             Base.status = 2       # 需要为 Base.status= 2，结束本场游戏
10             self.reset_layout = True   # 布局下一盘游戏的元素
11             self.time_is_over = False
12         else:
13             self.death_sign = True
```

④ 在 main() 方法中的游戏主逻辑循环中调用 is_death_map() 和 stop_game() 方法，实现游戏的"死图"判断功能。修改后的 main() 方法代码如下（注意：加底色的代码为新增代码）：

```
01 def main():
02     """
03     消消乐游戏主函数
04     :return:
05     """
06     pygame.init()                    # 设备的检测
07     pygame.font.init()               # 字体文件的初始化
08
09     # 在这里创建每一个页面类的对象
10     mr = Screen_Manager()            # 实例化首屏页面管理对象
11     mg = Manager()                   # 实例化打怪页面管理对象
12     ms = Score_Manager()             # 实例化排行榜页面管理对象
13
14     while 1:
15         # 在这里判断不同的游戏状态，从而执行不同的具体操作
16         if mr.status == 0:           # 游戏首屏状态
17             mr.open_game_init()
18
19         if mg.status == 1:           # 游戏打怪状态
20             mg.reset_animal()        # 随机分配元素
21             # 绘制打怪页面
22             AnimalSpriteGroup = mg.start_game_init()
23             mg.clear_ele()   # 标记清除
24             mg.is_death_map()  # 死图判断
25             mg.exchange_ele(AnimalSpriteGroup)   # 元素交换
26             mg.stop_game()              # 结束游戏
27
28         if ms.status == 2:           # 游戏排行榜状态
29             mg.record_score()        # 记录本场游戏得分，并分数清零
30             ms.choice_game_init()
31
32         for event in pygame.event.get():   # 事件的监听与循环
33             if event.type == KEYDOWN:
34                 if event.key == K_q or event.key == K_ESCAPE:
35                     sys.exit()
```

```
36          if event.type == QUIT:
37              sys.exit()
38          # 在这里进行不同页面的事件监听，从而改变游戏状态
39          mg.mouse_select(event)   # 对游戏打怪页面的事件监听
40          ms.mouse_select(event)   # 对游戏排行榜页面的事件监听
41          mr.mouse_select(event)   # 对游戏首屏的事件监听
```

16.4.10 游戏倒计时的实现

消消乐游戏中的游戏倒计时功能是通过 pygame 中监控时间的 time 子模块来实现的。当游戏规定时间到时会自动出现如图 16.12 所示的效果。

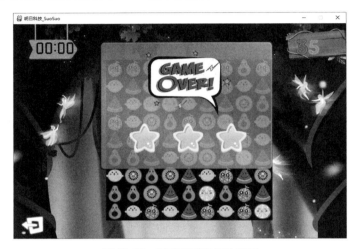

图 16.12　游戏超时运行效果图

消消乐游戏的倒计时功能实现步骤如下：

① 在 core/handler.py 文件的 Manager 类中分别定义 start_time、end_time、running_time 和 time_is_over 这 4 个变量，一个 TIMEOUT 常量，分别用于表示每场游戏的开始时间、结束时间、运行时间、超时时间和游戏是否超时的开关，代码如下：

```
01 TIMEOUT = 1000 * 60 * 3          # 每场游戏的规定时长
02 start_time = 0                   # 每场游戏的开始时间
03 end_time = 0                     # 每场游戏的结束时间
04 running_time = 0                 # 每场游戏的运行时间，毫秒
05 time_is_over = False             # 每场游戏的时间状态控制
```

② 在 Manager 类中定义一个 judge_time() 方法，用于判断游戏是否超时，如果超时，则开启游戏超时开关。代码如下：

```
01 def judge_time(self):
02     """ 判断游戏时间是否超时 """
03     self.end_time = pygame.time.get_ticks() # 更新结束时间
04     # 避免在 self.status = 2 的情况下更新 self.end_time，
05     # 从而使 self.time_is_over == True
06     if self.status == 1:
07         self.running_time = self.end_time - self.start_time
08         if self.running_time >= self.TIMEOUT:
09             self.time_is_over = True
```

③ 在每一局游戏开始处（即：游戏的状态变量 Manager.status 值为 1），更新每一局游戏的开始时间，该位置有两处，分别为游戏首屏页面点击"开始游戏"处、排行榜页面中点击"再来一局"处，即分别在 Screen_Manager 类中的 mouse_select() 方法和 Score_Manager 类中的 mouse_select() 方法中添加如下代码：

```
01 # 初始化游戏的开始时间
02 Manager.start_time = pygame.time.get_ticks()
```

④ 在 main() 方法中的游戏主逻辑循环中调用 judge_time() 方法，修改后的 main() 方法代码如下（加底色的代码为新增代码）：

```
01 def main():
02     """
03     消消乐游戏主函数
04     :return:
05     """
06     pygame.init()                          # 设备的检测
07     pygame.font.init()                     # 字体文件的初始化
08
09     # 在这里创建每一个页面类的对象
10     mr = Screen_Manager()                  # 实例化首屏页面管理对象
11     mg = Manager()                         # 实例化打怪页面管理对象
12     ms = Score_Manager()                   # 实例化排行榜页面管理对象
13
14     while 1:
15         mg.judge_time()    # 判断游戏超时
16         # 在这里判断不同的游戏状态，从而执行不同的具体操作
17         if mr.status == 0:                 # 游戏首屏状态
18             mr.open_game_init()
19
20         if mg.status == 1:                 # 游戏打怪状态
21             mg.reset_animal()              # 随机分配元素
22             # 绘制打怪页面
23             AnimalSpriteGroup = mg.start_game_init()
24             mg.clear_ele()   # 标记清除
25             mg.is_death_map()  # 死图判断
26             mg.exchange_ele(AnimalSpriteGroup)   # 元素交换
27             mg.stop_game()                 # 结束游戏
28
29         if ms.status == 2:                 # 游戏排行榜状态
30             mg.record_score()              # 记录本场游戏得分，并分数清零
31             ms.choice_game_init()
32
33         for event in pygame.event.get():   # 事件的监听与循环
34             if event.type == KEYDOWN:
35                 if event.key == K_q or event.key == K_ESCAPE:
36                     sys.exit()
37             if event.type == QUIT:
38                 sys.exit()
39             # 在这里进行不同页面的事件监听，从而改变游戏状态
40             mg.mouse_select(event)   # 对游戏打怪页面的事件监听
41             ms.mouse_select(event)   # 对游戏排行榜页面的事件监听
42             mr.mouse_select(event)   # 对游戏首屏的事件监听
```

⑤ 在游戏主页面中的绘制函数（Manager 类的 start_game_init() 方法）中添加绘制时间的代码，修改后的 start_game_init() 方法代码如下（加底色的代码为新增代码）：

```
01 def start_game_init(self):
```

```
02      """ 游戏打怪页面绘制 """
03      # 绘制打怪的背景
04      Element(Element.bg_start_image, (0, 0)).draw(self.screen)
05      # 绘制暂停键
06      Element(Element.stop, Element.stop_position).draw(self.screen)
07      # 绘制分数显示板
08      score_board = Element(Element.board_score, Element.score_posi)
09      score_board.draw(self.screen)
10      # 绘制游戏分数
11      str_score = str(self.score)
12      for k, sing in enumerate(str_score):
13          Element(Element.score[int(sing)],(755+k*32, 40)).draw(self.screen)
14      # 创建小方块背景图片精灵组
15      BrickSpriteGroup = pygame.sprite.Group()
16      # 创建水果精灵组
17      AnimalSpriteGroup = pygame.sprite.Group()
18      # 向精灵组中添加精灵
19      for row in range(self._height):
20          for col in range(self._width):
21              x, y = self.cell_xy(row, col)
22              BrickSpriteGroup.add(Element(Element.brick, (x, y)))
23              if self.animal[row][col] != -2:
24                  AnimalSpriteGroup.add(Element(Element.animal[self.animal[row][col]], (x, y)))
25      # 绘制小方块的背景图
26      BrickSpriteGroup.draw(self.screen)
27      # 绘制小方块中的水果
28      for ani in AnimalSpriteGroup:
29          self.screen.blit(ani.image, ani.rect)
30      # 绘制鼠标所点击的水果的突出显示边框
31      if self.cur_sel != [-1, -1]:
32          frame_sprite=Element(Element.frame_image, self.cell_xy(self.cur_sel[0], self.cur_sel[1]))
33          self.screen.blit(frame_sprite.image, frame_sprite.rect)
34      # 绘制游戏倒计时时间
35      if not self.time_is_over:
36          if self.running_time <= self.TIMEOUT:
37              try:
38                  time_str=time.strftime("%X", time.localtime(self.TIMEOUT//1000-self.running_time// 1000)).partition(":")[2]
39                  Font_Fact(time_str, Font_Fact.show_time_posi, 43, (0, 0, 0)).draw(self.screen)
40              except Exception as e:
41                  pass
42          else:
43              time_str = "00:00"
44              Font_Fact(time_str, Font_Fact.show_time_posi, 43, (0, 0, 0)).draw(self.screen)
45      
46      pygame.display.flip()    # 更新页面显示，必须添加
47      
48      return AnimalSpriteGroup
```

⑥ 在 core/handler.py 文件的 Manager 类的 stop_game() 方法中，添加当判定游戏超时时，游戏退出的具体逻辑代码，包括绘制游戏超时图片、改变游戏状态进入排行榜页面、重置水果矩阵、复位游戏超时开关等。修改后的 stop_game() 方法代码如下（注意：加底色的代码为新增代码）：

```
01 def stop_game(self):
02     """ 结束本场游戏，进入排行榜的页面 """
```

```
03        if self.status == 1:
04            # 游戏死图
05            if self.death_sign:
06                pygame.time.delay(500)
07                Element(Element.none_animal, Element.none_animal_posi).draw(self.screen)
08                pygame.display.flip()
09                pygame.time.delay(500)
10                Base.status = 2            # 需要为 Base.status=2，结束本场游戏
11                self.reset_layout = True   # 布局下一盘游戏的元素
12                self.time_is_over = False
13            else:
14                self.death_sign = True
15            # 游戏超时
16            if self.time_is_over:
17                pygame.time.delay(1000)    # 暂停程序一段时间
18                # 绘制 " 时间到了 " 图片
19                Element(Element.time_is_over_image, Element.time_is_over_posi).draw(self.screen)
20                pygame.display.flip()
21                pygame.time.delay(2000)    # 暂停程序一段时间，避免 "game over" 图片一闪而过
22                Base.status = 2    # 需要为 Base.status=2，结束本场游戏
23                self.reset_layout = True   # 布局下一盘游戏的元素
24                self.time_is_over = False
```

第 17 章
车牌自动识别计费系统
（pygame+pandas+matplotlib+baidu-aip+ Opencv-Python 实现）

扫码免费获取
本书资源

　　日常生活中，一般的智能停车场都会通过计算机、网络设备、车道路管理设备搭建一套对车辆出入、费用收取等进行管理的系统，它可以通过采集车辆出入记录、场内位置、停车时长等信息，实现车辆出入和停车场动态和静态的综合管理，本章将使用 Python 开发一个适用于收费停车场的车牌自动识别计费系统。

17.1 需求分析

　　本章实现的车牌自动识别计费系统主要应该具备以下功能。
- ☑ 显示摄像头图片；
- ☑ 识别车牌；
- ☑ 记录车辆出入信息；
- ☑ 收入统计；
- ☑ 预警提示；
- ☑ 超长车提示。

17.2 系统设计

17.2.1 系统功能结构

　　车牌自动识别计费系统的系统功能除了核心的识别车牌功能，还应该有预警提示、超长车提示、收入统计等功能，其详细结构如图 17.1 所示。

第17章　车牌自动识别计费系统（pygame+pandas+matplotlib+baidu-aip+Opencv-Python实现）

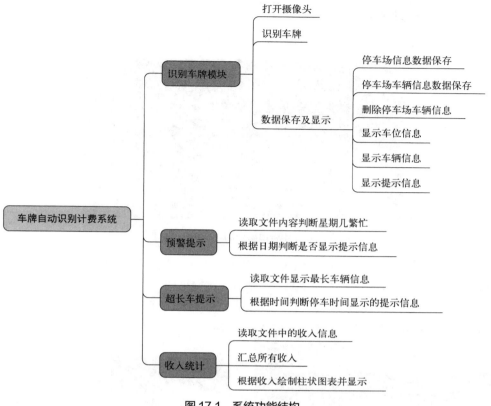

图 17.1　系统功能结构

17.2.2　系统业务流程

根据该项目的需求分析以及功能结构，设计出如图 17.2 所示的系统业务流程图。

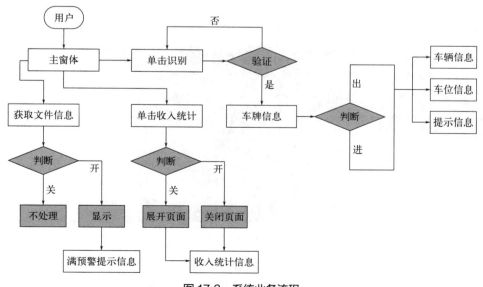

图 17.2　系统业务流程

17.2.3 系统预览

车牌自动识别计费系统的默认运行效果如图 17.3 所示。

图 17.3　车牌自动识别计费系统主页面

当有车辆的车头或车尾对准摄像头后，管理员单击"识别"按钮，系统将识别该车牌，并且根据车牌判断进出，显示不同信息。车辆进入时效果如图 17.4 所示，车辆驶出时效果如图 17.5 所示。

图 17.4　识别车牌进停车场显示信息　　　图 17.5　识别车牌出停车场显示信息

管理员单击"收入统计"按钮，系统会根据车辆进出记录汇总出一个月的收入信息，并且通过柱形图显示出来，效果如图 17.6 所示。

图 17.6　收入统计

系统会根据以往的数据自动判断一周中的哪一天会出现车位紧张的情况，从而在前一天给出预警提示，方便管理员提前做好调度，效果如图 17.7 所示。

第 17 章　车牌自动识别计费系统（pygame+pandas+matplotlib+baidu-aip+Opencv-Python实现）

图 17.7　预警提示

17.3　系统开发必备

17.3.1　开发工具准备

本系统的开发及运行环境如下：
- ☑ 操作系统：Windows 7、Windows 8、Windows 10 等。
- ☑ 开发语言：Python。
- ☑ 开发工具：PyCharm。
- ☑ Python 内置模块：os、time、datetime。
- ☑ 第三方模块：pygame、opencv-python、pandas、matplotlib、baidu-aip、xlrd。

17.3.2　文件夹组织结构

车牌自动识别计费系统的文件夹组织结构主要包括 datafile（保存信息表文件夹）、file（保存图片文件夹）以及一些自定义的 py 文件，详细结构如图 17.8 所示。

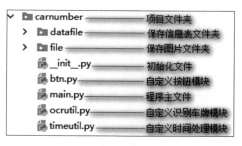

图 17.8　项目文件夹组织结构

17.4　车牌自动识别计费系统的实现

17.4.1　实现系统窗体

通过 pygame 模块实现项目的主窗体，先要理清系统窗体的业务流程和实现技术。根据本模块实现的功能，画出实现系统窗体的业务流程，如图17.9所示。

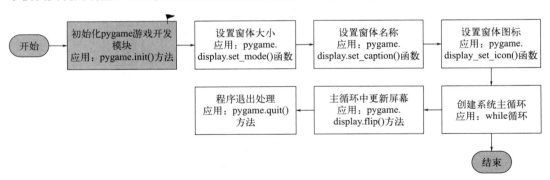

注：带▶的为重点难点

图17.9　实现系统窗体的业务流程

具体步骤如下：

① 创建名称为 carnumber 的项目文件夹，然后在该文件夹中创建 file 文件夹，用于保存项目图片资源。最后在项目文件夹内创建 main.py 文件，在该文件中实现车牌自动识别计费系统的相关功能。

② 导入 pygame 库，然后定义窗体的宽和高，代码如下：

```
01 # 将 pygame 库导入到 Python 程序中
02 import pygame
03
04 # 窗体大小
05 size = 1000, 484
06 # 设置帧率（帧率就是每秒显示的帧数）
07 FPS = 60
```

③ 初始化 pygame。主要是设置窗体的名称图标、创建窗体实例并设置窗体的大小以及背景色，最后通过循环实现窗体的显示与刷新。代码如下：

```
01 # 定义背景颜色
02 DARKBLUE = (73, 119, 142)
03 BG = DARKBLUE    # 指定背景颜色
04 # pygame 初始化
05 pygame.init()
06 # 设置窗体名称
07 pygame.display.set_caption('车牌自动识别计费系统')
08 # 图标
09 ic_launcher = pygame.image.load('file/ic_launcher.png')
10 # 设置图标
11 pygame.display.set_icon(ic_launcher)
12 # 设置窗体大小
13 screen=pygame.display.set_mode(size)
14 # 设置背景颜色
15 screen.fill(BG)
16 # 游戏循环帧率设置
17 clock = pygame.time.Clock()
18 # 主线程
19 Running =True
20 while Running:
21     for event in pygame.event.get():
```

```
22          # 关闭页面游戏退出
23          if event.type == pygame.QUIT:
24              # 退出
25              pygame.quit()
26              exit()
27      # 更新界面
28      pygame.display.flip()
29      # 控制游戏最大帧率为 60
30      clock.tick(FPS)
```

主窗体的运行效果如图 17.10 所示。

图 17.10　主窗体运行效果

17.4.2　显示摄像头画面

要根据调用摄像头模块实现显示摄像头画面功能，先要理清显示摄像头画面的业务流程和实现技术。根据本模块实现的功能，画出显示摄像头画面的业务流程，如图 17.11 所示。

显示摄像头画面主要是通过捕捉摄像头画面保存为图片，通过循环加载图片从而达到显示摄像头画面的目的，具体步骤如下：

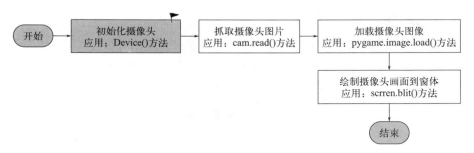

注：带▶的为重点难点

图 17.11　显示摄像头画面的业务流程

① 导入 opencv-python 模块，用于调用摄像头进行拍照，代码如下：

```
import cv2
```

② 导入模块后初始化摄像头，并且创建摄像头实例，代码如下：

```
01 try:
02     cam = cv2.VideoCapture(0)
```

```
03 except:
04     print('请连接摄像头')
```

④ 通过摄像头实例，在循环中获取图片保存到 file 文件夹中，命名为 test.jpg 图片，最后把图片绘制到窗体上，代码如下：

```
01 # 从摄像头读取图片
02 success, img = cam.read()
03 # 保存图片，并退出
04 cv2.imwrite('file/test.jpg', img)
05 # 加载图像
06 image = pygame.image.load('file/test.jpg')
07 # 设置图片大小
08 image = pygame.transform.scale(image, (640, 480))
09 # 绘制视频画面
10 screen.blit(image, (2,2))
```

运行效果如图 17.12 所示。

图 17.12　显示摄像头画面

17.4.3　创建保存数据文件

要根据 pandas 模块实现创建保存数据文件功能，先要理清创建保存数据文件的业务流程和实现技术。根据本模块实现的功能，画出创建保存数据文件的业务流程，如图 17.13 所示。

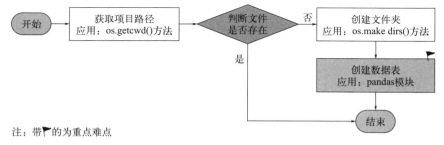

注：带▶的为重点难点

图 17.13　创建保存数据文件的业务流程

根据项目分析，需要创建 2 个表，一个用于保存当前停车场里的车辆信息，另一个用于保存所有进入过停车场进出的信息。具体的实现步骤如下：

① 导入 pandas 模块，该模块为 Python 的数据处理模块，这里使用 pandas 模块里的方法创建需要的文件，代码如下：

```
01 from pandas import DataFrame
02 import os
```

② 在项目开始时,需要判断表是否已经存在,不存在则建立表文件,代码如下:

```
01 # 获取文件的路径
02 cdir = os.getcwd()
03 # 文件路径
04 path=cdir+'/datafile/'
05 # 读取路径
06 if not os.path.exists(path+'停车场车辆表.xlsx'):
07     # 根据路径建立文件夹
08     os.makedirs(path)
09     # 车牌号日期时间价格状态
10     carnfile = pd.DataFrame(columns=['carnumber', 'date', 'price', 'state'])
11     # 生成 xlsx 文件
12     carnfile.to_excel(path+'停车场车辆表.xlsx', sheet_name='data')
13     carnfile.to_excel(path+'停车场信息表.xlsx', sheet_name='data')
```

项目运行后会在项目文件夹中创建文件,运行后文件目录如图 17.14 所示。

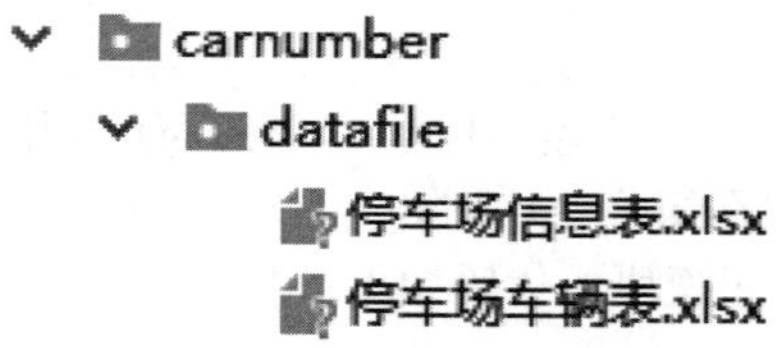

图 17.14 保存数据文件

17.4.4 识别车牌

车牌自动识别计费系统的核心功能就是识别车牌,项目中的车牌识别使用了百度的图片识别 AI 接口(官方网址:http://ai.baidu.com/),通过含有车牌的图片返回车牌号。实现该功能前,需要先理清识别车牌的业务流程和实现技术。根据本模块实现的功能,画出识别车牌的业务流程,如图 17.15 所示。

图 17.15 识别车牌的业务流程

具体的实现步骤如下:

① 在项目文件夹中创建 ocrutil.py 文件,作为图片识别模块,在其中调用百度 AI 接口识别图片,获取车牌号,代码如下:

```
01 from aip import AipOcr
```

```
02  # 百度识别车牌
03  # 这 3 个参数是通过进入百度 AI 开放平台的控制台的应用列表创建应用得来的
04  APP_ID = '输入您的 APP_ID'
05  API_KEY = '输入您的 API_KEY'
06  SECRET_KEY = '输入您的 SECRET_KEY'
07
08  # 初始化 AipOcr 对象
09  client = AipOcr(APP_ID, API_KEY, SECRET_KEY)
10  # 读取文件
11  def get_file_content(filePath):
12      with open(filePath, 'rb') as fp:
13          return fp.read()
14
15  # 根据图片返回车牌号
16  def getcn():
17      # 读取图片
18      image = get_file_content('file/test.jpg')
19      # 调用车牌识别
20      results =client.licensePlate(image)["words_result"]['number']
21      # 输出车牌号
22      print(results)
23      return results
```

② 由于项目中使用的是免费的百度 AI 接口，每天有调用次数的限制，因此项目中添加了"识别"按钮，当车牌出现在摄像头中时，点击"识别"按钮，才会调用识别车牌接口。创建 btn.py 用于作为自定义按钮模块，代码如下：

```
01  import pygame
02  # 自定义按钮
03  class Button():
04      # msg 为要在按钮中显示的文本
05      def __init__(self,screen,centerxy,width, height,button_color,text_color, msg,size):
06          """ 初始化按钮的属性 """
07          self.screen = screen
08          # 按钮宽高
09          self.width, self.height = width, height
10          # 设置按钮的 rect 对象颜色为深蓝
11          self.button_color = button_color
12          # 设置文本的颜色为白色
13          self.text_color = text_color
14          # 设置文本为默认字体，字号为 20
15          self.font = pygame.font.SysFont('SimHei', size)
16          # 设置按钮大小
17          self.rect = pygame.Rect(0, 0, self.width, self.height)
18          # 创建按钮的 rect 对象，并设置按钮中心位置
19          self.rect.centerx = centerxy[0]-self.width/2+2
20          self.rect.centery= centerxy[1]-self.height/2+2
21          # 渲染图像
22          self.deal_msg(msg)
23
24      def deal_msg(self, msg):
25          """ 将 msg 渲染为图像，并将其在按钮上居中 """
26          # render 将存储在 msg 的文本转换为图像
27          self.msg_img = self.font.render(msg, True, self.text_color, self.button_color)
28          # 根据文本图像创建一个 rect
29          self.msg_img_rect = self.msg_img.get_rect()
30          # 将该 rect 的 center 属性设置为按钮的 center 属性
31          self.msg_img_rect.center = self.rect.center
32
```

```
33    def draw_button(self):
34        # 填充颜色
35        self.screen.fill(self.button_color, self.rect)
36        # 将该图像绘制到屏幕
37        self.screen.blit(self.msg_img, self.msg_img_rect)
```

③ 在 main.py 项目主文件中导入自定义按钮模块，并定义一些按钮需要使用的颜色，代码如下：

```
01 import btn
02
03 # 定义颜色
04 BLACK = ( 0, 0, 0)
05 WHITE = (255, 255, 255)
06 GREEN = (0, 255, 0)
07 BLUE = (72, 61, 139)
08 GRAY = (96,96,96)
09 RED = (220,20,60)
10 YELLOW = (255,255,0)
```

④ 在循环中初始化按钮，同时判断单击的位置是否为"点击识别"按钮的位置，如果是，则调用自定义的车牌识别模块 ocrutil 中的 getcn() 方法对车牌进行识别，代码如下：

```
01 # 创建识别按钮
02 button_go = btn.Button(screen, (640, 480), 150, 60, BLUE, WHITE, "识别", 25)
03 # 绘制创建的按钮
04 button_go.draw_button()
05 for event in pygame.event.get():
06     # 关闭页面游戏退出
07     if event.type == pygame.QUIT:
08         # 退出
09         pygame.quit()
10         exit()
11     # 识别按钮
12     if 492 <= event.pos[0] and event.pos[0] <= 642 and 422 <= event.pos[1] and event.pos[1] <= 482:
13         print('点击识别')
14         try:
15             # 获取车牌
16             carnumber = ocrutil.getcn()
17         except:
18             print('识别错误')
19             continue
20         pass
```

添加识别按钮后运行效果如图 17.16 所示。

图 17.16　添加识别按钮

17.4.5 车辆信息的保存与读取

要根据 pandas 模块实现车辆信息的保存与读取功能，先要理清车辆信息的保存与读取的业务流程和实现技术。根据本模块实现的功能，画出车辆信息的保存与读取的业务流程如图 17.17 所示。

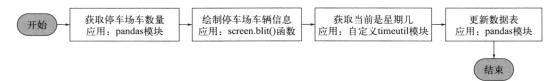

图 17.17　车辆信息的保存与读取的业务流程

在前面的小节中创建了保存数据的 2 个文档，这里主要完成数据的保存与读取想要的内容。具体实现步骤如下：

① 运行项目时获取当前停车场停车数量。代码如下：

```
01  # 读取文件内容
02  pi_table = pd.read_excel(path+'停车场车辆表.xlsx', sheet_name='data')
03  pi_info_table = pd.read_excel(path+'停车场信息表.xlsx', sheet_name='data')
04  # 停车场车辆
05  cars = pi_table[['carnumber', 'date', 'state']].values
06  # 已进入车辆数量
07  carn = len(cars)
```

② 创建方法 text3() 用于读取文件信息，绘制停车场车辆，显示到界面上。代码如下：

```
01  # 停车场车辆信息
02  def text3(screen):
03      # 使用系统字体
04      xtfont = pygame.font.SysFont('SimHei', 12)
05      # 获取文档表信息
06      cars = pi_table[['carnumber', 'date', 'state']].values
07      # 绘制 10 辆车信息
08      if len(cars)>10:
09          cars = pd.read_excel(path + '停车场车辆表.xlsx', skiprows=len(cars)-10,sheet_name='data').values
10      # 动态绘制 y 点变量
11      n=0
12      # 循环文档信息
13      for car in cars:
14          n+=1
15          # 车辆车号与车辆进入时间
16          textstart = xtfont.render( str(car[0])+'    '+str(car[1]), True, WHITE)
17          # 获取文字图像位置
18          text_rect = textstart.get_rect()
19          # 设置文字图像中心点
20          text_rect.centerx = 820
21          text_rect.centery = 70+20*n
22          # 绘制内容
23          screen.blit(textstart, text_rect)
24          pass
```

③ 读取文档信息根据 state 字段判断离现在最近的停车场车辆满是星期几，在下个相同的周几以及提前一天进行满预警提示显示提示信息。代码如下：

第17章 车牌自动识别计费系统（pygame+pandas+matplotlib+baidu-aip+Opencv-Python实现）

```
01 # 满预警
02 kcar = pi_info_table[pi_info_table['state'] == 2]
03 kcars = kcar['date'].values
04 # 周标记，0代表周一
05 week_number=0
06 for k in kcars:
07     week_number=timeutil.get_week_numbeer(k)
08 # 转换当前时间，2018-12-11 16:18
09 localtime = time.strftime('%Y-%m-%d %H:%M', time.localtime())
10 # 根据时间返回周标记，0代表周一
11 week_localtime=timeutil.get_week_numbeer(localtime)
12 if week_number ==0:
13     if week_localtime==6 :
14         text6(screen,' 根据数据分析，明天可能出现车位紧张的情况，请提前做好调度！ ')
15     elif week_localtime==0:
16         text6(screen,' 根据数据分析，今天可能出现车位紧张的情况，请做好调度！ ')
17 else:
18     if week_localtime+1==week_number:
19         text6(screen, ' 根据数据分析，明天可能出现车位紧张的情况，请提前做好调度！ ')
20     elif week_localtime==week_number:
21         text6(screen, ' 根据数据分析，今天可能出现车位紧张的情况，请做好调度！ ')
22 pass
```

④ 更新保存数据，当识别出车牌后判断是否为停车场车辆，从而对两个表进行数据的更新或者添加新的数据。代码如下：

```
01 # 获取车牌号列数据
02 carsk = pi_table['carnumber'].values
03 # 判断当前识别的车是否为停车场车辆
04 if carnumber in carsk:
05     txt1=' 车牌号： '+carnumber
06     # 时间差
07     y=0
08     # 获取行数用
09     kcar=0
10     # 获取文档内容
11     cars = pi_table[['carnumber', 'date', 'state']].values
12     # 循环数据
13     for car in cars:
14         # 根据当前车辆获取时间
15         if carnumber ==car[0]:
16             # 计算时间差 0，1，2……
17             y = timeutil.DtCalc(car[1], localtime)
18             break
19         # 行数 +1
20         kcar = kcar + 1
21     # 判断停车时间
22     if y==0:
23         y=1
24     txt2=' 停车费： '+str(3*y)+' 元 '
25     txt3=' 出停车场时间： '+localtime
26     # 删除停车场车辆表信息
27     pi_table=pi_table.drop([kcar],axis = 0)
28     # 更新停车场信息
29     pi_info_table=pi_info_table.append({'carnumber': carnumber,
30                                         'date': localtime,
31                                         'price':3*y,
32                                         'state': 1}, ignore_index=True)
33     # 保存信息，更新 xlsx 文件
34     DataFrame(pi_table).to_excel(path + ' 停车场车辆表 ' + '.xlsx',
35                                  sheet_name='data', index=False, header=True)
```

```
36        DataFrame(pi_info_table).to_excel(path + '停车场信息表' + '.xlsx',
37                             sheet_name='data', index=False, header=True)
38        # 停车场车辆
39        carn -= 1
40  else:
41      if carn <=Total:
42          # 添加信息到文档 ['carnumber', 'date', 'price', 'state']
43          pi_table=pi_table.append({'carnumber': carnumber,
44                                    'date': localtime ,
45                                    'state': 0}, ignore_index=True)
46          # 生成 xlsx 文件
47          DataFrame(pi_table).to_excel(path + '停车场车辆表' + '.xlsx',
48                              sheet_name='data', index=False, header=True)
49          if carn<Total:
50              # state 等于 0 的时候为停车场有车位进入停车场
51              pi_info_table = pi_info_table.append({'carnumber': carnumber,
52                                                    'date': localtime,
53                                                    'state': 0}, ignore_index=True)
54              # 车辆数量 +1
55              carn += 1
56          else:
57              # state 等于 2 的时候为停车场没有车位的时候
58              pi_info_table = pi_info_table.append({'carnumber': carnumber,
59                                                    'date': localtime,
60                                                    'state': 2}, ignore_index=True)
61          DataFrame(pi_info_table).to_excel(path + '停车场信息表' + '.xlsx',
62                              sheet_name='data', index=False,header=True)
```

对文档进行处理完成后，绘制信息到界面识别车牌运行，如图 17.18 所示。

图 17.18　显示信息

17.4.6　收入统计的实现

要根据柱状图生成模块实现收入统计，先要理清收入统计的业务流程和实现技术。根据本模块实现的功能，画出实现收入统计的业务流程，如图 17.19 所示。

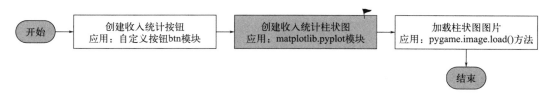

注：带🚩的为重点难点

图 17.19　实现收入统计的业务流程

第17章 车牌自动识别计费系统（pygame+pandas+matplotlib+baidu-aip+ Opencv-Python实现）

在车牌自动识别计费系统中添加了收入统计功能，显示一共赚了多少钱以及绘制月收入统计图表。具体步骤如下：

① 导入 matplotlib 模块，使用它绘制柱状图按钮，代码如下：

```
import matplotlib.pyplot as plt
```

② 创建"收入统计"按钮，绘制到界面上，代码如下：

```
01  # 创建分析按钮
02  button_go1 = btn.Button(screen, (990, 480), 100, 40, RED, WHITE, "收入统计", 18)
03  # 绘制创建的按钮
04  button_go1.draw_button()
```

③ 判断是否点击了"收入统计"按钮，根据文档内容生成柱状图图片，保存到 file 文件中，代码如下：

```
01  # 判断点击
02  elif event.type == pygame.MOUSEBUTTONDOWN:
03          # 输出鼠标点击位置
04          print(str(event.pos[0])+':'+str(event.pos[1]))
05          # 判断是否点击了识别按钮位置
06          # 收入统计按钮
07          if 890 <= event.pos[0] and event.pos[0] <= 990 \
08                  and 440 <= event.pos[1] and event.pos[1] <= 480:
09              print('分析统计按钮')
10              if income_switch:
11                  income_switch = False
12                  # 设置窗体大小
13                  size = 1000, 484
14                  screen = pygame.display.set_mode(size)
15                  screen.fill(BG)
16              else:
17                  income_switch = True
18                  # 设置窗体大小
19                  size = 1500, 484
20                  screen = pygame.display.set_mode(size)
21                  screen.fill(BG)
22                  attr = ['1月', '2月', '3月', '4月', '5月',
23                          '6月', '7月', '8月', '9月', '10月', '11月', '12月']
24                  v1 = []
25                  # 循环添加数据
26                  for i in range(1, 13):
27                      k = i
28                      if i < 10:
29                          k = '0' + str(k)
30                      #筛选每月数据
31                      kk = pi_info_table[pi_info_table['date'].str.contains('2018-' + str(k))]
32                      # 计算价格和
33                      kk = kk['price'].sum()
34                      v1.append(kk)
35                  # 设置字体可以显示中文
36                  plt.rcParams['font.sans-serif'] = ['SimHei']
37                  # 设置生成柱状图图片大小
38                  plt.figure(figsize=(3.9, 4.3))
39                  # 设置柱状图属性，attr 为 x 轴内容，v1 为 x 轴内容相对的数据
40                  plt.bar(attr, v1, 0.5, color="green")
41                  # 设置数字标签
```

```
42              for a, b in zip(attr, v1):
43                  plt.text(a, b, '%.0f' % b, ha='center', va='bottom', fontsize=7)
44          # 设置柱状图标题
45          plt.title(" 每月收入统计 ")
46          # 设置 y 轴范围
47          plt.ylim((0, max(v1) + 50))
48          # 生成图片
49          plt.savefig('file/income.png')
50          pass
```

④ 创建 text5() 方法，用于在确定点击了"收入统计"按钮后，绘制收入统计柱状图图片以及总收入，代码如下：

```
01  # 收入统计
02  def text5(screen):
03      # 计算 price 列的和
04      sum_price = pi_info_table['price'].sum()
05      # print(str(sum_price) + '元 ')
06      # 使用系统字体
07      xtfont = pygame.font.SysFont('SimHei', 20)
08      # 重新开始按钮
09      textstart = xtfont.render(' 共计收入：' + str(int(sum_price)) + '元 ', True, WHITE)
10      # 获取文字图像位置
11      text_rect = textstart.get_rect()
12      # 设置文字图像中心点
13      text_rect.centerx = 1200
14      text_rect.centery = 30
15      # 绘制内容
16      screen.blit(textstart, text_rect)
17      # 加载图像
18      image = pygame.image.load('file/income.png')
19      # 设置图片大小
20      image = pygame.transform.scale(image, (390, 430))
21      # 绘制月收入图表
22      screen.blit(image, (1000,50))
```

点击"收入统计"按钮后运行效果如图 17.20 所示。

图 17.20　显示收入统计